JN134271

# 大規模スクラム
# Large-Scale Scrum(LeSS)

## —アジャイルとスクラムを大規模に実装する方法

監訳：榎本明仁

訳
荒瀬中人
木村卓央
高江洲睦
水野正隆
守田憲司

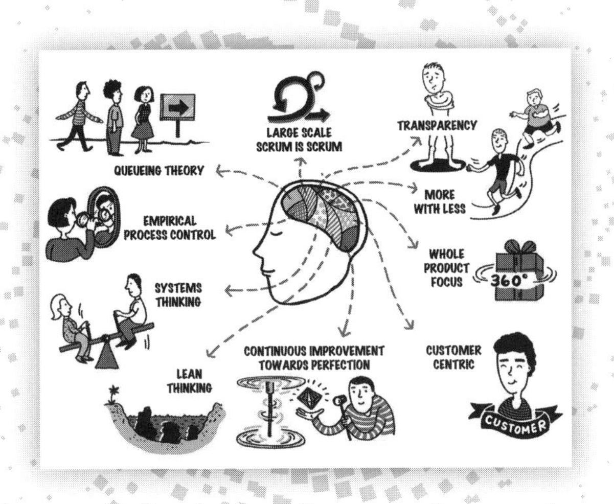


LARGE-SCALE SCRUM: More with LeSS

Craig Larman and Bas Vodde

丸善出版

*Large-Scale Scrum: More with LeSS*

by

Craig Larman and Bas Vodde

Authorized translation from the English language edition, entitled LARGE-SCALE SCRUM: MORE WITH LESS, 1st Edition by CRAIG LARMAN; BAS VODDE, published by Pearson Education, Inc, publishing as Addison-Wesley Professional, © 2017.



JAPANESE translation rights arranged with PEARSON EDUCATION, INC. through JAPAN UNI AGENCY, INC., TOKYO JAPAN.

# 原 書 推 薦 文

「大規模スクラム」または「LeSS」は，アジャイルとスクラムを大規模に実装する方法を示すことによって，マネジメントの世界を変革する重大な発見を続けています．

20 世紀の階層的な官僚制は，生産性の飛躍的な向上を達成するために，大きなグループが一緒に働くことを可能にしました．その後世界は変わりました．規制緩和，グローバル化，知的労働の出現，新技術，特にインターネットはすべてを変えました．競争は倍増．変化の速度が加速しました．コンピューターソフトウェアは生産性の大幅な向上を可能にしましたが，計りしれない複雑さをもたらしました．市場の力が売り手から買い手に移行するにつれて，会社ではなく顧客が商業の世界の中心になりました．これらの移行は，組織内の全員の才能を動員でき，さらにそれを超えて，新しくてより難しい顧客の喜びへの挑戦をかなえる，根本的に異なるマネジメントを必要とします．さらにこの変化は，既存の管理方法の修正と言える範囲をはるかに超えています．アジャイルとスクラムは，長い間，明らかで，自明と思われていたマネジメント上の思い込みに，明確な別の可能性を提示します．

LeSS は，大規模で複雑な開発をどのように扱うかを示しています．自己管理チームは，ちっぽけで珍しいだけのものではありません．自己管理チームは技術的に非常に複雑で巨大な国際業務のマネジメントをすることができます．このプラクティスはスケール可能なだけでなく，官僚制とは異なり硬直化することなしにスケールできます．

LeSS は，アジャイルとスクラムのマネジメント手法のスケールを 10 年以上にわたる難しい経験を積み重ねることで，マネジメントの根本的な革新プロセスを継続しています．単純さをつくり出すことによって，巨大な複雑さにどのように対処するかを示しています．

LeSS は意図的に不完全につくられています．LeSS は膨大な状況学習 (situational learning) を行う余地を残しています．確実な答はありません．また，予測可能な制御の心地よい錯覚を提供する定式的な解答や，明らかに安全で規律のあるアプローチに対する 20 世紀の憧れを満足させることもありません．LeSS は，技術的卓越性への継続的な配慮，継続的な実験の習慣を含む，スケーラビリティに必要な最小限のエッセンスに重点を置いています．改善するために新しい実験を絶えず試みることが必要です．スクラム自体と同様に LeSS は抽象的な原理・原則と具体的な実践のバランスを取るよう努めています．

スクラム同様に，LeSS はプロダクトを構築するためのプロセスやテクニックではありません．むしろ，特定の状況での要求に，プロセスとテクニックを適用させるためのフレームワークです．プロダクトマネジメントと技術的手法が，顧客に価値をもたらす継続的な改善を可能にする方法を明らかにすることを LeSS は狙っています．

LeSS は決まった答えを提供するのではなく，より深い原理・原則を理解し，適用するための出発点を提供します.「複雑な階層的官僚制の中で，どのように大規模なアジャイルが行えるのですか?」という問いではなく,「組織を簡素化し，“アジャイル”になるにはどうすればいいですか?」という異なる深い問いです．

LeSS は，より大きなプロダクトグループでこのバランスを達成するよう努めています．グループが自分達の仕事の仕方を継続的に改善できるように，徹底的な透明性を維持し，検証と適応のサイクルを重視しながら，スクラムに具体的な構造を追加しています．LeSS は次のような基本的な質問を扱います．個々のチーム単位で本当にうまくいくものを取り込んで，組織のより広い範囲で実現させるには，どうしたらよいのでしょうか?

アジャイルとスクラムのスケールにおいて，わからなかった多くのことが学ばれ，実行されています．本書は，進捗報告であり，将来の指針でもあります．現在，多くの組織は，プロダクトやプラットフォームのさまざまな面で同期して業務をする複数のチームを，うまく扱えていません．アンケート調査によると，今日のアジャイルチームやスクラムチームは，チームの運営方法とそれ以外の組織の運営方法とのストレスを報告しています．本書は，このストレスを解決する実践的なステップバイステップの指針を提供しています．

2016 年 4 月 27 日

スティーブ・デニング

(*The Leader's Guide to Radical Management* の著者)

# 原　書　序　文

すべての偉大な真理は，最初は冒涜的な言葉として出発する．
—ジョージ・バーナード・ショー

LeSS の世界の入口にようこそ．LeSS は，人と学習に焦点を当て，組織の複雑さを単純な構造で置き換えます．一部の人々にとって，LeSS はロマンチックで絶望的な理想主義に見えるかもしれません．しかしそうではなく，今日ではたくさんのプロダクトグループにとっての現実的なものなのです!

## 執筆の動機

クレーグとバスの以前に執筆した 2 冊の LeSS の本に対し，わずかな出発点で多過ぎるアイデアを提供している，と反省していたときに，クレーグはバスに「別の本を書いてみないか?」持ちかけましたが，バスは 2 番目の息子の誕生を心待ちにしていたときなので辞退しました．クレーグは執拗にこの本はそんなに難しくはならないとバスを説得しましたが，それは間違っていました．

当初の目的は以前書いた LeSS の本のための入門書を書くことでした．具体的な出発点の探究がスケールするための最小限の本質的要素の追求につながり，最終的にはまったく異なる本になりました．結果は，LeSS ルール，LeSS ガイド，そして本書です．

LeSS のルールとガイドは重要ですが，スケールする際の唯一の留意事項ではありません．LeSS の世界に飛び込む前に“技術的卓越性と実験志向への継続的な注意”という，2 つの重要な点をはっきりさせたいと思います．

## 対　象　読　者

本書は，プロダクト開発に関わるすべての人に向けたものです．本書の唯一の前提条件は基本的なスクラムの知識です．もしあなたがその知識をもっていないなら,「スクラムガイド」(scrumguides.org)」と「スクラム入門」(scrumprimer.org)」を通して読むことをお勧めします．本書は，そのトピックに関連するスクラムの復習からすべての章を開始しています．

## 章 の 構 成

それぞれの主要な章は，次のような構成になっています．

- **1 チームスクラム**　1 チームのスクラムを要約し，LeSS の学習の準備をします．
- **LeSS**　基本的な LeSS のフレームワークを取り扱います．この節は次のように構成されています．
  - 導入および関連する LeSS の原理・原則
  - LeSS ルール
  - LeSS ガイド
- **LeSS Huge**　LeSS の節と同じ様に構成されています．

## ス タ イ ル

私たちは次のようにスタイルを選択しました．

- 本書の中で私たちは，読者 (あなたのことです) が LeSS の導入に携わっているとみなし，あなたの役割がこの章のトピックに関わっていると考えます．たとえば，8 章 (プロダクトオーナー) では，あなたはプロダクトオーナーです．
- 重要な点を強調するために括弧，太字，囲みを使用します．
- 本書の参考文献目録は，意図的に少なくしています．より完全な参考文献については，私たちの以前の書籍を参照してください．広範な参考文献が書かれています．

## 組織に関する用語

用語は，ほぼ最初に使用されたときに定義されます．しかし，企業が異なると，同じような定義でも異なる用語を使用するため苦労します．そこで，ここでは本書で使用する用語を紹介します．これは一部の読者にとっては明らかなものかもしれませんし，あるいはあいまいなものかもしれません．

- **プロダクトグループ**　すべての人がプロダクトに関わっています．企業はしばしば，開発に関わるすべての人々を指すためにプロジェクトという用語を使用しますが，本書ではプロダクト開発を強調するため，“プロジェクト”という用語を避けています．したがってプロダクトグループとしています．
- **ライン組織**　正式な組織は通常，組織図に描かれています．ライン組織は一般的に評価，採用，解雇，能力開発に関与しています．企業にはプロジェクトのマトリックス組織 (これは LeSS には存在してはいけません) とスタッフまたはサポート組織があるかもしれません．
- **ラインマネージャーと現場のマネージャー**　ライン組織であなたが報告するマネージャー．現場のマネージャーはあなたが直接報告するマネージャーです．
- **シニアマネージャーまたはエグゼクティブ**　組織のトップの近くで働くマネージャー．大規模な組織では，プロダクトグループの外にいる傾向があります．
- **プロダクトマネジメントまたはプロダクトマーケティング**　市場を調査してプロダクトの内容を決定するプロダクト組織内の機能．これは通常チームとラインの関係ではありません．
- **プロダクトグループ長**　プロダクトグループのすべての担当者が，ライン上の関係でレポートするプロダクトグループのマネージャー．
- **プロジェクト/プログラムマネージャー**　伝統的にリリースのスケジュールを担当する役割．これは短期的で一時的に集中するため通常チームとのラインの関係はありません．これらの役割は LeSS の組織に存在すべきではありません．
- **機能別組織**　開発，テスト，分析などの機能スキルのためのライン組織． LeSS の組織では存在してはなりません．

## 謝　　辞

本書のために非常に多くの方に査読していただきました．複数の章にコメントしてくれた人は以下のとおりです．

Janne Kohvakka, Hans Neumaier, Rafael Sabbagh, Ran Nyman, Ahmad Fahmy, Mike Cohn, Gojko Adzic, Jutta Eckstein, Rowan Bunning, Jeanmarc Gerber, Yi Lv, Steve Spearman, Karen Greaves, Marco Seelmann, Cesario Ramos, Markus Gärtner, Viktor Grgic, Chris Chan, Nils Bernert, Viacheslav Rozet, Edward Dahllöf, Lisa Crispin, Mike Dwyer, Francesco Sferlazza, Nathan Slippen, Mika

Sjöman, Tim Born, Charles Bradley, Timothy Korson, Erin Perry, Greg Hutchings, Jez Humble, Alexey Krivitsky, Alexander Gerber, Peter Braun, Jurgen De Smet, Evelyn Tian, Sami Lilja, Steven Mak, Alexandre Cotting, Bob Schatz, Bob Sarni, Milind Kulkarni, Janet Gregory, Jerry Rajamoney, Karl Kollischan, Shiv Kumar Mn, David Nunn, Rene Hamannt, Ilan Goldstein, Juan Gabardini, Mehmet Yitmen, Kai-Uwe Rupp, Christian Engblom, James Grenning, Venkatesh Krishnamurthy, Peter Hundermark, Arne Ahlander, Darren Lai, Markus Seitz, Geir Amsjø, Ram Srinivasan, Mark Bregenzer, Aaron Sanders, Michael Ballé, Stuart Turner, Ealden Escañan, Steven Koh, Ken Yaguchi, Michael James, Manoj Vadakkan, Peter Zurkirchen, Laszlo Csereklei, Gordon Weir, Laurent Carbonnaux, Elad Sofer.

そして，挿絵を書いてくれた Bernie Quah と，近くで何でもサポートしてくれた Terry Yin には特に感謝しています．そして，計画より遅れた本書のプロジェクトを長い期間耐えてくれた Addison-Wesley 社の Chris Guzikowski に感謝します．

# 日本語版刊行に寄せて

私が 15 年前に初めて日本を訪れた日のことを今でも鮮明に覚えています．中国に住んでいるヨーロッパ人にとって，日本は異なる惑星のようでした．日本は私に多くのことを教えてくれました．国や私自身，そして LeSS について．私はすごく感謝をしており，皆さんに私の学びをいくつか共有したいと思います．

## 人への尊重

多くの国に住んだ経験と多くの旅の経験 (多すぎる) が増えるにつれて，各国の文化について興味が湧いてきました．10 年ほど前に，国の文化がアジリティにどのように影響するかを探求することにし，国の文化に関して書物を読み尽くしました．そのうちの一つが「オランダ人の扱い方」という本でした．この本はオランダの文化についてオランダに住んでいる外国人向けに書かれたものです．この本には，私も気がついていなかったことが書かれていました．それは,「オランダ人は何に対しても意見をいわずにはいられない」ということです．悪くいうと,「自分の意見を相手に共有 (強制) する」というものです．しかも，オランダ人は包み隠さず率直に意見をいうことが透明性であり，誠実であると考えていると書いてありました．

私はオランダ人が考える率直さと誠実さが同意義であるという考えに疑いをもっていませんでした．しかし，中国で生活したり，韓国や日本に訪問するなかで考えが変わってきたのです．これらの国で経験を通じて学んだのはオランダ人の率直さは誠実ではなく，無礼なことであるということです．オランダ人は自身の意見を伝えることに夢中になるあまり，伝えている相手のことを考えることができてないのです．

数年前に私はとある典型的な日本企業を訪問しました．私は日本語を話せませんし，彼らも英語を話せませんでした．ただ，私の同僚はそれでも私が同行することに意味があると言っていました．彼らは私に何を言うべきか，どこに座るべきか，どこを見るべきか，何をすべきか詳細に説明してくれましたが，私にとって多くの指示に従わなくてはならないことは心地よい体験ではありませんでした．しかし，ふりかえって考えてみると，それらの指示はすべて相手を尊重するための行為だったのだと思います．

訪問先の方々，話しをしている人たち，一緒に働いている人たちに対する敬意だと．

人間性尊重というのはリーンの柱であり，トヨタ生産方式からきた考え方です．もし，私が多くの時間を日本で過ごしていなかったとしたら，この考え方の本質を理解することはできなかったでしょう．また，今でも鮮明に覚えているのですが，ある女性が路上で物乞いをされ，何もあげられないことを申し訳ないと，謝っている姿をみました．人間を尊重するというのは相手がどのような人であれ，話している相手を尊重することなのであるという事を学びました．これを学ばせて頂いたことに感謝いたします．

## 自己管理チーム

アジア以外の場所でよく聞かれる質問として，スクラムは韓国や日本のような環境でうまく適応できないのでは? と聞かれることがあります．彼らの主張はスクラムが非階層組織を基本としているが，これらの国では社会全体が強く階層化されているので，機能しないのではないかと．私が多くの時間を日本や韓国で過ごしたあと，これらの意見に私は賛同できないですし，理由も説明できます．

よくある勘違いなのですが，階層型組織とマネジメントスタイルを同じに捉えている人が多いのです．階層型組織は自分より階層が上の人にどれくらいの権力をもたせるかということを示します．マネジメントスタイルはその権力をどう使うかです．階層型組織でも指示型のマネジメントスタイルでなければ自己管理チームをつくることは可能です．

階層型組織が LeSS 導入の助けになることもあります．これは奇妙に聞こえるかもしれませんが，道理にかなっています．指示型でないマネジメントスタイルを階層型組織に適応したらどうなるでしょう? この場合，マネジメントは期待値を設定し，ビジョンを共有し，おそらく目標も設定するかもしれませんが，どのように，その目標を達成するかについては深く関与しません．このような場合は階層型組織であっても自己管理チームであることのメリットを享受できます．なぜなら，チームはマネジメントに進め方を聞くことはなく，自分たちで考えることを期待されている事に気づくからです．

トヨタやリーンがチームを重要視していることは不思議ではありません．大野耐一の言葉を注意深く読み解くと，彼のマネジメントスタイルは明らかにゴールや期待値の設定のみであり，管理しようとはしていません．

## システム思考

最後に私がみなさんと共有したい気づきは，最近あったことです．過去数年で私は数多くの認定 LeSS 実践者研修を世界中で教えてきました．システム思考は研修のアジェンダの一つでシステムモデリングをツールとして使っています．最近，東京で研修をした数週間後にサンフランシスコで研修をしたのですが，2 つの研修は対極にありました．

東京の研修ではシステムモデリングの仕方について説明したら，参加者の方々は何をモデル化するかすぐに合意して，ホワイトボードはあっという間に埋ってしまいました．サンフランシスコの研修ではまったく逆のことが起こりました．何をモデル化するのか合意できず，2 つの要素をホワイトボードに書いた時点で止まってしまいました．詳細について議論が始まり，どのようにこのワークを進めるべきか困惑していました．もちろん，これは一般化していますし，必ずしも同じ結果に毎回なるわけではありませんが，この 2 つの研修の対比は驚きでした．

なぜこのような結果に至ったのでしょうか? もちろん，仮説でしかないですし，私が知っている限りの文化に関する見解でしかないですが，東側の社会ではより協力しあうことに重きが置かれ (ゆえに自己管理チームがうまく機能する)，長期的な視点をもち，全体感を重視するのに対し，西側の社会では個人が重視され，直接的な因果関係を注視し，短期的な視点をもっていると考えられます．これにより，システム思考のワークショップの結果に説明がつきまし，どちらの考え方がシステム思考に向いているのかは明らかだと思います．

## まとめ

私は日本によく訪問するので，私の一部分といっても過言ではありません．私の考え方に大きな影響を与え，与えられた影響は今後も変わることはないでしょう．同時に私が本当の意味で日本の一部にはなれないことも知っています．とてもユニークな社会であり，強みと同時に欠点もあります．私が数ヶ月の間，日本を離れていると，恋しくなる場所ですし，私の人生で常に訪問をし続ける場所であると思います．日本の LeSS に関して私は大きな期待をしています．ゆっくりと安定して進んでいくと思いますが，文化との相性が非常に良いと感じています．LeSS が日本のプロダクト開発をしている会社の助けになることを願います．そして，個人的に日本と私に多くの気づきを与えてくれた日本の人たちに感謝いたします.

2018 年 12 月 16 日

バス・ボッデ

# 目　　次

LeSS の最初の PBR でつくった大規模なストーリーマップ

どのように改善を支援すべきか考えているマネージャー

顧客価値を中心に組織されたチーム

マネジメント分離による機能不全

LeSS 導入時の大規模なオープンスペースイベントをファシリテーションをするスクラムマスター

プロダクトは2つ? それとも1つ?

LeSS Huge グループにおけるプロダクトオーナーチームによる優先順位付け

プロダクトバックログへ分割戻し

全体のプロダクトバックログ

| アイテム | エリア |
|---|---|
| BX (B1 と VB2 を抽象化) | 新興国市場 |
| C | 取引処理 |
| D | 新興国市場 |

← ↖

新興国市場エリアバックログ

| アイテム | 祖先 |
|---|---|
| BX-1 (旧 B-1) | BX |
| BX-2 (旧 B-2) | BX |
| D | |

完成!

LeSS の複数拠点でのオーバーオール PBR



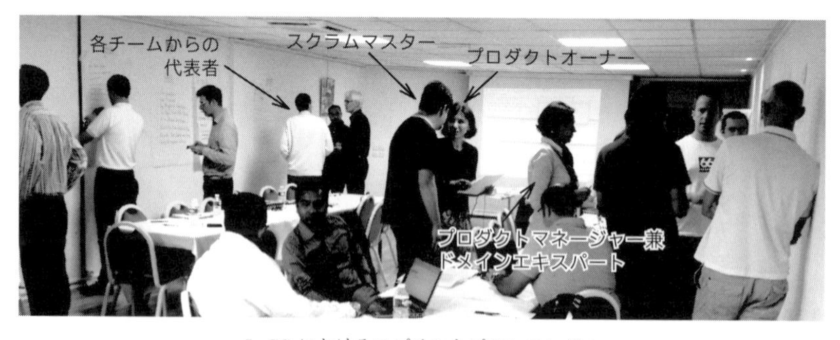


LeSS におけるスプリントプランニング 1

調整のためのオープンスペース

スプリントレビュー・バザール

# 1 LeSSでもっと多く

最も安く，最も速く，最も信頼できるコンポーネントは，そこにないコンポーネントです．

—ゴードン・ベル

## なぜ LeSS?

なぜこの10年間にスクラムの導入が爆発的に増えたのか?私たちはシンガポールのホーカーセンターでビールを飲みながら，ふと疑問に思いました．

それは簡単すぎる認定モデルのおかげだという人もいます．そうかもしれません．しかし，別のアジャイル開発手法であるDSDMは，スクラムより前に認定を提供しましたが，それほど普及しませんでした．

スクラムマスター研修をいつでも受けられるようにしたことが違いを生み出したという人もいます．研修の元祖となるケン・シュエイバーのスクラムマスター研修は確かに強い影響力をもっていました．しかし，それより前にエクストリームプログラミングには，XP集中特訓研修がありましたが普及していません．

違いをつくったのはおそらくスクラムのシンプルさです．XPと比較してスクラムはよりシンプルなフレームワークを提供します．しかし，さらにシンプルなクリスタルのようなアジャイル手法は普及しませんでした．

もう少し議論と考えを重ねた後クレーグは次のように言いました．

> スクラムの成功は，抽象的な原理・原則と具体的な手法の絶妙なバランスによるものだ．

それを議論の結論として私たちはビールをおかわりしました．

スクラムの具体的な手法は，原理・原則である経験的プロセス制御を重視しています．経験的プロセス制御は，スクラムが他のアジャイルフレームワークとは違うところです．スクラムガイドは次に示すようにそれをよく表しています．

> スクラムはプロダクトを構築するプロセスや技法ではなく，さまざまなプロセスや技法を取り入れることのできるフレームワークである．これらのプロダクト管理や技術的手法の相対的な有効性を明確にし，改善を可能にします．

これはどういう意味なでしょうか? 経験的プロセス制御ではプロダクトのスコープやそれを構築する方法のプロセスを固定することはありません．かわりに，短いサイクルでプロダクトの小さな出荷可能な範囲のスライスを作成します．私たちは“何を”したのか，“どのように”つくったのかを検証しプロダクトとつくり方を適応させていきます．この検証は，透明性のメカニズムが組み込まれることによって可能になります．

原理・原則は良さそうに聞こえますが，当り前のように実行できるわけではありません．小さくシンプルで具体的な手法 (明確な役割，アーティファクト，イベント) が，スクラムを簡単に始められるようにしているのです．

スクラムは必要最低限のプロセスしか定義がされてないため，初期段階では不完全な状態で開発を始め，継続的に学習しスクラムフレームワークの枠内でプロセスを改善して行くことになります．とても複雑な領域で開発を行うのには，最初はフレームワークがシンプルすぎると感じるかもしれません．

| スクラムの具体的な手法は，より深い原理・原則を導入するための出発点です．絶妙なバランスを実現しています． |
|---|

大規模スクラム Large-Scale Scrum は，より大きなプロダクトグループでも同じバランスをもたらします．LeSS にはより具体的な構造をスクラムに少しだけ追加しています．その目的は，透明性を維持し，検証と適応のサイクルを強調し，グループ自らの働き方を継続的に改善できるようにすることです．

スクラム同様に LeSS も，さまざまな状況における学習の余地を残すため，意図的に不完全なものになっています．LeSS は，型にはまった解答を探している人や，定義されたプロセスで予測可能な制御の慰めの錯覚を提供するような明らかに安全で規律あるアプローチを探している人を，満足させるものではありません．これらの型にはまったアプローチは，経験的プロセス制御の原理・原則や，プロセスと手法に対するオーナーシップを打ち砕いてしまいます．

あまり定義されていないプロセスはより多くの学習をもたらします．少なくすること (LeSS) でもっと多く．

# 2 LeSS

設計には 2 つ方法があります．1 つは，明らかに欠陥がないとわかるほどシンプルにし，もう 1 つは，明らかな欠陥がないように複雑にすることです．
—C.A.R. ホーア

## 1 チームスクラム

スクラムは経験的プロセス制御にもとづく開発フレームワークで，クロスファンクショナルで自己管理された“チーム”がイテレーティブでインクリメンタルな方法で，プロダクトを開発します．“スプリント”[*1]とよばれるタイムボックスで，“出荷可能なプロダクトインクリメント”を提供し，理想的には，実際にプロダクトを出荷します．1 人の“プロダクトオーナー”がプロダクトの価値を最大化する責任を負います．そして，“プロダクトバックログ”上で各“アイテム”の優先順位を定め，フィードバックと学びを常に得ながら，各スプリント目標を状況に応じて定めます．小さな“チーム”には，機能に特化した役割はありませんが，スプリント目標を達成する責任があります．“スクラムマスター”は，スクラムの意義とスクラムがどうやって価値を生み出すかを指導し，プロダクトオーナーやチーム，さらに組織をコーチし，時には相手の写し鏡となり自分では気づけないことを気づいてもらうように促します．これらの役割の中にプロジェクトマネージャーやチームリーダーは存在しません．

経験的プロセス制御には“透明性”が必要です．短いサイクルで開発した出荷可能なプロダクトのインクリメントをレビューすることから，透明性が得られます．プロダクトとそのつくり方についての継続的な学び，検証と適応が重要です．経験的プロセス制御の背景には，開発において物事は複雑で動的なものであり，詳細で形式的なプロセスを適用するのは不適切だという考え方があります．固定されたプロセスでは，探求は抑えられ，積極性が失われ，改善も起きません．

*1　各章のはじめのセクションの意味，構成，キーワードの定義，文体などについては前書きを参照ください．

『スクラムガイド』と『スクラム入門』[*2]では，1 チームだけの状況を中心に扱っており，複数チームが協力して働く状況には重点を置いていません．そのため，自然な流れとして大規模なスクラムについて考えることとなります．

## 2.1 LeSS

LeSS は，1 つのプロダクトを複数チームで協働するために考えられたスクラムです．

**LeSS はスクラム**—Large-Scale Scrum (LeSS[*3]) は，新しいスクラムでも，スクラムの改良版でもありません．ましてや，“おのおののチームがスクラムで，その上に別のレイヤーを載せたものでもありません”．LeSS はスクラムの原理・原則，目的，要素，洗練された状態を大規模な状況にできるだけシンプルに適用したものです．LeSS はスクラムや，その他の真にアジャイルなフレームワークと同様にインパクトの強い「必要最低限の手法」のみを提供しています．☞ 導入 (3 章)

> 大規模スクラムは，大規模開発のおのおののチームだけにスクラムを取り入れるというものではありません．本当の大規模スクラムは，“スクラムを大規模にしたもの” です．

**複数チームへの適用**—チームは，クロスファンクショナル，コンポーネント横断でフルスタックのフィーチャチームで，学びに集中した 3–9 人で構成されます．チームは，UX，コード，動画まですべてを扱い，アイテムを完成させ，出荷可能なプロダクトを作成します．☞ 顧客価値による組織化 ( 4 章).

**協働**—複数チームは，共通の目標である単一の出荷可能なプロダクトを，共通のスプリントで提供するために，一緒に作業します．どのチームもフィーチャーチームであり，プロダクトの一部ではなく全体に対して責任をもちます．☞ 調整と統合 (13 章)

**1 つのプロダクトのために**—プロダクトとはなんでしょうか? 完全なエンドツーエンドの，顧客を中心に据えたソリューションであり，実際の顧客が利用するものです．コンポーネントでも，プラットフォームでも，ライブラリでもありません．☞ プロダクト (7 章)

---

*2　(訳者注) http://scrumprimer.org/ を参照ください．

*3　LeSS では大規模スクラムとスケーリングをシンプルにすることの両立を推奨しています．

### 2.1.1 バックグラウンド

2002年，クレーグが *Agile & Iterative Development*[*4]を書いたころ，多くの人はアジャイル開発は小規模グループでしか使えないと信じていました．しかし，私たち(クレーグとバス)はスクラムを大規模で複数拠点にまたがるプロダクト開発やオフショア開発に適用することに興味をもち，またリクエストも受けるようになってきました．そこで2005年から私たちはタッグを組んで，クライアントに向けてスクラムのスケールアップに取り組みはじめました．現在，2つのLeSSフレームワーク(小さなLeSSと，LeSS Huge)は世界中の大規模開発や，さまざまな分野に導入されるようになりました．

- 通信機器— Ericsson & Nokia Networks [*5]
- 投資銀行，小売銀行—UBS
- トレーディングシステム—ION Trading
- マーケティングプラットフォームとブランド分析—Vendasta
- ビデオ会議—シスコ
- オンラインゲーム(カジノ)—bwin.party
- オフショア開発—Valtech India [*6]

大規模という言葉を使っていますが，LeSSの典型的な導入事例は，5チームが1つか2つの拠点で活動しているというものです．われわれがLeSSを適用してきた事例は，ちょうどそのくらいもあるし，数百人の例もあります．LeSS Hugeの事例では1 000人以上が，数多くの拠点で働いて，独自ハードウェアで動作する数千万行のC++のコードを開発しています．

#### さらに**LeSS**を学ぶ

私たちがクライアントと行った実験を，他の人にも学びとして共有しようと思い，2008年と2010年にLeSSフレームワークでアジャイル開発をスケーリングする本を2冊出版しました．

(1) *Scaling Lean & Agile Development: Thinking and Organizational Tools for Large-Scale Scrum* は大規模スクラムでの，思考ツール，リーダーシップ，組織

---

*4 (訳者注) 邦訳：児高慎治郎，松田直樹 監訳，初めてのアジャイル開発 (ウルシステムズ，2004)．
*5 ノキアネットワークスはマイクロソフトが買収した携帯電話会社ではありません．
*6 `less.works` のケーススタディを参照してください．

設計の変更方法について説明しています．

(2) *Practices for Scaling Lean & Agile Development: Large, Multi-site & Offshore Product Development with Large-Scale Scrum* はクライアントと取り組んだ数百に及ぶ LeSS に関する実験 (プロダクトマネジメントに関する実験，アーキテクチャ，計画，複数拠点，オフショア，契約など) を共有しています．

本書 (大規模スクラム Large-Scale Scrum (LeSS)—アジャイルとスクラムを大規模に実装する方法) は，シリーズ 3 作目になります．入門書であり，全体をカバーしつつ，もっとも重要な点をわかりやすく説明しています．

これらの本の他に `less.works` というオンラインサイトで学ぶこともできます．(本の一部，記事，ビデオなど) 研修やコーチングについての情報もあります．

### 2.1.2 実験，ガイド，ルール，原理・原則

最初の 2 つの LeSS 本で次のように強調しました．すなわちプロダクト開発にベストプラクティスなど存在しません．特定の環境で有効な手法だけがあります．

手法は使える環境が限定的です：「ベスト」という表現を容易に使ってしまうと，モチベーションやそれぞれの環境を考慮することなく，ただ，それをやれば良いという思考に陥ってしまいます．なので，ベストプラクティスという表現は学習，疑問，積極性と継続的学習を阻害する要因となってしまうことがあります．なぜ多くの人は“ベスト”に挑戦しないのでしょうか?

したがって，昔に書いた LeSS の書籍では私たちや私たちのクライアントが行った“実験”を共有し，実験をするマインドセットの重要性を繰り返し伝え続けました．そして，時間の経過とともに実験をするマインドセットだけでは 2 つの問題があることに気がつきました．

- 初心者は間違った決定をしてしまいます．LeSS が推奨しない，明らかに問題があるような導入をします．たとえば，各要求エリアに 1 チームずつの構成にしています．残念なことです．
- 初心者の方から「どこから始めれば良い? 何が最も重要?」という質問を受けました．明らかに基礎を理解していないようです．

これらのフィードバックを受けて，“守破離”の学習モデルを適応することにしました．“守”は，ルールを守って基本を知る．“破”は，ルールを破って状況に合わせる．“離”

は，卓越性をもち自分のやり方を見つけることです．守の段階での LeSS 導入では経験的プロセス制御とプロダクト全体思考を実現するために，必要最低限のルールが定義されています[*7]．ルールには，2 つの **LeSS フレームワーク**それぞれの定義がされていますので，後ほど説明をします．

これらの点をまとめると，LeSS は以下を含みます．

- **ルール**—少しのルールがあることで始めやすくなり，基礎をつくりやすくなります．経験的プロセス制御とプロダクト全体思考を実現するために必要な **LeSS フレームワーク**の重要な要素を定義しています．たとえば，オーバーオールレトロスペクティブをスプリントごとに行います．
- **ガイド**—ルールを効率的に適応するためのガイドであり，何年にも及ぶ LeSS の経験のなかで試す価値があるとされた実験の集まりです．ガイドはヒントであり，改善の余地がある部分でもあります．たとえば，3 つの導入原則です．
- **実験**—多くの実験はとても限定的な環境でのみ機能し，試す価値すらないかもしれません．たとえば，翻訳者をチームに入れるなどです．
- **原理・原則**—LeSS の心臓部分にあたります．LeSS 導入の経験から学んだ抽象度が高い概念です．ルール，ガイド，実験の上位概念です．たとえば，プロダクト全体思考です．

> LeSS のガイドと実験は必須ではありません．ガイドは役に立つことが多いので，試してみることをおすすめします．ただ，環境に合わなかったり，将来の改善の邪魔になるようでしたら，導入しないでください．

図 2.1 を見て頂くと，LeSS の全体像がよくわかります．

LeSS の全体図は，私たちが LeSS を説明する際の順番です．

(1) LeSS の**原理・原則**，この後すぐ説明します．
(2) LeSS **フレームワーク**(**ルール**で定義)，この章の残りの部分です．
(3) LeSS **ガイド**，本書の次章以降で説明します．
(4) LeSS の**実験**，以前に書いた 2 つの本で紹介しています．

*7 LeSS もスクラムと同じ理由によりルールは少ないです．

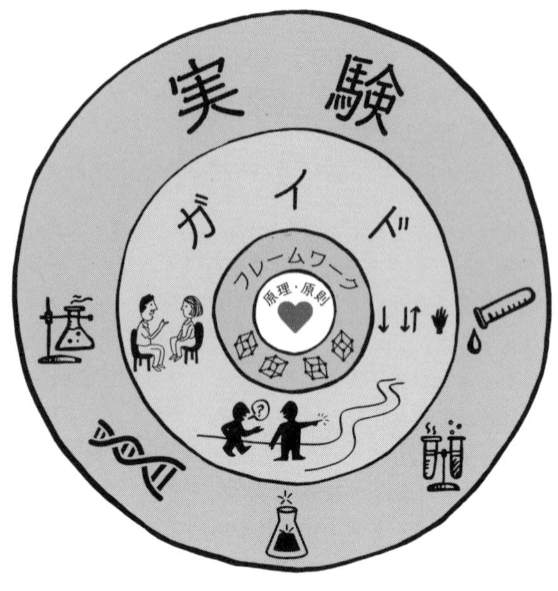


図 2.1

### 2.1.3　LeSS の原理・原則

LeSS フレームワークは LeSS ルールによって定義されています．ただ，ルールは最低限になっており，あなたの環境にどう LeSS を導入すれば良いのかまでは教えてくれません．LeSS の原理・原則が意思決定の基礎となります．

**大規模スクラムはスクラム**—LeSS は新しいスクラムでもないし，スクラムの改善版でもありません．スクラムの原理・原則，ルール，要素，目的を大規模開発の文脈に可能な限りシンプルに適応したものです．

**透明性**—明らかに「完成」したアイテム，短いサイクル，協働，共通の定義，現場から恐れを取り除きます．

**少なくすることでもっと多く**—**これ以上の役割**は必要ありません．役割が多くなるとチームの責任を限定してしまうからです．**これ以上のアーティファクト**は必要ありません．アーティファクトが多くなると，チームとお客様との間に距離をつくってしまいます．**これ以上のプロセス**は必要ありません．プロセスが多くなると，学びが少なくなり，チームがプロセスにオーナーシップをもたなくなります．それよりも，私たちは少ない役割で**チームが多くの責任をもつこと**を望みます．私たちは**顧客志向の**

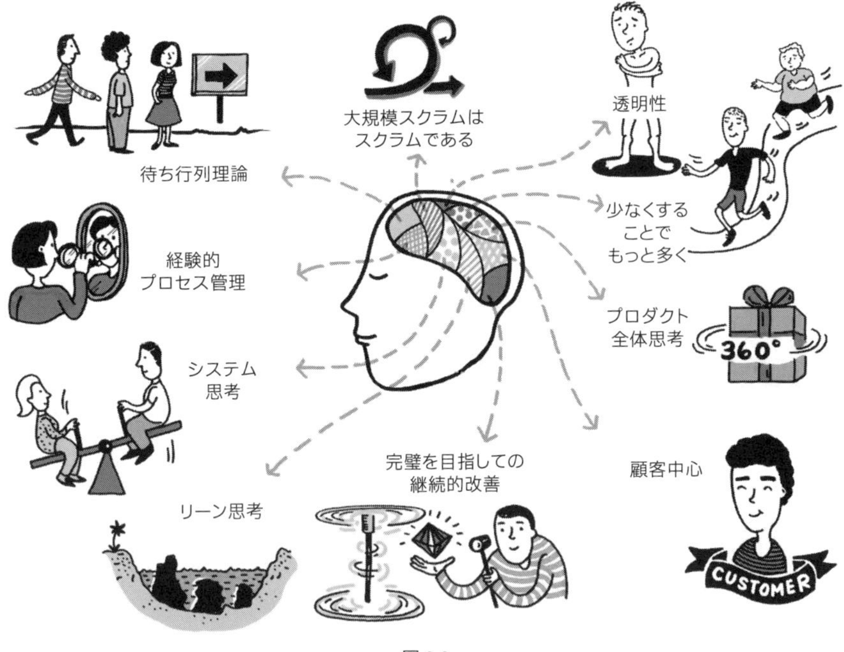


図 2.2

チームが良いプロダクトをつくることを望みます．プロセスを最小限にし，チームがプロセスと意義ある仕事のオーナーシップをもつことを望みます．“私たちが欲しいのは少なくすることでもっと多くです．”

**プロダクト全体思考**—1 つのプロダクトバックログ，1 人のプロダクトオーナー，1 つの出荷可能なプロダクト，1 つのスプリント (3 チームでも 33 チームでも変わりません)．顧客は個別のコンポーネントが欲しいわけではなく，ひとまとまりのプロダクトとして価値のある機能が欲しいのです．

**顧客中心**—顧客の本当の課題を学び，解決します．顧客視点で価値ある物と無駄を判断してください．彼らの視点で待ち時間を減らしてください．そして，顧客からのフィードバックサイクルを強化し，増やすように努めましょう．すべての人が，今日の自分の仕事がお金を払うお客様に対して，どのような価値提供につながっているのかを理解する必要があります．

**完璧を目指しての継続的改善**—完璧な目標の例を示します．ほとんどコストをかけず，障害なしで，プロダクトの開発と出荷を常に行い，環境を改善し，生活を豊かにする．この目標に向かい常に謙虚に根本的な改善のための実験を繰り返してください．

**リーン思考**—マネージャーは先生として，システム思考やリーン思考を適応し，教え，改善を促進し，「止めて直す」を推奨し，現地現物を実践するという組織の文化の土台をつくることが大切です．人への尊重と継続的改善という2つの柱を組織に根付かせます．これらはすべて完璧という目標に向かって行います．

**システム思考**—見て，理解し，システム全体[*8]を最適化します(部分最適ではない)．そしてシステムモデリングを使いシステムの関係性を探求します．個人や単一チームの生産性や効率だけを求めて部分最適にならないようにする必要があります．顧客が気にするのはコンセプトつくりから売上にかかる時間やフローといったプロダクト全体であって，開発の途中経過や"部分"最適ではありません．

**経験的プロセス制御**—継続的にプロダクトの検証と適応を行い，プロセス，ふるまい，組織デザイン，プラクティスなどを状況に応じて適切な方法で改善していくことが重要です．自分たちの状況を考えずに，与えられたベストプラクティスに従うことは学習や変化を阻害し，人々のやる気やオーナーシップを損うことになってしまいます．

**待ち行列理論**—研究開発の分野における，待ち行列システムの仕組みを理解し，待ちタスクの大きさ，マルチタスク，仕掛り作業の上限，ワークパッケージや変動性を管理します．

### 2.1.4　2つのフレームワーク：LeSSとLeSS Huge

Large-Scale Scrumには2つのフレームワークがあります．

- **LeSS**—2–8チーム
- **LeSS Huge**—8チームより多い

LeSSという言葉は，大規模スクラム全体を指す場合と，小さい方のLeSSフレームワークを指す場合があります．

#### a.　マジックナンバー8

実際には"8"はマジックナンバーではなく，あなたのグループが8より多いチームでLeSSフレームワークを上手く適用できるなら，とても素晴らしいことです．しかし，実現できた例は見たことがありません… 今のところは．8とはLeSSフレームワー

*8　システムとは，コンセプトつくりから売上を得るまでに関わる人と物のすべて，そして主に顧客とユーザーの視点からの時間と空間の流れすべてです．

クが上手く適用できるチーム数の，実験的観察から得られた上限にすぎません．いくつかのケースでは (たとえば，複数拠点で多様で複雑な目標をもつ，経験の浅い外国語のみのチームなど) 8 より小さくなる可能性もあります．

いずれにしても，いつかは次のようになります．(1) 単一のプロダクトオーナーがプロダクト全体の概要を把握できなくなる．(2) プロダクトオーナーが内側と外側への集中のバランスが保てない．(3) プロダクトバックログが大きくなり，1 人で作業するのが難しくなる．

グループが転換点を迎えたとき，LeSS フレームワークから LeSS Huge に切り替えるときが来るかもしれません．しかし，最初から大きくする事を考えるのではなく，まずは，より良く，より小さく，よりシンプルに試すことをお勧めします．

#### b. フレームワークの共通部分

LeSS と LeSS Huge フレームワークは共通の要素を共有しています．

- 1 人のプロダクトオーナーと 1 つのプロダクトバックログ
- 全チーム共通のスプリント
- 1 つの出荷可能なプロダクトのインクリメント

本章の以下の 2 つ節で，フレームワークについて説明します．まず 2.2 節で LeSS フレームワークについて，続いて 2.3 節で LeSS Huge について説明します．

## 2.2 LeSS フレームワーク

### 2.2.1 LeSS フレームワークの概要

プロダクトを所有する 1 人 (だけ) のプロダクトオーナーと，プロダクトオーナーが管理する 1 つのプロダクトバックログ，共通のスプリントで作業するチームで，プロダクト全体を最適化します．LeSS フレームワークの要素は，1 チームのスクラムとほぼ同じです．

**役割**—1 人のプロダクトオーナー，2–8 のチーム，スクラムマスターが 1–3 チームにつき 1 人．重要なのは，チームは**フィーチャーチーム**であることです．つまり，コードを共有する環境で一緒に働き，それぞれ全員が完成したアイテムをつくる，真のクロスファンクショナルで，クロスコンポーネントで，フルスタックなチームです．

**アーティファクト**—1 つの出荷可能なプロダクトのインクリメント，1 つのプロダクトバックログ，およびチームそれぞれのスプリントバックログ．

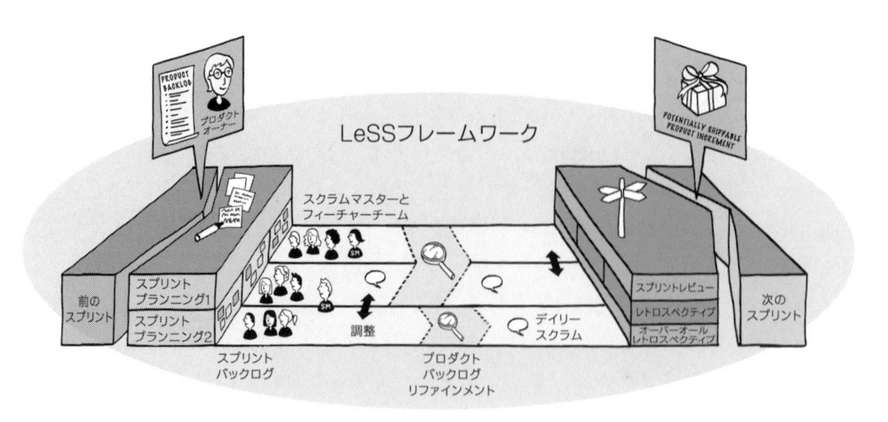


図 2.3

**イベント**—プロダクト全体 (すべてのチーム) で共通のスプリント．結果として，1 つの出荷可能なプロダクトのインクリメントをつくります．詳細については，次の LeSS 物語や，別の章で説明します．

**ルールとガイド**—経験的プロセス制御とプロダクト全体思考のためのスケーリングフレームワークに必要最低限のルールがあります．またガイドも役に立つでしょう．

### 2.2.2 LeSS 物語

**LeSS を学ぶ**—学ぶための 1 つの方法は，詳細な解説を読むことです．その方が好きな人は，これ以降を飛ばして，“LeSS Huge フレームワーク” (2.3 節) から次の章に進んでください．物語の方が好きな人は，そのまま読み続けてください．

**シンプルな物語**—これらの物語は，コンサルティングで経験する，大規模な開発の複雑さ (社内政治から，優先順位付けまで) を探求するものではありません．後の章でそれらを紹介していきます．ここでは，LeSS でのスプリントの基本を紹介するために意図的にわかりやすいシンプルな話をします．スリリングな会話やドラマが読みたい場合は，リーンの本をお読みください．

**ルールとガイド**—物語の中で，関連する LeSS のルールとガイドを示して，結びつきが明らかになるようにしています．

**2 つの視点**—以下は，別々の 2 つの重要な視点に焦点を当てた，簡単な流れを紹介する 2 つの関連した物語です．

(1) LeSS のスプリントを通じたチームの流れ
(2) 顧客中心のアイテム (機能) の流れ

### 2.2.3 LeSS 物語：チームの流れ

> この物語では，アイテムの流れではなく，チームがスプリントをどう過ごしていくのかを扱います．現実にはスプリント期間中の時間の大半は開発作業であり，ミーティングがそんなに長いわけではありませんが，この物語ではミーティングと交流を中心に取り上げています．複数チームが LeSS イベントでどうふるまうか，また日々どうやって協調しているのか，理解してもらうことを目標としています．

マークが，彼の (取引) チームが働いている部屋にやってくると，ミラ[*9]が居ました．ミラは言いました．「おはよう! おぼえてると思うけれど，このスプリントでは私たちがチーム代表よ．あと 10 分で，スプリントプランニング 1 が始まるわ」「そうだね」マークは答えました．「大部屋で会おう」( ヒント スプリントごとに代表をローテーションさせる．)

**(i) スプリントプランニング 1** [ ガイド スプリントプランニング 1 (12.1 節)]

共同で行うスプリントプランニング 1 の時間になりました．大きな部屋に 5 チームからそれぞれ 2 人ずつ，このプロダクトグループを構成する 10 人のチーム代表が来ています．すべてのチームが，この会社の主力プロダクトである債券とデリバティブの取引システムに関わっています．サムは取引チームと預託チームのスクラムマスターで，やはりこの場に参加しています．観察し，必要ならコーチをするつもりでいます．( ルール プロダクト全体のスプリントは 1 つ．チームによってスプリントが違うということはありません.)

以前は全チームの全員が参加してスプリントプランニング 1 をやっていました．そのやり方は，グループがまだアイテムを明確にして準備完了にするのが上手でなかったり，チームを超えて広い知識を獲得する方法がわからないときには，有効でした．当時のスプリントプランニング 1 は重要な質問をし，全員が知っておくべき回答をする場でした．今は，ずっと上手になってきたため，チームからローテーションで代表者を

*9 ここで登場する人物の名前の頭文字は役割を象徴しています．マーク (Mark) やミラ (Mira) はチームメンバー，サム (Sam) はスクラムマスター，パオロ (Paolo) はプロダクトオーナーになっています．

図 2.4

出すというやり方を実験しているところです．現在のスプリントプランニング 1 はシンプルで短時間のミーティングになっており，質問もときどき，さほど重要でないものが提示されるだけです．新しいアプローチがうまくいかなければ，オーバーオールレトロスペクティブで提起し，また別の実験をスプリントプランニングで考えることになります．( ルール スプリントプランニングには 2 つのパートがあります．スプリントプランニング 1 は全チーム共同で，スプリントプランニング 2 は，通常，チームごとに分かれて実施します．複数のアイテムが密接に関係している場合は，複数チームのスプリントプランニング 2 を実施します.)

パオロが部屋に入ってきました．彼はプロダクトオーナーで，リードプロダクトマネージャーでもあります[*10]．パオロは全体に声をかけながら，テーブルに 22 枚のカードを並べました.「大きなテーマはこれだ．ドイツのマーケット，受注管理，規制関連のレポート．優先順に並べてあるからね．みんなこの優先順については把握してくれてると思う．今までプロダクトバックログリファインメントでずっと話し合ってきた部分だから．もちろん，なにか質問があったら聞いてほしい」( ルール スプリントプランニング 1 に参加するのはプロダクトオーナーと，チームメンバーあるいはチームの代表者です．一緒に次のスプリントで着手するアイテムを選択します.)

代表者が，テーブルに集まり，ミラとマークは，ドイツマーケットの債券に関連す

*10　プロダクトを提供している企業では，プロダクトマネジメントとプロダクトマーケティングの役割がチームと協力しながらビジョンとディレクションに注目し，イノベーションを促進し，競合を分析し，顧客やマーケットのニーズやトレンドを見つけます．社内向けの開発組織であれば，この役割はビジネスを運用しているグループにいる，中心的ユーザーが果たす場合もあります．プロダクトオーナーは，プロダクトの責任者であり，スクラムや LeSS ではそうした役割の人がなるのが一般的です．この物語ではパオロがリードプロダクトマネージャーで，プロダクトオーナーの役割を果たしています．プロダクトオーナーの章でさらに詳しく説明します．

る項目から2枚のカードを選びました(図2.4). 直前の2スプリント, ミラとマークのチームは, このアイテムの詳細を, 1チームのプロダクトバックログリファインメント(PBR)で, 明確化していました(ヒント チームがアイテムを選択する).

そしてさらに2枚, 受注管理関連のアイテムを選びました. これは取引チームも預託チームもよく知っているものです. 両チームは複数チームPBRで, これらのアイテムを扱ってきました. そうしてきた理由は, どちらのチームも, アイテムをどのチームに割り振るかの判断をできるだけ遅らせ, 将来のスプリントプランニングで決めるようにしたいと考えていたためです. そうすればグループ全体のアジリティ(変化への容易な対応力)を向上できるし, プロダクト全体の幅広い知識をもてば, 自己組織的な調整も容易になります[ガイド 複数チームPBR(11.1.3項)].

テーブルの向こうでは預託チームのメアリーが, 別のチームが選んだカードを眺めて, そのチームの代表に話しかけました.「そのレポート, 私たちにやらせてもらえないかしら? 同じようなアイテムを前のスプリントでやったので, 簡単に完成できると思うのよ. こちらのドイツマーケットのアイテムと交換でどう?」両者は合意しました(ヒント チームへのアイテムの割り当てを事前に決めないこと).

さらに数分たって, 各チームは集中したいそれぞれの興味, 強み, 類似のカードを集めるために, カードを選んだり他チームと交換したりしました.

スクラムマスターのサムが発言しました.「見ていて気づいたんだけど, 預託チームのところに, 優先順位の高いストーリーが4枚集まってしまっているね. 問題ないだろうか?」[ガイド スクラムマスターの5つのツール(6.1.2項)]. 少し話し合って, このままだと預託チームで何か問題が起きると, 優先順位の高いものが完成できずにスプリントが終わってしまう可能性があるということになりました. そこで優先順位の高いカードは, いろいろなチームに分散させることにしました. チームが知っているカードにも制約されますが, それでもこの方が優先順位の高いものをすべて完成できる見込みが強くなります[ヒント 上位のアイテムをむらなくするには?(12.1.1項c(2))].

結果的に, 代表者はカードを18枚選び, 優先順位が低いものが4枚, テーブルに残りました. パオロは残ったカードを眺め, そこから2枚取り上げ, みんなに見せながら言いました.「この2つ, 実はこのスプリントでどうしてもやってほしいんだ. もっと優先順位を高くしておけば良かったと思うけれど, とにかく, いま見てあらためて, このスプリントに入れるように優先順位を変えたい. 各チームが選んだカードと見比べて, 何とか入れ替えてもらえないだろうか. もちろん, 予想よりうまくいったチームが出てきたら, 余裕のある範囲で残ったカードに手をつけてもらえれば助かるよ」

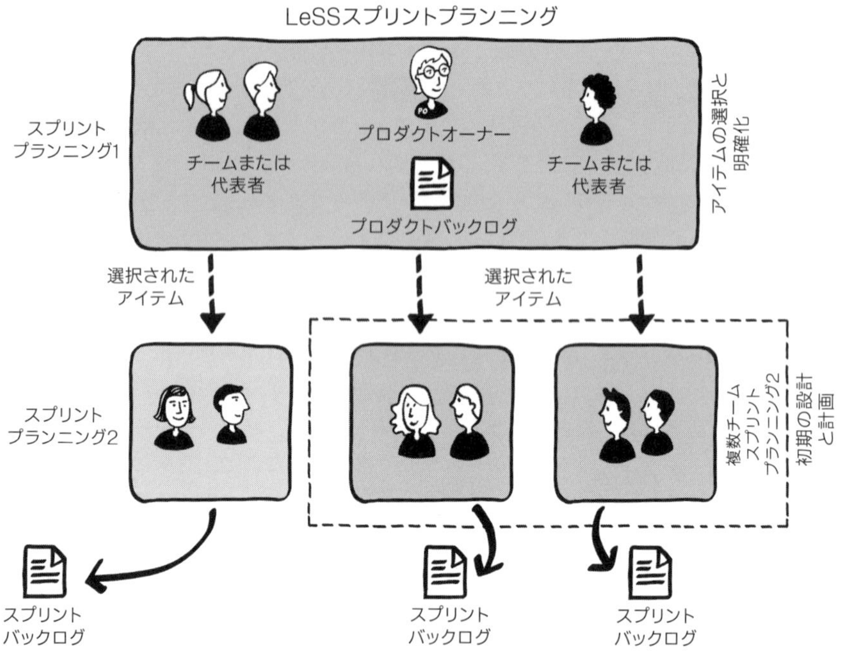

図 2.5

2 枚が無事に選ばれると，パオロが言いました.「オーケー，気になっている疑問があれば，片付けておこう．僕は優先順位に集中してるし，アイテムの具体的な内容はみんなの方が詳しいはずだ．とにかく全員で協力して，細かい点もできる限り明確にしよう」( **ルール** チームは一緒に働く機会を探し，疑問をすべて解消する).

そこで，ミラとマーク，他の参加者はバラバラになって，各自でアイテムの最終的な確認点を考え，部屋中に貼ってあるフリップチャートに質問事項を付箋で追加して回りました．パオロもそれぞれのエリアを回って，ディスカッションに参加します．全員が混じり合いながら貢献しているのです．30 分後，些細な疑問に至るまですべて解消し，わかる範囲で回答が見つかりました ( **ヒント** 発散して明確にする).

最後に参加者全員で輪になって立ち，まとめに入りました．調整に関する話題が誰からも出なかったのに気づいて，サムが言いました.「取引チーム，預託チーム，非デリバティブチームの選んだ受注管理のカードは，関連が深いんじゃないかな」ミラが答えました.「それなら，取引と預託と非デリバティブ一緒に，複数チームスプリントプランニング2をやらない? 一緒にやるチャンスをつくった方がよさそう」その意見に合意して，ミーティングは終了となりました．

**(ii) チームと複数チームのスプリントプランニング2** [ ガイド 複数チームスプリントプランニング2 (12.1.2 項)]

休憩後，5チームのうち2チームは，チーム単独でスプリントプランニング2を行い，スプリントバックログを作成し，スプリントで行う作業の設計と計画を行います( ルール 各チームはそれぞれ別のスプリントバックログをもちます).

対照的に，取引チーム，預託チーム，非デリバティブチームは，関連するアイテムの実装を行うため，大部屋で一緒に複数チームのスプリントプランニング2を行います．なぜなら，これから実装する関連するアイテムは，以前に複数チームPBRで，アイテムの明確化を一緒に行っているので，複数チームの作業の有用性を理解しているからです( ルール 複数チームのスプリントプランニング2は，関連するアイテムに対応するため，共有スペースで行います).

彼らは10分間の準備セッションで，チーム全員で話し，共通する作業(タスク)や設計に関する課題などを特定します．そして，見える化(ホワイトボードを使わずに話し合う時間を減らす)に合意して，30分間の設計のセッションを開始します．このセッションを通じて見つかった新たな共通する作業を，ホワイトボードに追記します( ヒント グループ全体での設計と作業共有セッション).

おっと! 30分が経ちました．まだ詳細を詰めきれていないところが多くありますが，チームは次のステップに進みます．各チームは大きな部屋のコーナーに分かれ，それぞれが自身のチームのスプリントプランニング2に集中します．設計に関する課題の詳細を議論し，カードを使ったスプリントバックログを作成します．さらなる調整は「ただ話す」の進化版のテクニックである「ただ叫ぶ」を使います[ ガイド スプリントバックログにソフトウェアのツールは使わない (12.1.3 項)].

会話をするなかでチームは，さらに掘り下げるため，複数チームの設計ワークショップが必要と感じ，その日の後半に，開催することで合意しました[ ガイド ただ話す(13.1.1 項)].

**(iii) 複数チームの設計ワークショップ** ( ガイド 複数チームの設計ワークショップ(13.1.7 項))

スプリントプランニングが終わり休憩した後に，取引チームのミラとマーク，預託チームと非デリバティブチームの何名かで，1時間のタイムボックスを区切り，共通理解と一貫性のある設計をするために複数チームの設計ワークショップを開きました．大きなホワイトボードのまわりに集まり，絵や図を描きながら，設計方針の合意と明確化や共通する技術的タスクの洗い出しを行いました．結果的に，チームのスプリントに大きな影響を与えることはありませんでしたが，プロセスに関しての課題が見つかりました．設計に関して，大きな課題があったことに，もっと前に気づくことができたはずです．

**(iv) 開発中に調整と継続的デリバリーを支援する活動** スプリントプランニングの後，各チームはそれぞれ選んだアイテムの開発に着手します．そこではコードを通じたコミュニケーションが重要視されます [ ガイド コードでのコミュニケーション (13.1.3 項)]．すべてのチームは継続的に統合します．継続的インテグレーションを全チームが徹底しているおかげで，自分が作業中のコンポーネントを他の誰かが変更しているかすぐわかり，調整する機会を得られます．これはたいへん有益です．グループはインテグレーションを，調整の情報源や支援ツールとして利用しているのです [ ガイド 継続的にインテグレーションする (13.1.4 項)]．

例を挙げてみます．スプリントの 2 日目の午前中，取引チームの開発者であるマークは，ローカルに最新バージョンを取得し，作業中のコンポーネントの変更履歴を簡単に確認します．すると預託チームのマクシミリアンがコードを変更しているのに気づきます．預託チームが関連の深いアイテムに取り組んでいるのは知っているので，特に驚きはしません．これでコードでのコミュニケーションがなされました．調整の必要があること，誰と調整すべきかが伝わったのです．( ルール 中央集権的な調整よりも分散的で非公式な調整が望ましい)．マークはすぐに立ち上がると預託チームのところまで歩いて行きました．そしてお互いどういうふうに仕事を進めるか，どうすればお互いに助かるかを，ただ話し合います [ ガイド ただ話す (13.1.1 項)]．

取引チームが開発しているアイテムには自動化した受入テストがあります．実際には各チームのすべてのアイテムについて，ソリューションコードの開発を開始する前に，自動化した受け入れテストを作成しています．したがって，コードを継続的に統合するだけでなく，自動テストもすべて統合しています．チームメンバーはみなそうしてできた受入テストを頻繁に実行しており，1 つでもテストが失敗したら，ただちにチームで調整する必要性に気づきます．コードがこう語っているのと同じです．「おーい! 問題が見つかったよ! 話し合って，対処してくださいよ」

当然のことながら，継続的インテグレーション，自動テスト，ビルドが壊れたらすぐに止めて直すという手法をグループが徹底していると，他にも大きな恩恵が得られます．自社のプロダクトが常に提供できる状態になるのです．提供するための独立したインテグレーションチームやテストチームはおらず，遅延，引き継ぎ，その他のややこしい事態もありません ( ルール 完璧な目標は，各スプリント (またはさらに頻繁に) 出荷可能なプロダクトになるように,「Done の定義」を改善することです).

### (v) オーバーオールレトロスペクティブ [ ガイド オーバーオールレトロスペクティブ (14.1.3 項)]

スプリントの 2 日目にサム，他のスクラムマスター，プロダクトオーナーのパオロ，拠点のマネージャー，そしてほとんどのチームの代表者が全員集まり，直近のスプリントに関連した最大 90 分間のオーバーオールレトロスペクティブを行います [ ルール チームレトロスペクティブの後に，チーム間およびシステム全体の課題を話し合い，改善の実験を行うためにオーバーオールレトロスペクティブを開催します．これには，プロダクトオーナー，スクラムマスター，チーム代表，およびマネージャー (もしいれば) が参加します].

なぜ新しいスプリントが始まる前に，オーバーオールレトロスペクティブを開催しなかったのでしょうか? 新しいスプリントを始める前に開催することもできました．しかし通常，スプリントは金曜日に終わり，月曜日から始まります. (サムはスプリントを水曜日終わり，木曜日始めとすることを提案していました.) 金曜日にスプリントレビューとチームごとのレトロスペクティブを開催しています．その後にオーバーオールレトロスペクティブを行う集中力は残っていないため，次スプリントのはじめに行うことにしました．サムは個人的には，オーバーオールレトロスペクティブの後に，スプリントプランニングを行った方が良いと思っていますが，自分たちで気づいて欲しいと考えています.

どのように調整を行うか，どのように情報を共有するか，そしてグループ全体に関わる課題を，どのようにスプリント中に解決するのか．システム全体の課題解決と改善をしたいと考えています．前回はスクラムオブスクラムを試してみましたが，あまり効果的ではありませんでした．サムはオープンスペースを提案し，このスプリントはオープンスペースを試してみることになりました [ ガイド システムを改善する (14.1.4 項)].

### (vi) 調整のための活動 [ ガイド 調整と統合 (13 章)]

4 日目は，LeSS の様々な調整に関するアイデアが紹介されます. ( ルール チーム間の調整はチームによって決定されます.)

LeSS では各チームが今まで通りデイリースクラムを行います．取引チームと預託チームの調整のためにミラは偵察として預託チームのデイリースクラムを観察しに行き，学んだことを自分のチームに伝えます．そして，預託チームの誰かも同じように，偵察として取引チームを観察します [ ガイド 偵察 (13.1.12 項)].

オーバーオールレトロスペクティブでの合意により，グループ全体でお菓子を食べたり，飲み物を飲みながら，45 分間のオープンスペースを開催します．サムはファシリテーターとしてふるまい，グループに対してオープンスペースをどのように進めるのかを教えます．誰でも参加できる場ですが，ほとんどのチームはチームの代表を 2，3 人参加させるようです．取引チームからはミラとマークが参加します．グループはオープンスペースを週 1 回のペースで開催するつもりです [ ガイド オープンスペース (13.1.10 項)].

ほとんどのチームからボランティア (有志) が参加しているテストコミュニティは，メリーによる 30 分程度の，新しい受入テストの自動化ツールの提案を聞くために集まりました．参加者は導入に対してかなり前向きで，メリーが所属する預託チームがツールの学習にとても興味を示したため，次スプリントで試験的な導入をしてみることにしました [ ガイド コミュニティ (13.1.5 項)].

ミラは設計・アーキテクチャのコミュニティに所属しています．このスプリントでは全体のアーキテクチャに関わる設計ワークショップは不要ですが，次のスプリントで，新しい技術を試す半日のワークショップを開催したいと考えています．モブプログラミングを行い，みんなで学びを共有しながら新しい技術を試すことを，コミュニティが使っているコラボレーションツール上で提案しました ( ヒント アーキテクチャコミュニティをつくる).

ビルドシステムには奇妙なバグがあるようです．今が直すときです! このスプリントでは取引チームの責任です ( ヒント 問題が発生したら止めて直す)．この問題はマークが得意なため，この問題を解決することを申し出ました．チームメンバーとペアを組んで同僚が学ぶのを支援をしながら，課題の解決を進めます ( ヒント 専門家が他の人に教える).

その後，ミラはチームメンバー何名かと実際にプロダクトを利用する顧客と密接なカスタマーサポートとトレーニンググループを訪ねました ( ルール 明確化は理想的にはチーム，ユーザー，ステークホルダー間で行われます)．彼女のチームは最初のアイテムを完成させたので，顧客に近い方々から早期のフィードバックが欲しかったのです．1 人のトレーナーの手が空いていたので，彼が新しい機能を使ってくれました．取引チームは，新しい機能を改善するいくつかのアイデアを得ることができました ( ヒント 早期のフィードバック).

その日の午後，マークと取引チームのメンバーは 2 つ目のアイテムに着手しました．マークは 10 分間の TDD サイクルで，微修正の後に，クリーンで安定したコードを完成させました [ ガイド コードでのコミュニケーション (13.1.3 項)]．再度，10 分ごとに小さな変更を中央共有リポジトリ (の head of trunk) にプッシュし，チーム内や他のすべてのチームと継続的に統合します．マークは，壁のレッド・グリーンが表示されている大きなスクリーンに目をやり，ビルドシステムで，グループ全体のすべてのテストがパスしていることを確認します [ ガイド 継続的にインテグレーションする (13.1.4 項)]．

**(vii) オーバーオールプロダクトバックロググリファインメント (オーバーオール PBR)** [( ガイド プロダクトバックロググリファインメントの種類 (11.1.1 項)]

> ルール 複数のアイテムが密接に関係していたり，広範なインプットや学習が必要なときには，複数チームやオーバーオール PBR を実施し，理解を共有して調整の機会を見つけましょう．

5 日目，マークとミラはオーバーオール PBR ワークショップに参加します．他には各チームからの代表と，プロダクトオーナーのパオロも参加しています ( ヒント スプリントごとに代表をローテーションする)．パオロはまず現時点でのプロダクトの方向性について自分の考えを述べ，短期間で目指したい目標と，これが一番大事なところですが，その理由を説明します．理由について全員が理解できるよう，自分が優先順位付けをするモデルをグループに紹介します．モデルに含まれる要素は，利益への影響，ビジネスリスク，技術リスク，遅延コストなどです [ ガイド 明確化より優先順位付け (8.1.4 項)]．

今後の方向性について，フィードバックや質問がないかパオロはたずねました．そのうえで，リファインすべきアイテムについて全員で検討を始めます．パオロは，最終的判断は自分がするとはいえ，各チームができるだけパオロの考え方を理解してくれるよう努力します．同時に，チームの考え方も理解するように努めます [ ガイド 5 つの関係 (8.1.7 項)]．パオロの希望は，チームもプロダクトへのオーナーシップをもってくれることです ( ヒント PO は，チームにプロダクトへのオーナーシップをもたせる)．

次にチームは大きなアイテムをいくつか分割し，軽く掘り下げ (これについては後ほど説明します)，よりよく理解するためにプランニングポーカーを使います [ ガイド 分割 (11.1.6 項)]．サイズを見積もるためではなく，知識を得るために見積もるのです [ ガイド 大規模での見積り (11.1.7 項)]．

3つのチームの代表者は(取引と預託も含む)，あとで複数チームのPBRを一緒に開催することにします．いくつかのアイテムが強く関係しており，理解を共有する必要があるためです．残る2チームはどちらも，関係が深いアイテムを集めて，それぞれにチームPBRを開くことにします．

**(viii) 複数チームPBRとチームPBR**　[ ガイド 複数チームPBR (11.1.3項)]

6日目になり，大きな会議室に3つのチームから全メンバーが参加して複数チームPBRワークショップを実施します．

この会社のビジネスは，主にトレーディングのソリューションをつくって販売することです．一方，社内にも，このシステムを利用している少数の債券のトレーダーがいます．比較的小さなポジションで，リスクは小さいものの，積極的に関与できています．そのおかげで会社としても，マーケットのトレンドを把握したり，トレーディングの専門家が開発チームと話し合う場が簡単につくれるようになっています．

今回の複数チームPBRでリファインするアイテムは，トレーダーのターニャとテッドが，パオロにトレンドについて説明したことによってつくられました．そのため2人も専門家として参加し，新しいアイテムについてチームが学んだり掘り下げたりするのを手助けします ( ルール すべての優先順位付けはプロダクトオーナーが行いますが，掘り下げるのは可能な限りチームが直接，顧客やユーザー，ステークホルダーと行います)．

ここにいない2チームも，また別のトレーダーと議論しながら，それぞれのPBRワークショップを行っています．そちらではリファインをしているアイテムがいくつか終わって，新しいアイテムに着手しようとしているところです．さらに，3人の顧問弁護士から会計関連法規に詳しい1人が参加し，掘り下げを手伝っています．

PBRの終わりに，壁中に貼ってある模造紙やホワイトボードをすべて写真に撮りました [ ガイド 大規模プロダクトバックログ用のツール (9.1.5項)]．個々のアイテムについての情報は，すべてWikiに整理しているので，写真もWikiに貼り付けます．Wiki上の文章や表も，議論を反映して更新します ( ヒント アイテムの詳細はWikiに記録する)．

**(ix) チームレベルのバックログとプロダクトオーナーについての会話**　複数チームPBRワークショップが終わって，マイク(最近入社したばかりです)はコーヒーマシンの近くでサムを見かけ，声をかけました．「やあ，サム．ちょっと意見を聞かせてくれないか．いま終わったリファインメントワークショップだけど，トレーダーと一緒に話し合いながら掘り下げをしてたよね．これって効率があまり良くないんじゃないかと思うんだ．前にいた会社ではチームに 1 人ずつプロダクトオーナーがいて，ストーリーを書いて，ワイヤフレームをつくって，仕様も決めた上で，僕たちに渡してくれていたんだよ．そうすれば，開発チームはプログラミングに集中できる．プロダクトバックログもチームごとにあって，チームのプロダクトオーナーが優先順位を決めていた．ここではそうなってないようだけど，なぜなんだろう?」

サムは答えます.「面白い質問ですね．いくつか質問してもいいですか?」

「もちろん」

「まず，プロダクトバックログが 1 つか，チームごとかについて考えてみましょう．チームごとにバックログがあったら，全体のプロダクトオーナーが全体像をつかむのは，どのくらい簡単で，効果的でしょうか? それとチームは，他のチームのバックログにあるアイテムについて，どのくらい知っていますか?」

マイクは答えました.「前の会社の経験からわかるよ．かなり悪いね」

サムは続けます.「じゃあ，チームが 8 つ，プロダクトバックログも 8 つあるとしましょう．もし会社の上層部がプロダクト全体の判断として，何らかの理由で，8 つのうち 2 つのプロダクトバックログにあるアイテムが，他のものよりずっと優先順位が高いということになったら，どうでしょうか．たとえば市場でなにか大きな事件があったとか．さて，考えてみてください．優先順位が低いとされた 6 チームは，優先順位が高い方の 2 チームのバックログにあるアイテムを，すぐに開発できますか?そもそも，この問題に気づけると思いますか? 自分のチームに固定されて，自分のチームのバックログの優先順位だけ見ていたら?」

マイクは言いました.「以前いたチームでは，自分のチームのバックログのアイテムしか開発していなかった．他のチームの仕事はできなかったな．でも，そもそもなぜそうする必要がある? それに非効率的じゃないか?」

サムは答えます.「そうですね，会社としての観点から考えると，チームが『効率的』なのは，あくまで優先順位が低いアイテムについてです．チームごとのバックログに集中して狭い領域の知識だけを身に付け，全体的な優先順位も全体像も目に見えないためです．また質問させてください．どちらが柔軟ですか (アジャイルなのはどちらですか)? 会社の観点から見て，もっとも影響の大きいアイテムに向け最適化できますか?」

マイクは少し考えました.「なるほど!わかってきたよ．実はアジャイルじゃなかったんだな，アジャイルをやっているといってはいたけれど．全体として一番価値があるものに対応できていなかった．前のチームのプロダクトオーナーは，チームのバックログで価値を最大にするといっていたんだ．でも実際には，チームは一生懸命効率よく，全体から見たら価値が低いかもしれないアイテムを開発してたってわけだ」( ルール 完全な出荷可能なプロダクトに対して，プロダクトオーナーが1人いて，プロダクトバックログが1つあります).

サムが言いました.「その通りです．チームが多くてもチームごとのバックログをつくらず，プロダクトバックログを1つにする理由は，他にもあります．簡単にいえば，プロダクト全体思考，システム最適化，アジリティです．それにシンプルですし，グループ全体がどうなっているか把握するのも簡単になります」

マイクは続けました.「それと，以前いたところでは全チームが本当の意味で“一緒に”，同時に働くというのがとても難しかった．それぞれ目標が違っていたし，スプリントもばらばらだったんだ．ここではどのチームも同じ方向に，同じスプリントで一緒に進んでいるように感じるよ」

「まさしくその通り!」サムは答えて，さらに続けます.

「もう1つ質問しましょう．プロダクトバックログが1つだけ，1人本物のプロダクトオーナーがいて，優先順位を決定します．一方チームには，それぞれプロダクトオーナーとよばれる人がいて，その方はチームのバックログの優先順位付けはしません．さて，チームのプロダクトオーナーの仕事は何でしょうか?」

マイクは答えました.「そうだな，前の会社ではチームのプロダクトオーナーがユーザーと話し合って，チーム向けにストーリーを書いてくれたので，チームはプログラミングに集中できたし，プロダクトオーナーは要求を収集して文書化できていた」( ルール プロダクトオーナーは1人でプロダクトバックログリファインメントをしてはいけません．複数チームがプロダクトオーナーを支え，そのためチームは顧客やユーザー，その他のステークホルダーと直接作業をします).

サムはマイクに聞きました.「マイク,『プロダクトオーナー』などのスクラム用語を覚える前は，そうした中間者，つまり開発者と本当のユーザーの間にいる人を何とよんでいましたか? 要求を収集して，開発者に提供する人を?」

マイクは答えました.「僕が前の会社に入社したのは，会社でスクラムを導入するちょっと前だったんだ．最初の頃，ビジネスアナリストがその仕事をしていた．スクラムを導入して，ビジネスアナリストのことをプロダクトオーナーと呼ぶように指示されたんだよ」( ルール すべて優先順位付けはプロダクトオーナーが行いますが，掘り下げるのは可能な限りチームが直接，顧客やユーザー，ステークホルダーと行います).

サムは尋ねました.「今日，あなたも PBR ワークショップに参加しました．参加していたトレーダーの人とは，話しましたか?」

「ちょっと待てよ」マイクは考えました.「うん，ターニャと話して，ロシア社債の取引分析についてのアイデアについて教えてもらった．どうもややこしく思ったから，何のために必要なのかと聞いたんだ．海外口座が関与するマネーロンダリングの問題があるそうだ．それで，僕たちは最近，EU と USA の新しい規制データベースと統合する機能をつくっていたんだけど，彼女はそれを知らなかったんだ．でもマネーロンダリングの問題はそのデータベースで評価できるんだよ．それで，僕は別のやり方を提案して，もっとうまく解決できそうだと説明して，彼女も納得してくれた」

マイクはちょっと考えて，付け加えました.「そう考えると，前の会社ではこんなことは起きなかっただろうな．ユーザーと開発者が話すことは滅多になかったから」

**(x) その他の開発** 毎分，毎秒，毎日，チームはコードを書き，常に統合し，完全な自動テストも実行し，ビルドに失敗すればすぐに直し続けます．いつでも顧客に提供できる出荷可能なプロダクトを用意するという，究極の目標に向けて取り組んでいます．そのため，スプリント終盤になり，チームがスプリントレビューの準備を始める頃には，間に合わせようとあわててコードを統合したり，まとめてテストをするようなことはありません．それは，ずっと統合し，テストしてきたからです．

**(xi) スプリントレビュー** [レビューとレトロスペクティブ (14.1 節)]

とうとう最終日，全員参加のスプリントレビューの日になりました．参加するのは，パオロ (プロダクトオーナー兼リードプロダクトマネージャー)，社内の債券トレーダー全員，トレーナーやカスタマーサービスの代表が数名，セールス部門から数名，実際の顧客も 4 名います．参加している顧客は，利用料金を値下げするかわりに，レビューに定期的に参加するよう約束してくれた人たちです．そしてすべてのチームの全メンバーも参加します ( ルール スプリントレビューは 1 回，全チームに共通です).

見るべきアイテムはたくさんあるため，グループはまず 1 時間のバザールを行います．サイエンスフェアのように，部屋にいくつも端末を設置して，それぞれ異なるアイテムを探求できるように設定してあります．一部のチームメンバーはずっと移動せずにフィードバックを収集します．それ以外の人はみな新しい機能を試したり話し合ったりして回ります [ ガイド レビュー・バザール (14.1.2 項)].

1 時間たったので，グループは集合して質問やフィードバックについて議論します．ここはパオロが司会をします．その後，将来の方向性について議論をします．パオロはマーケットの近況や競合他社の状況，次にどちらへ向かうべきか考えを共有し，アドバイスを求めます ( ヒント 今後のスプリントの方向性について話し合う).

図 2.6

**(xii) チームレトロスペクティブ**　休憩をはさみ，取引チームはチームのスプリントレトロスペクティブを開きます．他のチームもそれぞれに開催します．取引チームでは，預託チームとのデザインワークショップをスプリントプランニング後にしたのは理想からほど遠かったという結論になりました．重大な問題が最後まで検討されなかったので，あやうく開発が止まってしまうか，複雑な開発をしてしまうところだったためです．そこで次のスプリントでは，PBR の場で，他チームと話し合うべき重大な設計の問題点を見つけることにしました．もしも見つかれば，すぐに複数チームのデザインワークショップを行うのです（ ルール 各チームはそれぞれにスプリントレトロスペクティブを行います）.

**(xiii) 終わりに**　スプリント終了! サムはトレードチームに声をかけ，ミラの誕生日を祝うために彼女のお気に入りのベルギービールパブに行こうと誘います [ ガイド ト

図 2.7

リプルカルメリット (ベルギービールの銘柄)].

## 要　約

物語から，いくつかの重要なポイントを挙げておきましょう．

- LeSS において人とチームがスプリントを流れていく様子を紹介しました．
- 物語の要所要所で LeSS のガイドやルールと関連付けました．
- スクラムを知っている読者なら，イベントは馴染みのあるものです．
- 物語ではプロダクト全体思考を示しました．チームが複数あってもです．
- 紹介した活動ではチームという単位を中心とした学習と調整を重要視しています．
- 個々のアイテムは開発しながら継続的に結合し，コードを介したコミュニケーションが分散型の調整をもたらし,「ただ話す」よう促します．それにもちろん継続的デリバリーにもつながります．
- チームはユーザーや顧客と直接，一緒に掘り下げます．引き継ぎを減らし，理解や共感,「自分の問題」という感触を増すためです．

### 2.2.4 LeSS 物語：アイテムの流れ

この物語では，スプリントの一部 (主にリファインメントと開発) における，アイテム (機能) の流れに焦点を当てています．

ポーシャは，政府規制当局とのミーティングを終え，家に帰るために空港に向かっています．彼女は，パオロを助け，規制と監査の動向を専門にしてるもう 1 人のプロダクトマネージャーです*11.

後日ポーシャはパオロと打ち合わせをしました．ポーシャは，カードに書き込みながら，プロダクトに影響を与えそうな新しいルールや，彼女が考えているクライアントが最初に必要になると特に思っている機能を要約します．パオロは，5 枚のカードを指差し,「ここに出ているのが，作業のすべてなんだよね?」と尋ねると，ポーシャは,「これは調整なので，すべてが明確ではないし，終わりはないのよ」と笑顔で言いました (図 2.8).

パオロは,「これらのカードを，プロダクトバックログに入れてもらえるかな．優先順位は付けずに一番下に」と頼みました [ ガイド プロダクトオーナーのヘルパー (8.1.6 項)].

「もちろん」

1 週間後，パオロはポーシャに伝えます.「そろそろ，債権デリバティブの大きな規制の要求の一部を提供しようと思う．次のスプリントのプロダクトバックログリファインメントでは，いくつかのチームに取り組んでもらう予定です [ ガイド 大規模プロダクトバックログ用のツール (9.1.5 項)]．ポーシャは，債権デリバティブの規制に

図 **2.8**

*11　多くの大規模なグループでは，リードプロダクトマネージャー (プロダクトオーナーになることが多い) に加え，顧客の領域や主要なマーケットのセグメントに特化した，数人のサポートプロダクトマネージャーがいます.

一番詳しいので，オーバーオール PBR と，チームのリファインメントにも参加してもらいたい．また，新しい規制のドキュメントへのリンクを含む Wiki ページを作成して，チームに共有してもらえるかな?」( ヒント 大きなプロダクトバックログ用のスプレッドシートと Wiki).

ポーシャは,「もう終わっていますよ」と答えました.

**(i) オーバーオール PBR** パオロは，すぐにオーバーオール PBR を開始しました.「新しい規制に関する作業がたくさんあります．会計年度の終わりには規制の法的期限が迫っているから，すぐに関連するアイテムを提供していく必要があるんだ．分割と見積もりを行った方が良さそうだね．もし実装のために，特別に 3 チームかもっと投入することになったり，さらに多くの時間がかかったとしても驚いたりしないよ」[ ガイド プロダクトバックログリファインメントの種類 (11.1.1 項)].

グループは，新しい巨大なアイテムを，いくつかの大きな部分に分割して，主要な要素を理解します．大きな部分をさらに分割することは，シングルチームまたは複数チーム PBR で行います．ポーシャはホワイトボードに向かい，左側に「債権デリバティブの規制」と書き出しました．その後，グループと対話し，4 つの主要なサブアイテムに分割することを表す，4 つの枝をもつツリー図を描きました．しかし深掘りはあまりせず，過剰な分析を避けています [ ガイド 分割 (11.1.6 項)].

次にグループは，新しいアイテムの 4 枚のカードをつくります．既存のよく知られているプロダクトバックログアイテムを基準のポイントとして，プランニングポーカーと相対的なポイントを使用して，全員で見積もりをしていきます．ここでの主な目標は，見積もりを行うことではなく，質問をして，ポーシャと一緒により多くのディスカッションを行うことです [ ガイド 大規模での見積り (11.1.7 項)].

「ポーシャ，これら 4 つのうち，どれを最初に行った方が良い?」とパオロは尋ねました.

ポーシャは，2 枚目のカードを指差しました.「店頭取引のエキゾチック債券デリバティブですね」

パオロは言いました.「できるだけ早くその一部を提供する必要があるんだ．プロダクトバックログの優先順位を上げるので，次のスプリントでは，1 チームはこれに取り掛かって欲しい．どのチームが興味ありますか?」

取引チームが引き受けました.

最終的に，他の 3 チームのメンバーで，関連するアイテムのための複数チーム PBR を行うことを決めました．

**(ii) チーム PBR：小さく始める**　翌日，取引チームは，ポーシャとチーム PBR を開きました．取引チームは，注力していく 4 つの巨大なアイテムのうちの 1 つである店頭取引 (OTC) のエキゾチック債券デリバティブしかもっていません．サム (彼らのスクラムマスター) もそこにいます．パオロは,「これは巨大で複雑なアイテムで，正直にいうと，実のところ誰もよくわかっていない分野なんだ．実際に分割して，理解し，明確にするには，長い時間掛かるだろう」

サムは,「本当にすべてを理解する必要はありますか? その分析は私たちに多くのことを教えてくれるのでしょうか? むしろ学習を遅らせることはできませんか?」と尋ねました．

サムは，小さな断片を取り出して，それを実際に理解し，素早く実装する“少しかじる”という方法を説明します.「コードと違って図は落ちないし，ドキュメントは動かない」と締めくくりました [ ガイド 少しかじる (9.1.2 項)].

ポーシャとチームは，1 つの小さな，顧客中心で，エンドツーエンドなアイテムを取り出しました．

これから，その部分的に取り出したものに集中し，明確化して実装していきます．実装とフィードバックの後でのみ，さらなる分割とリファインメントを行います．ポーシャと取引チームは，その日の残りの時間で，“実例による仕様”を使い，部分的に取り出したものを，じっくり考えながら実装していきます [ ヒント 明確化 (11.1.4 項 b) の “実例による仕様”].

**(iii) 複数チーム PBR：ローテーションリファインメント**　オーバーオール PBR の 1 つの成果は，取引チームと少しだけつくることを決めたことです．もう 1 つの成果は，3 つのチームが，関連するアイテムのために複数チーム PBR を実施し，複数のチームで，同じアイテムについて認識し，考えることで，学習と俊敏性を向上させたことです [ ガイド 複数拠点での PBR (11.1.4 項)].

3 チームのメンバーに加え，内部のトレーダーであるターニャ，テッド，トラビスが，数十の新しいアイテムを明確にするのを助けるために参加します．

まず，各チームのメンバーと入ってきたトレーダー 3 人との混合グループをつくります．そして，同じ大きな部屋で，別々のエリアに分かれ，それぞれホワイトボード，大きな壁，ノートパソコン，プロジェクターを使い，別のアイテムを掘り下げ始めま

図 **2.9**　複数チーム PBR

す．ターニャは，グループ 1，テッドはグループ 2，そしてトラビスはグループ 3 に入りました．

その次に，ローテーションリファインメントを行います．30 分経つとタイマーが鳴ります．タイマーが鳴ったら，グループは他のエリアに移動します．トレーダーであるターニャ，テッド，トラビスは移動しません．また，タイマーが再開され，トレーダーは，現在の結果を入ってきたグループに説明し，引き続き明確化を行います．

一日を通して，新しいアイテムが作業エリアに持ち込まれ，様々なアイテムが比較的明確になるか，後で詰めなければならない質問が残されます．大きなアイテムのいくつかは，2–3 の新しい小さなアイテムに分割されます．

一日の間に数回，グループは明確化を止め，学習と対話を促すために，いくつかのアイテムの見積もりを行います．見積もりには，相対的な (ストーリー) ポイントを使います．共通の基準に合わせ続けるために，すでに終わっているアイテムや，既存のよく知られているプロダクトバックログアイテムと比較します [ ガイド 大規模での見積り (11.1.7 項)].

**(iv) プロダクトバックログの更新とプロダクトオーナー**　PBR の翌日，ポーシャと数人のチームメンバーは以下のことを行いました．[ ガイド プロダクトオーナーのヘルパー (8.1.6 項)]

- もとのアイテムから派生した新しい分割されたアイテムを，プロダクトバックログに追加し，もとのアイテムを削除します．
- PBR で作成された，新しい Wiki ページのアイテムの詳細のリンクを追加します．
- 新しい見積もりと実装の準備ができたアイテムを記録します．

[ ガイド 親の対処 (9.1.3 項)] その後，ポーシャとそのチームメンバーは，パオロとプロダクトバックログの変更を確認し，パオロの質問に答えます．

**(v) 終わりに**　物語から，いくつかの重要なポイントを挙げておきましょう．

- 巨大なアイテムを「少しかじる」ことで，小さく提供することから学び，時期尚早で過度の分析を避けます．
- チームを超えてナレッジを共有するための複数チーム PBR は，組織のアジリティを高め，プロダクト全体のナレッジを広げ，自己組織化された調整を促進します．
- チームが多くても，プロダクト全体思考を目指します．

次の節では，多くのチームからなる大きなグループで使用される LeSS Huge フレームワークを説明していきます．

## 2.3 LeSS Huge フレームワーク

### 2.3.1 要求エリア

1つのプロダクトに 100 人や 1000 人の人が関わると，要求や人が非常に多くなり，複雑になるため分割統治はやむをえないように思えます．従来の大規模開発では，これらの方法で分割しています．

- 単一機能グループ (分析グループ，テストグループなど)
- アーキテクチャコンポーネントグループ (UI レイヤー，サーバーサイド，データアクセスコンポーネントなど)

この組織設計は，(1) ひどいムダ (在庫，仕掛り，手渡し，情報の拡散など)，(2) ROI の長期化，(3) 複雑な計画と調整，(4) オーバーヘッドマネジメント，(5) 弱いフィードバックと学習により，遅く柔軟性がない開発になります．その組織設計は，顧客価値を中心とする外向きよりも，単一スキル，アーキテクチャ，マネジメントを中心に内向きに組織化されます．

**LeSS Huge** フレームワークでは，8 チームを超える場合，**要求エリア**とよばれる主要な顧客の関心事で分けられます．これは，顧客中心の LeSS の原理・原則を反映しています [ ガイド マジックナンバー 8 (2.1.4 項 a)].

**サイズ**—要求エリアは大きく，1–2 チームではなく，通常 4–8 チームで構成されます．2.3.3 項 (エリアフィーチャーチーム) で理由を説明します．

**動的**—要求エリアは，時間とともに重要性が変わり，チームが他のエリアから参加したり，別のエリアに移動して外れたりするため，成長したり縮小したり動的に変化する可能性があります．

**例**—たとえば，(株式を取引する) 証券プロダクトでは，これらは，顧客の主要な関心事であり，要求エリアになる可能性があります．

- 取引処理 (価格の決定から，獲得，決済まで)
- 資産サービス (たとえば，株式分割，配当などの処理)
- 新興国市場 (たとえば，ナイジェリア)

概念的には，1 つのプロダクトバックログに，要求エリアの属性が追加されます．各アイテムは，それぞれ 1 つの要求エリアのみに分類されます (表 2.1).

1 つの**エリアプロダクトバックログ**(概念的には，1 つのプロダクトバックログのビューになります) に焦点を当てることができます．たとえば，新興国市場です (表 2.2).

**共通のスプリント**—各要求エリアは，それぞれ独自のスプリントを実施され，いつか統合されていくのでしょうか? そうではありません．

**表 2.1**

| アイテム | 要求エリア |
|---|---|
| B | 新興国市場 |
| C | 取引処理 |
| D | 資産サービス |
| F | 新興国市場 |
| ⋮ | ⋮ |

**表 2.2**

| アイテム | 要求エリア |
|---|---|
| B | 新興国市場 |
| F | 新興国市場 |

LeSS Huge では，1 つの共通スプリントで継続的に統合します．

プロダクト単位で共通のスプリント期間とします．各要求エリアで別々のスプリント期間とすることはありません．すべてのチームがすべての要求エリアを超えて，プロダクト全体にわたって継続的に統合し，スプリントの終わりには統合された１つのプロダクトになっている必要があります．

### 2.3.2 エリアプロダクトオーナー

LeSS Huge では新たな役割が導入されました．各要求エリアには，そのエリアとエリアプロダクトバックログを専門とする**エリアプロダクトオーナー**が存在します．

大規模なプロダクトグループには，通常，異なる顧客分野を専門にする複数のプロダクトマネージャーが存在します．そのうちの一部の人は，エリアプロダクトオーナーとなる可能性があります．小さい“LeSS Huge”グループの場合は，プロダクトオーナーが，さらに１つのエリアのエリアプロダクトオーナーを兼務する場合があります．

### 2.3.3 エリアフィーチャーチーム

**エリアフィーチャーチーム**は，１つの要求エリア (たとえば資産サービスなど) 内で，エリアプロダクトオーナーと一緒に，エリアプロダクトバックログのアイテムに注目して作業します．チームの視点から見ると，エリアで作業することは，小さな LeSS フレームワークで作業するようなものです．たとえば，チームはエリアプロダクトオーナーが，プロダクトオーナーであるかのようにやり取りします．

チームメンバーは，そのエリアの顧客ドメインをよく知るようになります．幸いにも，１つの要求エリアのアイテムは，コードベース全体のある程度予測可能なサブセットをカバーする傾向にあります．それにより，膨大なプロダクト内で学習しなければならないものの範囲が小さくなります．

サイズに関する重要なポイントは，多くのフィーチャーチームは，要求エリアで作業をするということです．

要求エリアは，通常 4–8 のチームで構成されます．要求エリアは，それだけ大きいということです．

### a. マジックナンバー 4

まず，要求エリアには，8 チームの上限があるのはなぜでしょう? [ ☞ マジックナンバー 8 (2.1.4 項 a)]

4 チームの下限はどうでしょう? なぜ 1 つや 2 つのチームではいけないのでしょうか? 当然ながら，4 はマジックナンバーではありません．プロダクトグループが，多くの小さな要求エリアで構成されないようにバランスをとっているのです．

多くの小さなエリアでは，何が問題なのでしょうか? 全体的なプロダクト視点での優先順位の可視性の減少，部分最適の増加，調整の複雑さの増大，ポジションの増加，狭すぎる専門範囲と，アジリティの欠如により，新たに発生する企業視点での価値の高いアイテムに取り組むことが難しいチームとなってしまいます．さらに，小さなエリアのエリアプロダクトオーナーは，ビジネスアナリストとして，ユーザーと 1–2 チームとの間で活動するようになってしまいます．

4 の下限に "例外" はありますか? もちろん，あります．

- 過渡的な状況においては，徐々に成長する新しいエリアが，最終的には 4 チーム以上になると予想されることがあります．そのような場合は，1 チームで小さくシンプルに始めます．
- 需要が減少しているエリアから，需要が増えているエリアにチームの再調整をすると，4 から 3 チームへ減少することがあります．最終的に，縮小された 2 つの小さなエリアを統合することで，新しい大きなエリアに戻します．

### b. 例：要求エリアとチーム

要約すると，証券プロダクトは以下のような構成になっています．

- 1 人のプロダクトオーナーと 3 人のエリアプロダクトオーナーで，プロダクトオーナーチームを形成しています．
- 取引処理エリアには，6 つのフィーチャーチーム．
- 新興国市場エリアには，4 つのフィーチャーチーム．
- 資産サービスエリアには，4 つのフィーチャーチーム．

## 2.3.4　LeSS Huge フレームワーク概要

要求エリアごとに，(小規模なフレームワークとしての)LeSS を実現し，全体的に 1 つのスプリントとして並行に作業していきます．簡単にいうと，LeSS Huge のスプリントは，LeSS を積み重ねたものです．

> 1 つのエリア内のチームから見た LeSS Huge は，イベントに関しては (小さな) LeSS のように見えます．

LeSS と同様に，LeSS Huge の**ルール**とオプションの**ガイド**があります．後の章で詳しく説明します．

**役割**—LeSS と同じです．それに加え，2 人以上の**エリアプロダクトオーナー**，各要求エリアに，4–8 つのチーム．1 人の**プロダクトオーナー**(プロダクトの全体的な最適化に重点を置いています) と複数のエリアプロダクトオーナーが**プロダクトオーナーチーム**を形成します．

**アーティファクト**—LeSS と同じです．加えて，プロダクトバックログに要求エリアの属性を加え，各エリアのビューとした，**エリアプロダクトバックログ**があります．

**イベント**—すべてのチームが，共通のスプリントで作業し，最終的に出荷可能なプロダクトインクリメントがつくられます．

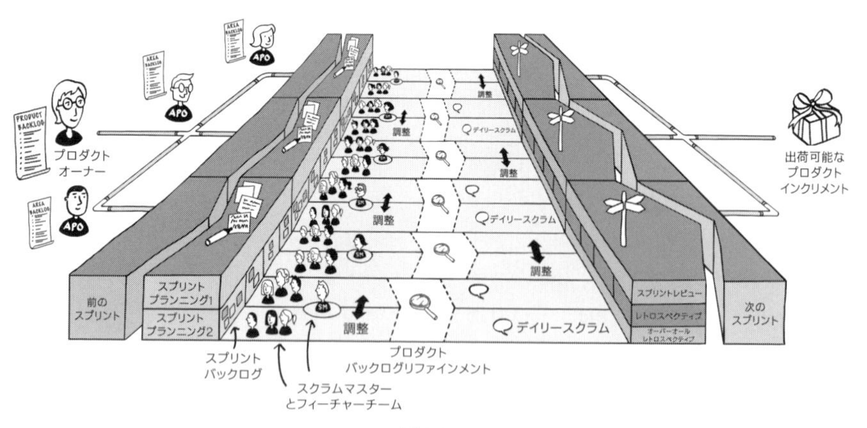


図 2.10

### 2.3.5 LeSS Huge 物語

**LeSS Hugeの学習**―説明が好きな読者は，物語を飛ばして，次の章に進むことができます．

**シンプルな物語**―この物語は，LeSS Hugeの基本を紹介するために，意図的でわかりやすいシンプルな物語になっています．

**2つのトピック**―異なるトピックをもつ2つの物語があります．

(1) 新たな巨大な要求に対処するための，新しい要求エリアの作成と成長
(2) 複数拠点で作業するチーム (これは小さなLeSSフレームワークでも起こりますが，特にLeSS Hugeではよく見られます．)

### 2.3.6 LeSS Huge 物語：新しい要求エリア

プリティは，ポーシャが来てとても喜んでいます[*12]．プリティは，大規模な取引会社の証券部門の運用マネージャーだけでなく，内部の証券システムのプロダクトオーナーでもあり，プロダクトオーナーチームのために，才能のあるエリアプロダクトオーナーを見つけ，雇用する責任があります．ポーシャの専門知識は，新しい巨大な要求に対応するために必要です．プリティは，ポーシャが逸材だと考えています [ガイド LeSS Hugeのプロダクトオーナー (8.2.1項)]．

ポーシャとの面接の中で，そのときはまだポーシャは，債権取引システムをつくった会社の規制問題に特化したプロダクトマネージャーでしたが，プリティは，現在の状況を説明していました.「ポーシャ，前の事故の後，規制当局は，厳格になって，ドッド–フランク法に準拠するように要求してるよ．それが何を意味するのか，私たちのシステムにどのように影響するのかわかりません．あなたは，この領域の素晴らしい知識をもっています．規制当局とのパイプもあります．あなたが，私たちのグループに入って，これに対処する方法を見つけ出す手助けをしてくれるなら，とても助かります.」

**(i) ビッグサプライズ** 数日後，プリティは，ポーシャ，ピーター，スーザンを，彼女のオフィスに招きました．ピーターは，新興国市場のエリアプロダクトオーナーであ

*12 名前がその人の役割を象徴する頭文字を使っていることを思い出してください．プリティ(Priti)はプロダクトオーナー，ポーシャ(Portia)はエリアプロダクトオーナー，スーザン (Susan) は，スクラムマスター，マリオ (Mario) は，チームメンバーです．

図 **2.11**

り，スーザンは取引処理エリアのスクラムマスターです．

プリティは言いました.「知っていると思いますが，巨大なドッド–フランク法の対応が近づいています．今朝，規制当局から，今すぐにでも動き始めて欲しいと電話がありました．来年から動き始めればよいと考えていましたが，すぐに本格的に取り組む必要があります」

「規制当局でさえも，誰もその詳細の意味を明確にできる人はいないと思います．そして，どれくらいシステムに影響するのか，どれくらいの作業量になるのかもわかりません．でも，ポーシャが加わりました．ポーシャは，私たちのシステムはまったく初めてですが，誰よりもこのことを理解しています．大量の仕事に取り組み始める彼女を，どうしたら助けられるでしょうか?」

スーザンは,「ディスクレシア・ゾンビって知っていますか?」と尋ねました．

ピーターとプリティはうなずきます．誰もが彼らの名前だけではなく，彼らのことを知っています．ディスクレシア・ゾンビ[*13]は，おそらく全チームの中で最も広い経験をもっています．彼らは経験があり，LeSS の導入時は頭痛の種でした．チームには，今はないアーキテクチャグループの 2 人と，15 年以上にわたってシステムに従事していた 2 人がいました．彼らは,「システムの視点」が失われることを恐れて，LeSS の導入に抵抗したのは伝説的です．ですが，驚いたことに，今では反対に彼らの深い知識を活用し次々と強気にアイテムをこなし，専門家として，新規参入者との最新アーキテクト勉強会に定期的に参加しています．そして，以前はパワーポイントアーキテ

*13　リスボンに実在したチームです．

クトの１人であったマリオは，現在は，アーキテクチャコミュニティのコーディネイターになっています．ビールで酔いが回ったとき，彼は，コードとテストが密接に連動することで，真にシステムの理解が増えると認めています．

スーザンは続けます.「ポーシャが，ドッド–フランク法の規模と影響について，より良い理解することを素早く助けられるチームは，ゾンビだけでしょう．ゾンビは，数年前に SOX 法の仕事をしていました．明日は，彼らの PBR です．彼らは，おおむね新しい機能を終わらせたところなので，ドッド–フランク法の議論に入ってもらうため，ミーティングを変えてもらうのはどうでしょう．そしてすぐに，フルタイムで集中してもらえるように頼みましょう」

**(ii) ゾンビとともにリファインメント** 翌日，ゾンビとのリファインメントで，ポーシャは状況を説明します.「ドッド–フランク法について，おそらくみなさん聞いているでしょう．しかし予期せぬことに，規制当局から,『ただちに』取り掛かり，年末までに，重要な法令準拠のデモして欲しいといわれました．さもないと，取引が制限されるかもしれません」

ゾンビは，明らかに驚いています．噂は聞いていましたが，そんなに急ぐとは思ってもいなかったのです．

マリオは,「わかりました．ポーシャ，簡単な概要を教えてください．SOX 法とはどう違うのですか?」と言いました．

ポーシャは，ペンを取り，ホワイトボードに概要を書き始めました．約 45 分後，彼女は概要を書き終え，ゾンビは少し唖然としていました．

「年末って，言ったの? グループ全体で，今日始めたとしても，終わらないよ．あ

図 2.12

まりにも巨大すぎる!」とマリオは言いました.

マリオは，ホワイトボードに彼らのシステムを大まかに書き始め，他のメンバーとその影響について話します.

マリオは,「ポーシャ，システムをよりよく理解するチャンスです．どんどん聞いてください」と提案します.

ポーシャ,「少し待ってください．後で思い出せるように，ビデオで録画させてください」

チームのベテランであるミシェルが言いました.「すぐにいくつかの開発を始めて，知識を深めていこう．でないと，いつまでたっても分析は終わらないよ．こんな状況は前にも見たことがあるわ」

彼らのスクラムマスターであるスーザンが言います.「『すべての失敗プロジェクトの原因は，始めるのが遅すぎることである』という，トム・デマルコの言葉を思い出しました」 全員に笑いが起きました．スーザンは続けて言いました.「“少しかじる”を提案しますね」[ ガイド 少しかじる (9.1.2 項)].

**(iii) 新しい要求エリアをつくる** 翌日，ポーシャとプリティは，プロダクトオーナーチームのメンバーと打ち合わせを行い，現在わかっているスコープの概要をプロダクトオーナーチームで共有します.

プリティは言います.「これは，私が予想していたものよりも大きいです．私たちは数ヶ月以内に，規制当局にいくつかの具体的な進展を見せなくてはなりません．そのため，今から 7ヶ月後の会計年度末には，大きな進展を見せる必要があります．明白なことは，規制当局は，さらに多くを要求する権限と，私たちを止める権限をもっています．知っての通り，CEO は先月，規制に関する要求を最優先にすることを明言しました．私の経験によれば，早期に何か成果を見せることで，透明性と迅速な対応を示すことができれば，規制当局に対する誠意と柔軟な対応が評価されるでしょう．だからこそ，私たちはやるのです」

プリティは続けます.「この大きな要求のために，新しいエリアが必要になると思いますので，いくつかのチームを移動する必要があります．そのため，既存の高い優先順位の目標のいくつかにも影響を与えることになるでしょう．全体的な優先順位付けの影響については，数日間で深く議論するように準備をしましょう．差し当たり，新しいエリアをつくることについて，意見をください」[ ガイド 巨大な要求のための新しいエリア (9.2.3 項)].

短い議論の後，プロダクトオーナーチームが，新しいエリアをつくることの重要性を認識していることが明らかになりました．

それから，プリティはお願いしました．「ポーシャ，新しく来たばかりですが，あなたは，この件のエリアプロダクトオーナーをやってもらえませんか?」

ポーシャはうなずきます．

プリティは続けます．「ピーター，ゾンビは，これで作業を始められますか? チームをさらに追加する前に，ドッド–フランク法をさらに学習し，私たちのシステムへの影響を把握する必要があります」[ ガイド リーディングチーム (13.1.14 項)]．

ピーターが応えます．「選択の余地は，なさそうですね」

プリティが言います．「ポーシャ，現在，ピーターのエリアバックログに，あなたが，『ドッド–フランク法の残り』とよんでいる 1 つの巨大アイテムと，ゾンビとあなたで，そこから取り出した小さいアイテムがあります．ピーターから，プロダクトバックログに新しいエリアを設定する方法と，アイテムをそこに移す方法を聞いてください」

プリティは，グループに話し続けます．「次のスプリントはあと 3 日で始まります．ゾンビをあなたのエリアに移動して，このモンスターと戦い始めましょう．おそらく，2–3 スプリント中に，他のチームをあなたのエリアに移動して，エリアを成長させる準備ができている必要があります．皆さん，2 つの大きな懸念について考えてください．まず，数日後の全体的な優先順位付けの影響に関するミーティングの準備．次に，新しいエリアに入るチームはどこが良いのかです」

**(iv) 新しい要求エリアでのスプリントプランニング**　各要求エリアでは，多かれ少なかれ並行して，独自のスプリントプランニングを開催します．ポーシャの新しいエリアでは，ゾンビに馴染みがない 2 人を紹介して，スプリントプランニングを開始します．

ポーシャは，言いました．「ジリアンとザックは定期的に規制当局と連絡を取っています．規制対応の具体化を手伝ってくれます．今回のプランニングや PBR にも参加してくれます．今後のスプリントでもできるだけ毎日，時間を割くことに同意してくれました」

ポーシャは続けます．「これは，次の 2 回分のスプリントの暫定的な取り組みです．まず，一緒にドッド–フランク法についてもっと学ぶ必要があります．いくつかの主要で管理可能な部分に分割することにより，もやもやを解消して，優先順位について，理解を深めることから始められます」

「次に，スプリントを開始して，私たちが選択した小さな部分を実装していきます．そうすることで，実際の作業とプロダクトへの影響について，より良い情報が得られるでしょうし，具体的に目に見える進捗も得られます.」

「その次に，さらに多くのチームが私たちのエリアに加わるための準備をします．このアプローチについてどう思いますか? その他の提案はありませんか?」

短い議論の中で，マリオはチームにこう言います.「私は最近，すべてのエリアプロダクトオーナーとプリティが出席するプロダクトオーナーチームのミーティングに，チームを代表して参加していたので，少し補足させてください．まずは，私たちだけで始めます．私たちは，先に実装を進め，アイテムの全体像を把握し，アーキテクチャへの全体的な影響を把握するつもりです」[ ガイド リーディングチーム (13.1.14 項)].

ミシェルが遮りました.「新しいプロダクトに取り組んでいるタイガーチームのようにですか?」

「はい，そんな感じです」マリオは言いました．「ドッド–フランク法の対応は，他のプロダクトに継続的に統合する必要がある新しいプロダクトと考えてください．しかし，わたしたちは急いでいますし，作業も膨大です．数スプリント中には，もう 1 チームが参加し，その後すぐ，さらに 2 チームが参加すると思います．私たちは開発を続けますが，プロダクト全体を考慮し，必要な情報を他のチームに与える“リーディングチーム” になるでしょう」

ミシェルは,「私たちが，アーキテクチャとプロジェクトマネジメントのチームになろうとしているように聞こえてきました」

マリオは，笑いながら,「いや．もうそんなやり方は終わりにします．私たちはいままでどおり，普通のフィーチャーチームです．ただ開発の他に，新しいチームの育成と，できるだけ早く必要な情報を与えることに重点をおきます．チームの調整とマネジメントは，いままでどおり各チームの責任であることは明確にしていきましょう.」

**(v) 新しい要求エリアの最初のスプリント**　最初のスプリントは，明確化と開発のバランスが他とは異なりますが，この究極の状況においては，非常に有益です．彼らは，ポーシャ，ジリアン，ザックとともに明確化のため，スプリントの約半分を費やしています．なぜなら，本当に少しかじるという状況でも，新しい政府規制の不明瞭な領域で，何が求められているのかを理解するには，(政治家や政策作成者に直接聞けないため) 多くの調査，読み物，議論，外部の人とのコミュニケーションが必要だからです [ ガイド 少しかじる (9.1.2 項)]．将来のスプリントでは，明確化に必要な時間は，一般的な割合であるスプリントの 10%から 15%程度に下げられると期待しています [ ガイド 巨大な要求を扱う (9.2.4 項)].

そしてまた，スプリントの半分を，1 つの小さなアイテムの開発にだけ費やします.

しかし，議論とコーディングから学ぶことには価値があります．ゆっくりと，しかし確実に，ドッド–フランク法を (少なくとも理解できる部分について)，分割し始めます．

彼らは，最初に少しだけ小さなアイテムを実装しながら，ホワイトボードで多くの時間を一緒に過ごして，システムの全体的な設計への影響を議論します．チームはコードと壁の間を頻繁に行き来します．

**(vi) 新しい要求エリアでのスプリントレビュー** 証券プロダクトグループは，全体が1つのスプリントで一緒に作業し，最終的に出荷可能なプロダクトインクリメントを1つにまとめます．しかし，各要求エリアは，形式はいろいろですが並行して独自のスプリントレビューを開きます．

ポーシャのエリアのレビューでは，ポーシャ，ジリアン，ザックの3人で「完成した」アイテムを検証します.「完成した」アイテムとは，ゾンビが上手く終わらせて，プロダクト全体に統合できたものです．ゾンビはもともと2つ完成できると予想していましたが，この仕事を割り当てられてからこんなに早く，1つでも完成できたことに，ポーシャは感心しました．

**(vii) 2回目のスプリント** 2回目のスプリントでは，ゾンビは前回よりも少し多くアイテムを進められました．ポーシャ，ジリアン，ザックが多くの時間を割いてゾンビと一緒にアイテムを理解し明確にしたのは，前回と同じです．

スプリントの中盤で複数チームPBRを実施して，近々エリアに参加予定のチームにドッド–フランク法について教えました．ゾンビと新しいチームは，アーキテクチャワークショップを開催し，すでに設計されている主要な設計要素を紹介しました [ ガイド 現在のアーキテクチャワークショップ (13.1.8項)]．

ゾンビは，仕事が全体でどれだけ大きいか把握して，さらに多くの助けを期待しています．

**(viii) プロダクトオーナーのチームミーティング** さらに数スプリント過ぎてからスプリントごとのプロダクトオーナーのチームミーティングの日になりました．プロダクトオーナーのチームミーティングでは，プリティ主導で，異なるエリアのプロダクトオーナー間での足並みをそろえ，連携します [ ガイド プロダクトオーナーのチームミーティング (12.2.1項)]．

エリアプロダクトオーナーは，状況と今後の目標を，それぞれ共有します．そしてポーシャの順番になりました.「誰も驚かないと思いますが，進捗はほとんどありませんし，驚かされることだらけです．でも，もやもやは晴れてきて，私とチームは仕事を理解してきています．ジリアンとザックの手助けがとても大きいです.」

資産サービスのエリアプロダクトオーナーであるパブロは，自分のエリアのアイテムのいくつかが，ポーシャのエリアが深く関わっているのに気づいて発言しました．ポーシャは，あとで，パブロと何人かのチーム代表とで打ち合せをすることにしました．

プリティはポーシャに尋ねます.「ポーシャ，次のスプリントの目標は何ですか?」

**(ix) 第 3 チームの追加** さらに 2 スプリント後，プロダクトオーナーチームの調整会議で，プリティは言いました.「知っての通り，ポーシャのエリアにはまだ 2 つのチームしかありません．パブロが，資産サービスに 6 チーム残したいのは承知しています．ですが，今年はドッド–フランク法がとても重要だと私は考えています．パブロのエリアからポーシャのエリアに 1 チーム移しましょう．パブロ，あなたのチームに聞いて，エリアの移動に立候補してもらってください．1 チーム決まったら，私とポーシャに教えてください」.

**(x) 終わりに** LeSS Huge の物語から，いくつか重要なポイントを挙げておきましょう．

- プロダクトオーナーは，エリアプロダクトオーナーを見つけ出し，その才能を伸ばす責任があります．
- プロダクトオーナーは，要求エリアの開始，拡大，縮小を決定する責任があります．
- 要求エリアは大きく，通常，4–8 チーム必要です．しかしエリアの開始時にはより少数のチームになることもあります．特に「少しかじる」アプローチを使用すれば，最初は 1 チームから始まります．
- リーディングチームは，ドメインと開発を理解するまで，巨大なアイテムに単独で取り組みます．その後，広大な作業を支援するために，入ってくる多くのチームをコーチします．

### 2.3.7 複数拠点チーム：用語とヒント

次は，複数拠点のチームに関わる LeSS Huge の物語です．一般的な用語としての“分散” チームは，混乱するほどに，いろいろなこと意味しているため，最初に，いくつかの定義を示しておきます．

- **分散型チーム**—1 つのチーム (たとえば 7 人) のメンバーが，異なる場所 (異なる部屋，建物，都市など) に分散している．
- **同一ロケーションチーム**—文字通り，1 チームが同じテーブルで作業している．
- **複数拠点チーム**—1 つの同一ロケーションチームが 1 つの拠点で作業し，別の同一ロケーションチームが別の拠点で作業している．

次に，見解とアドバイスを述べます．

- 分散型チームは，ほとんどの場合，真のチームではありません．ゆるくつながった人の集まりにすぎません．コミュニケーションと調整の軋轢は大きく，チームとしては滅多にまとまりません．
- プロダクトグループが 50 人や 500 人の場合は，分散型チームは必要ありません．それぞれのチームが 7 人くらいなら，同一ロケーションは簡単にできます．しかし，いくつかのチームは異なる拠点にいるかもしれません．その結果，プロダクトグループは複数拠点チームで構成することになります．分散型チームが生まれるのは通常，間違った組織的判断と，同一ロケーションのチームをもたないことで掛かるコストに関して無知なためです [ ルール それぞれのチームは (1) 自己管理，(2) クロスファンクショナル，(3) 同一ロケーション，(4) 長期間存続です]．

### 2.3.8 LeSS Huge 物語：複数拠点チーム

ポーシャは新しい要求エリアである，証券トレーディングシステムのエリアプロダクトオーナーです．新しいエリアはまず 1 チームで始め，集中しやすくシンプルに進めます．数スプリント後，ポーシャはエリアに 3 つめのチームを加えました．2 チームはポーシャと一緒にロンドンにいますが，3 番目のチームは，会社の開発センターがあるルーマニアのチームで，“ドラキュラ” とよばれています．

3 番目のチームもロンドンにいれば，困難も少なく，効率への悪影響も少なかったでしょう．1 エリアを複数拠点チームで構成すると，掛かるコストはとても大きく，チームを追加しても，結果的には 1 チーム失うのと同じくらいになるかもしれません．

今回はメリットもあります．ルーマニアとロンドンの時差は 2 時間で，全員英語を上手に話せます．またドラキュラチームは全員コンピューターサイエンスの学位をもつ優秀な開発者で，長期的な価値と実用的なエンジニアリングを重視する文化のある地域で学んできました．このチームはこの会社の専任内部開発チームで，プロダクトについても業務分野についても，深い知識をもっています．

最終的な決め手は，プロダクトオーナーのプリティが，ロンドンの他のチームにエリアを移動させるべきではないと判断したためでした．

複数拠点チームと仕事をするのがポーシャにとって初めてだとプリティは知っていたので，ミーティングで会ったときに助言しました．「あなたのスクラムマスターに，サイタと話すように伝えるといいわ．それにサイタに，あなたのイベントをコーチしてもらうように頼むのよ．サイタは資産サービスのスクラムマスターで，ここ何年か複数拠点チームを見ているの．スクラムマスターがチームと一緒にいることの重要性も知っているし，複数拠点チームのミーティングのやり方にも詳しいわ」

プリティはさらに続けます．「昨年度はずいぶん利益を出せたから，あなたとゾンビチームが，ルーマニアに行ってドラキュラチームと一緒にしばらく仕事をできるよう，予算を出せるわ．行けない事情がある人は，無理に行かなくてもいいけれど．向こうのメンバーと全員一緒に，同じ部屋で仕事をするの．ドラキュラチームをロンドンに呼んでもいいのだけれど，私たちが彼らを大事にしているというメッセージを強く伝えるためにも，こちらから行く方がいいわ．ルーマニアよりロンドンの方が重要なんだというふうに思わせてはだめ．それにあなた自身は，数ヶ月ごとに，ちょくちょく訪問する方がいいわよ」

**(i) 複数拠点スプリントプランニング 1**　何スプリントか過ぎました．プランニングの時間となり，ポーシャは部屋にやってきました．プロジェクターがすでに準備されていて，ルーマニアにいるドラキュラチームが全員，座って待っている様子を映しています．サイタの助言で，複数拠点チームのミーティングにルーマニアのチームも全員参加した方が，学びも参加意識も良くなると判断したためです．少なくとも，新しいエリアに参加してから数ヶ月はそうすることにしました［ガイド スプリントプランニング 1 (12.1.1 項)］．

各チームの代表者はタブレットやノート PC をもってきています．

ミーティングのはじめに，ポーシャが話します．「みなさん，ようこそ．では始めましょう．このスプリント向けのアイテムを，スプレッドシートで共有しています．みんな見えるわね? みんな，それぞれのテーマの位置づけや優先順位は理解してくれていると思います．これまでの PBR で話してきているし，みんなや私の意見も反映してあります．でも質問があったら聞いてね．よければ，担当したいアイテムの横にチーム名を記入してください」．

チーム名を記入してアイテムの担当が決まると，Q & A の時間をとり，各アイテムについて残った質問に回答していきます．ロンドン側では，代表がそれぞれ壁に模造紙を貼って質問を書き出していきます．ルーマニア側は，オンラインでシェアしたスプレッドシートに質問を書き込んでいます．ポーシャは模造紙を渡り歩きながら質問に答え，スケッチを描き込んでいきます．次にポーシャはスプレッドシートに向かい，ドラキュラチームの質問に回答を書き込んだり，ビデオチャットで直接話し合ったりします．

30 分ほどでどちらの質問も片付きました．ポーシャは全員に集まるよう声をかけます.「ほかに何か，問題や質問はあるかしら？ なければまとめに入りましょう」．

**(ii) 複数拠点のオーバーオール PBR** ロンドンの部屋に全員集まりました．部屋にはプロジェクターが 2 つあり，片方はルーマニアの部屋とビデオ会議でつながっています．もう片方はポーシャのコンピューターにつながっています［ ガイド プロダクトバックログリファインメントの種類 (11.1.1 項)］.

ポーシャが言いました.「では始めましょう．いくつか分割したいアイテムがあります．これについてザックが詳しいので，来てもらいました」［ ガイド 複数拠点での PBR (11.1.4 項)］.

ザックはブラウザ上のマインドマップツールを使って，ブランチをつくりながら，グループと議論します．

それからオンラインでシェアしたスプレッドシートを使って，分割してできた新しいアイテムを例として入力しました．ロンドン側もルーマニア側も，詳細に入り込みすぎず，具体的な例で理解できるようにするためです．それからグループは新しいアイテムを見積もります．ここではビデオ会議でも見えるよう，特大のプランニングポー

図 2.13

カーのカードを使っています．

**(iii) 終わりに** LeSS Huge の複数拠点の物語から，いくつかの重要なポイントを挙げておきましょう．

- 複数拠点チームはさまざまな摩擦やコストを，目に見えるものも見えにくいものも，つくり出します．マイナスの影響は予想外に大きくなります．
- 異なる拠点間の摩擦を減らせる要素は，時差が小さい，社内の専任チーム (アウトソースではなく)，同じ言語で自然に会話できる，長期にわたって実用的な現場の経験で開発者を成長させるという文化や地域性，などです．
- スクラムマスターはチームと同じ場所にいる必要があります．
- どの拠点でも，お互い平等な仲間であるように感じる必要があります．下級市民のような扱いをしてはいけません．
- 拠点を頻繁に訪問し，相互交流を促す必要があります．
- 会議では，ビデオ会議などを使って顔を合わせて話すように努めます．
- オンライン共有ツールを使い，全員が簡単に，同時に編集できるようにします．

## 以降の内容

「この複雑でいい加減な組織で，どうやったら大規模にアジャイルができるんだろう?」という質問を止め，かわりにもっと深い質問をしましょう．「どうしたらこの組織をシンプルにし，アジャイルをやるのではなく**アジャイルになれる**だろうか?」真のスケーリングスクラムは，スクラムを変えるのではなく，組織を変えるところから始まります．次の章で比較的シンプルな，顧客に注目した組織における LeSS の理解と導入について述べます．

その次の章では，比較的シンプルな LeSS 組織における，顧客に注目したプロダクトとスプリントについて説明します．

# 第I部

# LeSSの構造

# 3 導　　入

方向を変えずに進めば，出発した方角にあるものにしかたどり着かない
—老子

## 1 チームのスクラム

スクラムはシンプルなのに，導入が難しいのはなぜでしょうか?

スクラムはプロセスではありません．魔法のように問題を解決して，急に「すごく生産性の高いチーム」ができるわけではありません．スクラムは透明性を劇的に向上させる短いフィードバックループを作成するフレームワークです．スクラムは，チームがプロダクトをつくる際にどれくらい良い状態かを映す鏡として機能します．また同時に，チームや組織の問題も明らかにします．この可視化は経験的プロセス制御を促進し，検証と適応のサイクルが加わることで，チーム，プロダクトオーナー，組織を継続的改善ループへと導きます．

これは良い面です．でも，悪い面は，透明性により最悪な気分にさせることもあるということです．実際に経験をすると，透明性は不快であり，脅威であると感じることもあるでしょう．これが導入を難しくします．

1 チームのスクラムでは，スクラムの導入について,「教科書どおり」に始めなさい，とだけいわれています．これはスクラムの狂信者が，お気に入りのルールを世界に強制したいという理由ではなく，標準に従い，それを理解することから，改善が始まると考えているためです．リーン思考では,「標準なくして改善なし」ともいわれます．教科書どおりにスクラムを経験すると，スクラムの原則とプラクティスとの関係をシステム思考の視点で理解できます．そうした理解こそがスクラムでの成功に不可欠です．

経験豊富なスクラムマスターと，スクラムを深く理解しているチームは，導入の成功確率を劇的に向上させます．

## 3.1 LeSS の導入

LeSS の導入では大規模な組織や多くの人がもつ，組織とはかくあるべきという根強い考えを相手にすることになります．導入を成功させるには，あたり前と思われていることを疑い，組織構造をシンプルにしなくてはなりません．その過程では，危険な政治や「体面」という，大きな組織に起こりがちな問題にも対処していく必要もあります．導入に必要なのは，すべての人が共通の目標に向かって改善していくことです．

スケールする際，導入に関係する原理・原則には**完璧を目指しての継続的改善**が含まれます．自然な流れとして，LeSS を導入しようとする人たちは，自分たちの考えや習慣を導入時に持ち込んでしまいます．それは，変革のビジョンをつくり，変革のためのプロジェクトをいくつも始めます．そして，当初の目標にたどり着いたように見えたら，次のようなステップを踏んでしまいます．

(1) 「変革が完了」となる
(2) 組織は，新しい状態に落ち着く
(3) 次の問題が表面化する
(4) 前の変革を台無しにする

このような古典的なアプローチは，ソフトウェア開発におけるシーケンシャルで「大きなバッチ」をつくるアプローチに似ています．そこでは，何か計画から変更があると，異常として厳格に変更管理委員会により管理されます．

LeSS の導入においては，変革リーダー，変革グループ，変革マネージャーは存在せず，変革は実験と改善を通して継続的に行われ，常に変革中となります．

### LeSS ルール

単一のプロダクトグループへの導入では「最初から」教科書的な LeSS の体制をつくるようにします．これは LeSS の導入にとって不可欠です．

さらに大きな，プロダクトグループを超えて大規模な組織に導入する場合は，現地現物を用いて，実験と改善が当たり前であるような組織をつくり，段階的に LeSS を導入します．

### 3.1.1 ガイド：3 つの導入原則

以下の原則は，組織的な LeSS の導入に不可欠です．

- 広く浅くよりも，狭く深く
- トップダウンとボトムアップ
- ボランティア (有志) を活用する

#### a. 広く浅くよりも，狭く深く

LeSS を多くのグループに対して，不十分な適用をするよりも，まずは 1 つのプロダクトグループ[*1]で，導入を始めることをおすすめします．

中途半端な LeSS の導入は害を及ぼします．深い理解の欠如は，経験的プロセス制御と継続的改善の鍵となるフィードバックサイクルと透明性を壊してしまいます．マイクロマネジメントのツールだと罵られる「LeSS」を見ることさえありました．そして，マイクロマネジメントとしての LeSS が標準になってしまうと，再び変更することはとても大変です．すでに知っているものを，学習し直すことはとても難しいのです．

したがって，1 つのプロダクトグループに対して LeSS を導入することに努力を集中させ，必要なサポートをすべて提供し，本当にうまく機能するようにします．これによりリスクが最小限に抑えられ，大きな問題に直面した場合でも，それを学習の機会とすることができます．そして，成功すると，周囲に「前向きな発言」が生まれます．それは，さらなる導入のための重要な糧となります．

#### b. トップダウンとボトムアップ

導入をトップダウンかボトムアップのどちらで進めるべきかという質問をよく受けます．そんな二分法は誤りです．どちらか片方だけでは，失敗します．両方やってください．

**完全なトップダウン**—マネージャー主導の「汝，LeSS を為すべし」という導入では，抵抗を引き起こし，組織全体が失敗へと向かうことになります．チームに自律せよと命じるのは，明らかに矛盾しています．LeSS 導入には LeSS を深く理解することが欠かせませんが，そうした理解は指示からではなく，ディスカッションを通じて得られるものです．理解と選択権，自分自身の安全があって初めて，見直しと改善についても責任を持とうとするのです．管理職と労働者の間に「われわれと彼ら」という

---

*1 LeSS Huge の場合は，1 つの要求エリア

壁ができてしまうと，LeSS の強制を受ける側は被害者意識を強め，関係性はさらにひどくなり,「われわれに選択権はない．マネージャーが LeSS をやれといっている!」と主張しはじめます．そして，おそらく無意識に，快適な，少なくとも慣れている被害者という立場に身を置いたままやり過ごそうとします．[LeSS のマネジメントについて詳しくは，5 章 (マネジメント) を参照してください.]

**完全なボトムアップ**—このような LeSS 導入は持続できません．はじめのうちは,「正しいこと」をしたい人びとが喜んでエネルギーを生み出し，オープンマインド，学習の加速，より深い理解が得られます．本当に素晴らしい! その後，エネルギーに満ちた人びとはエネルギー一杯に，組織の壁に「ごつん!」と衝突します．トップからの支援なしには構造やルールが変えられず，情熱的だった人もエネルギーを失っていき，障害や変化の遅さにフラストレーションを溜めていきます．やがてほとんどの人が希望を失い，止めてしまうか，愛想をつかしてしまいます．そうなるのは，私たちも残念です．

**トップダウンとボトムアップ両方**—LeSS の導入を成功させるには,「正しいこと」をする人々のエネルギーと組織に対して力をもつ人々からの支援の両方が必要です．マネージャーの思考として正しいのは，支援をすることでありコントロールすることではありません．マネージャーはしかるべき支援構造を準備して，草の根のエネルギーが高まり，広がるよう促します．

私たちはよく，マネージャーの支援があればいいのにという声を耳にします．何を支援してもらうかは慎重に決めましょう!

- 経営陣の支援がないと，被害者意識につながります.「マネージャーの支援がないので何もできません」
- 経営陣の支援があると，悪い状況になることもあります.「マネージャーにいわれたので，この LeSSっていうやつをやらなければなりません」 こうした思考停止は，LeSS の導入を台無しにします．

#### どのようなマネジメントの支援が必要ですか?

マネジメント支援を提供するのは，対象となる組織に権限をもち，あなたのグループに構造的変化を加えられる人物です．通常はあなたのプロダクトグループ長となります．また，支援は支えてくれるものでなければなりません．

本物の支援は自己教育から始まります．プロダクトグループのすべてのマネージャーは，LeSS について自分自身を教育するために時間をとる必要があります．このときには，数日間の導入トレーニングを受講したり，何冊か本を読んだりします．マネージャーはまた，以下の 3 点についてはっきりと伝えて実際に行動する必要もあります．(1) LeSS を導入する意図，(2) 必要な構造的変化を起こす約束，(3) 教育とコーチングの提供．

**どのようなマネジメント支援は不要なのでしょうか?**

複数のプロダクトを管轄する上位レベルのマネージャーから支援を受けても逆効果になりがちです．なぜなら，上位レベルのマネージャーは，本当の問題に対して無知だからです．彼らは，あなたのプロダクトグループ以外に，いくつかのプロダクトを同時に担当しています．そのため実際の開発の課題を熟知していません．そうした上位レベルのマネージャーの支援には，よく「最適化」や「調和」への意思決定が含まれます．上位レベルからは有意義そうにみえるのですが，実際の現場で利益にはなりません．開発現場で本当の価値がつくられるのです．するとどうなってしまうのでしょうか? 善意から出た有害な決定が実際の問題に対処するためのエネルギーを奪い取ってしまうのです．

LeSS とその影響について深く理解していないマネージャーからの支援も有益ではありません．私たちはよく，3 日間の徹底的なトレーニングを 1 時間のプレゼンテーションに凝縮するよう要請されます．マネージャーは「忙しい」ので，3 日間のトレーニングを受けられないというのです．いまのところ，3 日間かけて得られる理解を 1 時間のプレゼンテーションに凝縮できたことはありません．この点は私たちの力不足なんでしょうね，きっと!

### c. ボランティア (有志) を活用する

「新しいチームをどのようにつくりますか?」,「誰がコミュニティに参加しますか?」あなたはこの手の質問にどう答えますか?

ボランティアを活用しよう! 真のボランティア活動は，人々の意識と心を引きつける強力な方法です．マネージャーが権限を失うと感じるためボランティアはあまり活用されていません．しかし，ボランティアはチームに活力を与えてくれます．

ボランティアは教育から始まります．たとえば，無作為にペアになる実験のため，とだけいってボランティアを求めたとします．おそらくボランティアは集まらないし，集まったとしても困惑するでしょう．しかし，最初に，無作為なペアは，頻繁にペアを交代することによって学習を向上させる，ペアプログラミングのテクニックです，と十分な説明をすれば，より多くの良いボランティアが集まり，より良い成果が得られるでしょう．まずは十分な教育と議論を行い，人々が何のためにボランティア活動を

図 3.1

しているのかを理解できるようにしましょう．

ボランティアの例をいくつか紹介します．

**最初のプロダクトボランティア**—組織構造が変わる事を理解し，最初に LeSS の導入をするのはどのプロダクトグループですか? 上級 R＆D マネージャーとプロダクトマネージャーを訪ねて回り，ボランティアグループになってくれるよう依頼してください．

**最初のチームボランティア**—LeSS の導入における最初のプロダクトグループはすでに確立されており，約 50 人の人がいるとします．グループへの参加に本当に関心のある人がグループの外にもいるかもしれませんし，逆にグループ内には離れたいと思っている人もいるかもしれません．そこで,「プロダクトグループ全体をいじる」前に，もう一度ボランティアを活用してください．会社全体から,(「なぜ」と「なに」の両方を説明しながら) 参加したい人を募ります．そして，グループから離れたい人も募ります．それにより，最初に参加する人々は学習に前向きで，責任をもっていることになります．頭数に入れられたのではなく，心から参加しているので，最初のチームは成功しやすくなります．

**チーム形成のボランティア**—LeSS でチームを形成するには,「自己設計チーム」を支援しましょう．これは，将来のチームメンバー全員が参加する，ファシリテートされたワークショップで行われます．ファシリテーターはプロダクトとワークショップの目標を説明し，ワークショップを始めます．その後，事前に合意した制約を踏まえたチームの雛形をつくります. (ファシリテーターはすでに良い雛形を知っているかもしれませんが，グループの考えが反映されているのが最善です.) 例の見本として

- 各チームは，同一ロケーションにいます．

- 各チームは，クロスファンクショナルなので,「Done」を達成できます．
- 各チームは，いくつかのコンポーネントについて深い知識があります．
- 各チームは，約 7 人です．

雛形づくりの話合いの中で,「クロスファンクショナル」と「クロスコンポーネント」について詳細が議論され，その内容を一覧にします．次に，短いタイムボックス (たとえば，15 分) で考えた雛形に沿って新しいチームを形成する場を設けます．その後，新しいチームが考えた雛形に合っているか再確認をします．合っていない場合，何回かチームつくりを繰り返します．通常 2–4 回で落ち着きます[*2]．

### 3.1.2 ガイド：はじめに

3 つの導入原則は，1 つのプロダクトグループから開始することを意味します．どうしたら，成功の可能性を高めることができるのでしょうか?

(0) 全員を教育する
(1) 「プロダクト」を定義する
(2) 「Done」を定義する
(3) 正しい構造を有したチームをつくる
(4) プロダクトオーナーのみがチームに仕事を与える
(5) プロジェクトマネージャーをチームに近づけない

#### (0) 全員に教育する

これまで私たちが見た，最も優れた LeSS の導入事例では，全員が数日にわたりスクラムと LeSS のトレーニングに参加していました．そして，チーム，組織，テクニカルの各領域に対するコーチのフォローアップによってなされていました．

トレーニングに参加するということは，私たちの認定 LeSS 実践者研修に参加するということだけではありません．もちろん参加していただけると嬉しいですが．どんなトレーニングであれ，優れた教育をうける事が重要です．なぜなら，ボランティア (有志) 活用の導入原則を取り入れる場合，教育がなければ，多くのボランティアを得ることができないためです．

---

*2 Web を参照．大規模なスクラムでチームを形成する方法? 自己設計型チームのストーリー＝(http://bit.ly/1WSJhKo)．

図 3.2

**目的を教える**—LeSS の導入において，その内容と方法を教育するだけでなく，誰もが目的を理解することが，より重要です．目的を理解せずにプロセスを盲目的に遵守しすぎることがあります．

優れたトレーナーや優れたコーチがいれば，理由を重要視し，大きな違いを生み出してくれるでしょう．優れたトレーナーや優れたコーチをどうやって選べば良いでしょうか? 次のガイドラインを参考にしてください．

- **実践経験があることを重視する．** あなたのトレーナー/コーチは，内部 (チームメンバーとして) と外部 (コーチとして) の両方の LeSS の実践経験があることを確認してください．誰が教えるかわからないようなトレーニングプロバイダーや，理論的知識だけのトレーナーを避けてください．彼らは有用なトレーナー/コーチではありません．
- **会社ではなく，人を評価する．** あなたはひとりの人を探しています．素晴らしいコーチングは人が行うものです．あなたに合うコーチを見つけ，長期的な関係をつくってください．巨大なコンサルティング会社やトレーニング会社を避けてください．
- **技術への深い理解が必要．** LeSS には技術的卓越性が必要です．技術，チーム，組織の意思決定は強く関連しており，コーチは，幅広く，深い視点をもつ必要があります．技術的な専門知識がない，または乏しい人は避けてください．こういった人たちの多くは，元 PMI プロジェクトマネージャーです．
- **長期的な関与を期待できる．** LeSS の導入には忍耐と時間が必要です．あなたたちの導入を，何年にも渡って見ることを約束してくれるコーチを探しましょう．来て，コメントして，批判して，去るような立ち寄るだけのコーチは避けてください．
- **コストよりも品質に注意する．** 安価だが悪いトレーナー/コーチを (先に説明した要素を無視して) 雇うことは，本当に安物買いの銭失いです．確実に，欠陥のあるLeSS の導入になります．悪いコーチは助けにはなりません．

- **選択を他人任せにしない．** トレーナー/コーチの選択は，とても重要です．直接関与するつもりのないPMOや，購買，人事などの別の部門に選択を委任することは避けてください．彼らには，重要な要素を見極められるほどの十分に理解をしないです．
- **認定を過信しない．** ほとんどの認定証と認定コースは無意味です．おそらく害を与えることはありませんが，認定は信頼できる指針にはなりません．認定よりも，上記で私がお伝えした点の方がとても重要です[*3]．
- **複数の候補者を評価する．** 最高のグループは，長期間の関係を築く意思決定と投資をする前に複数の候補者を評価していました．

### (1) 「プロダクト」を定義する

プロダクトを定義することによって，導入の範囲，プロダクトバックログの内容，適切なプロダクトオーナーが決まります．より広いプロダクトの定義が好ましいですが，開発を始める上で現実的な範囲でなければなりません．

プロダクトの定義を作成するには

- 「顧客はわれわれのプロダクトをどのようなものと捉えているのか?」など，発展的な質問をして，プロダクトの定義を広げていく．
- 「現在の組織体制で現実的なものは何か?」など，抑制的な質問をして，プロダクトの定義を狭めていく．
- プロダクトの定義を，広げるための改善点を探る．

プロダクトの章に，なぜ広い方が優れているのか，プロダクトの定義をどのように作成していくのかが，詳細に書かれています [☞ プロダクト (7 章)].

### (2) 「Done の定義」をつくる

より良い，より強力な Done の定義 (DoD または「Done」) をつくると，チーム内に広いスキルセットが必要になります． たとえば，パフォーマンステストが Done の定義に含まれている場合，チームはそのスキルを取得する必要があります． それは学習によって獲得することもできますが，通常は専門的なパフォーマンステストグルー

*3 これには，認定 LeSS 実践者コースも含まれます． 私たちはコースを推奨しますが，認定のためではなくコースのためです．

プから，パフォーマンステストのスキルをもつ人をチームに移動させることでスキルを獲得します．一方，パフォーマンステストがDoneの定義から除外されている場合，パフォーマンステストグループは，Doneの定義が拡張されるまで，今までどおり活動します．したがって

> より良い，より強いDoneの定義は，貧弱で弱いDoneの定義よりも組織的な変化(グループ，役割，ポジションなどの排除)をもたらします．

Doneの定義が弱いと，リスクと遅延の原因となります．これらのトピックは，10章(Doneの定義)で詳しく説明しています．

組織変更の規模に影響を与えるため，Doneの定義は，LeSS導入のための重要なツールです．マネージャーは，強いDoneの定義(組織の変化がより大きく，遅延とリスクが少ない)と，弱いDoneの定義(組織の変化が小さく，遅延とリスクが多い)のトレードオフを行う必要があります．重要な問いは,「現時点で私の組織はどの程度の変更に対処できますか?」です [ ☞ Doneの定義 (10章)].

### (3) 正しい構造を有したチームをつくる

各チームは，共通の目標を達成するために，共同責任を負っています．彼らが成功するために，各チームが適切に構成されていることを確認してください．最初のチームを構成する要件は

- **専任**— 各人は，1チームだけに所属します．
- **安定**—チームのメンバーは頻繁に変更されません．
- **長期間存続**—チームは一時的なプロジェクトチームではなく，何年にもわたって維持されます．
- **クロスファンクショナル**—チームは機能を完成するために，必要なスキルをもっています．
- **同一ロケーション**—チームは同じ場所で，文字通り同じ大きなテーブルにたいていいるため，対面コミュニケーションによって信頼を高め，お互いを教え合うことによって学びを促進します．

“顧客価値による組織化” の章には，これらの各チームの特性の詳細が記載されています．[ ☞ 顧客価値による組織化 (4章)]

この新しい構造は，人々が機能部門を離れ，クロスファンクショナルな新しいチームに恒久的に参加することを意味します．機能部門は排除する必要があります．

なぜ機能部門のマネージャーと上下関係があると良くないのでしょうか? それは，機能部門のマネージャーに対する忠誠心がチームの共同責任や結束を壊してしまうという矛盾を引き起こすからです．もしかしたら,「あなたは大げさにいっている．われわれの会社ではうまくやれる」と思っているかもしれませんが，そんなことはありません．私たちはこの課題に対する多くの試みと失敗を見てきました．とにかく，やめてください．かわりに，すべてのチームメンバーが共通のマネージャーをもち，そのマネージャーはチームが成功するのに必要な環境をつくる事に明確な責任をもっている人であるべきです．

### (4) プロダクトオーナーのみがチームに仕事を与える

あなたは，こんな気持ちになったことはありますか? ああ忙しい，忙しい，忙しい，長い一日だ．でもいったい何を終えられたのだろう? それはコンテキストスイッチ吸血鬼のしわざです! そいつは，あなたの人生を吸い取り，非生産的にし，焦点をぼやけさせ，やる気を失わせます．

最初のチームには大変な仕事があります．プロダクトの共通の目標に焦点を当てるだけでなく，開発環境に関する障害物の山を解決しなくてはなりません．クロスファンクショナルチームが，短いサイクルで「完成」させるために作業する中で，障害物(テストの自動化，ツール，ポリシーなどの不備) が明らかになっていきます．

最初のチームは，将来のチームの足場となる基盤を築いているので，通常よりも，さらに集中する必要性があります．彼らはどのように集中を失うのでしょう? 良かれと思ってなされた，**割込み**，余分な作業の要求がラインマネージャー，セールス，CEO，人事などから来るのです．これらの要求を阻止して下さい!

要求を阻止するためにはプロダクトオーナーが，チームに作業を与える唯一の人であることを確実にします．これは，作業に集中する事を支援するだけでなく,「私が先! 私が先!」という各所からの声を，なんとかしようとすることから生じるストレスを減らします．優先順位付けはチームではなく，プロダクトオーナーの仕事です [ ☞ プロダクトオーナー (8 章)]．

### (5) プロジェクトマネージャーをチームに近づけない

経験豊富な LeSS 組織では，プロダクトグループ内のプロジェクトマネージャーの役割がなくなります．プロジェクトマネジメントの責任がプロダクトオーナーとチームで共有されるため，その役割はもはや必要ありません．

ほとんどの LeSS の導入では，すぐにプロジェクトマネージャーの役割を排除することができますが，まれに，その役割が一時的に必要になる場合があります．不完全な Done の定義 (つまり，Undone ワーク) または，プロダクトの境界を超える調整がある場合です．そのような場合，必ずしもすぐにプロジェクトマネージャーを排除する必要はありません．

そのため，プロジェクトマネージャーはしばらくの間存在する場合もあります．プロジェクトマネージャーが存在すると，何が問題なのでしょうか? 彼らは定期的に割込みをしたり，矛盾する優先事項を持ち込む可能性が高いです．しかし，プロジェクトマネージャーがチームを邪魔したり，チーム間を調整したり，作業を与えたりすることは許されません．

このプロジェクトマネージャーについての推奨は本質的には「プロダクトオーナーのみがチームに仕事を与える」と同じであり，他のマネージャー職に対しても有効です．私たちは，これを明示することがとても重要であることに気がつきました [ ☞ マネジメント (5 章)]．

そして，すべてのプロジェクトマネージャーはスクラムマスターに名称変更することはできません ( ☞ 3.1.3 項中の “ラーマンの法則”)．

### 次のステップは?

この「はじめに」のガイドでは，適切な構造を適切な場所に配置するところから始めます．次のステップは，プロダクトバックログを整理することです．おそらく，最初のプロダクトバックログリファインメントで行うでしょう．そのガイドラインについては,「プロダクトバックログリファインメント」の章を参照してください [ ☞ プロダクトバックログリファインメント (11 章)]．

## 3.1.3　ガイド：文化は構造に従う

“文化は構造によりつくられる” という考え方は「ラーマンの組織行動の法則」の 4 番目と同じです．組織内の人々は，何もせずとも改善を支援しているように見せるのに長けています．われわれはこのようなことを何度も目の当たりにしました．なぜそんなことが起こるのでしょうか?

クレーグ氏は開発のキャリアが長く，1979 年に APL でプログラミングを始め，その後，大規模なプロダクトグループに，現代的なマネジメント手法を導入するのを支援してきました．ビールを飲みながらですが，彼は退職をほのめかしていたと思います．彼は自分の名前の付いた法則がないことを心良く思ってなかったようです．なので，彼は 多くの組織を悩ませているこの機能不全で自分勝手な行動を思い出させるため,「ラーマンの組織行動の法則」をつくることにしました．

ラーマンの組織行動の法則

(1) 組織は，中間および現場のマネージャーや，単一専門職といったポジションの権力構造を維持するために，暗黙に最適化されています．
(2) (1) の結果として，組織を変えようという試みは，今まで使っていた用語をただ，別の名前に変えるか，用語を大量につくって何か分からなくする事で現状を維持します．
(3) (1) の結果として，組織を変えようという試みは，弱みを指摘される事を嫌がったり，マネージャー/専門家の現状を維持しようとする人々により,「純粋主義者」,「理論主義者」,「革命主義者」「現実に合わせるためにカスタマイズが必要だ」と非難されます．
(4) 文化は構造に従います．

あなたはこう思うかもしれません．“構造が文化に従う” こともまた真実ではないのか(特にスタートアップでは)．しかし，このフレーズは文字通りではなく，詩的に奥深くとらえてください．

詩的に奥深くとらえるとは何を意味しているのでしょう? “組織” の構成要素 (グループ，役割，階層，ポリシーまたはより広範には “組織システム/設計”) が変更されない限り，行動や考え方は変わることはないのです．システム思考の思想的リーダーでもあるジョン・セドンは，このように「文化は構造に従う」と説明しています．

> 組織の文化を変えようとするのは愚かなことで，常に失敗します．人々の行動 (文化) というのはシステムの産物です．ですので，システムを変更すると，人々の行動が変化します．

私たちは，LeSS を導入しようとしていながら，それに伴う，組織の構造，役割，ポリシーの変更を拒否する多くの組織を見てきました．それらの組織すべてが LeSS を導入することで得られる数多くの恩恵を受けられませんでした．

導入に伴う問題の 1 つは雇用維持に対する不安です．もちろん，多くの人は構造の変化のために仕事を失いたくはありません．これが，役割は守らないが雇用は守るというリーン思考の原則を，LeSS の導入で強調する理由の 1 つです．

### 3.1.4　ガイド：役割は守らないが雇用は守る

> 何かを理解しないことで成り立っている仕事をしている人に理解をしてもらうのは難しい．—アプトン・シンクレア

継続的改善の結果，自分が解雇される事になるとしたら，だれが努力をするでしょうか?誰もしませんよね? LeSS を導入にあたって，誰も解雇しないという方針がとても重要になります．少なくとも LeSS 導入により組織構造が変わり，役職や役割がなくなったとしても，解雇されないということを明確に繰り返し伝える必要があります．

旧来の枠組みで活動していた人たちが，グループを解体されて LeSS チームに加わることになります．解体されたグループのマネージャーは実務に精通し，実際に手を動かして価値を創造できる人が多いので，組織としてはそういった人たちが活躍できる役割を，新しい枠組みの中に探してあげる事を積極的に支援しなければなりません[マネジメント変更の詳細については，☞ マネジメント (5 章)]．

### 3.1.5　ガイド：完璧を目指しての組織ビジョン

組織は，驚くほど複雑なシステムであり，すべてを管理，知ることは不可能です．

あらゆる人が小さな意思決定を行い，それが積み重なって組織の行動となります．人は，自分の経験，目標，原理・原則，価値観にもとづいて意思決定を行います．意思決定が同じ方向に向いていないと，善かれと思った人がいろいろな方向に向かって動き，組織のデッドロックや組織の停滞の原因となります．これらが同じ方向に向いていると，エネルギーが解放され，物事が動くようになり，改善が始まります．

これは，特に改善に当てはまります．私たちはさらなる官僚主義と，苦しみの増大をひき起こすだけの，善意で行われた「改善」をたくさん見てきました．取り組みが本当の改善といえるのはどのような場合でしょうか? 当然，それは部分最適ではなく，全体的なシステム改善でなければなりません．しかし，どうやってそれがわかるのでしょうか? 以下の 2 つの質問は，本当のシステム改善と部分最適とを区別するのに役

立ちます.

- この改善により，私たちは組織が理想とするビジョンに近づきますか?
- この改善により，現場が改善されますか?

「現場」については，5 章 (マネジメント) の現地現物ガイドを参照してください．このガイドでは，完璧を目指しての組織ビジョンに焦点を当てています．まず，完璧なビジョンとは何でしょうか? [ ☞ マネジメント (5 章)].

トヨタのジャストインタイムシステムでは，お客様が，1 台の車を購入すると同時に 1 台だけ車が生産されます．この完璧なビジョンは，生産システムが小さなバッチの作業，理想的には 1 つのバッチを処理する「1 個流し」の理想につながります．この理想は決して達成されないでしょうが，何十年もの間，トヨタの生産システムの継続的改善を導いています.

LeSS の完璧なビジョンは，次のとおりです.

> 価値提供または，方向転換をいつでも追加コストなしにできる組織をつくり出す.

完璧なビジョンは，通常のビジョンとは異なります．通常のビジョンは達成するためのものですが，完璧なビジョンは改善を導くことが目的です．通常のビジョンは達成されると，祝われますが，完璧なビジョンを達成すると，目指すべき物がなくなってしまったと悲しむ対象となります.

私たちが一緒に仕事をして成功したプロダクトグループは，完璧な組織ビジョンをもっていました．これは，決して到達できない目標であり，プロダクトグループがどうあるべきで，どのように機能していているかを定義していました．完璧なビジョンは，どのように使用するのでしょうか? 完璧なビジョンに近づいているかどうかを基準にして人々が議論したり，意思決定を評価するのに使います.

議論は重要ですが，言葉は流れていってしまうものです．そこで，皆が共通理解をもつために，ビジョンとはどういうものかを書き出したいと考えます．例として私のクライアントが LeSS Huge の導入初期に作成した原理・原則を共有します.

(1) 完璧な目標は，常に製品をリリース可能な状態にすることです．リリース準備に必要な時間を短縮し，最終的にはリリース準備期間を無くします．
(2) 同一ローケション，自己管理，クロスファンクショナルなスクラムチームを基本的な組織の構成要素としてブロックを組み立てるように組織を構成します．実行責任と説明責任はチームにあります．
(3) チームの大半は顧客中心のフィーチャーチームです．
(4) プロダクトマネジメントは，プロダクトオーナーの役割を通じて進めます．リリースの約束はチームに強制されません．
(5) ライン組織は，クロスファンクショナルです．機能に特化したライン組織は，徐々にクロスファンクショナルなライン組織に統合されます．
(6) 特別な調整の役割 (プロジェクトマネージャーなど) は避けられ，チームが調整に責任をもちます．
(7) マネジメントの主な責任は改善です．チームの学習，効率，品質を向上させます．作業の依頼は常にプロダクトオーナーからのものです．
(8) 開発ではブランチは使いません．そして，製品のバリエーションをバージョン管理システムで管理することもしません．
(9) (1) 探索的テスト，(2) ユーザビリティテスト，(3) 物理的な動作を必要とするテストを除いて，すべてのテストは自動化されます．すべての人がテストの自動化スキルを学ばなければなりません．
(10) 導入は段階的に展開していきます．これらの原理・原則はあらゆる判断において考慮されます．

もちろんこれは単なる例ですが，完璧なビジョンについての議論の出発点として，自由に使用してください．

マネージャーは，全プロダクトグループと共同で，意思決定を導く完璧な組織ビジョンを確立しなければいけません．これは通常，非公式なディスカッションやワークショップでつくられます．完璧なビジョンをイメージするには，一般的に 2 つの方法があります．(1) あなたが職場に着いたと想像してください．完璧な組織はどのような組織で，どのように機能するのでしょうか? または (2) 完璧なプロダクトを思い描いてください．そして，それをつくる組織を想像してください．

### 3.1.6　ガイド：継続的改善

LeSS 導入が終わったといえるのは，完全な状態になり，世界の頂に立った場合のみです．そうでないのであれば，常に改善の余地があるということです．

マネージャーの仕事は，継続的デリバリーと継続的改善を促進する環境をつくることです．チーム自身がほとんどの改善を行うことが望ましいですが，マネージャーやスクラムマスターが組織や環境の改善に関わることが多いです [ ☞ マネジメント (5章)].

継続的改善を行うためのポイント

- **集中!**　新しい改善アイデアを考えることに時間をとられて，何も改善を実行できていないことは，継続的改善が失敗する大きな原因です.「私たちの現状にあわせて，もう一度評価をしてみよう」,「ねえ，前と一緒じゃない? なんでだろう?」 またよくあるのは,「われわれの環境で，LeSS は機能していないから，NooDLeS を導入してみよう」(LeSS を本当に試していないのに) このような状況を回避するためには，評価するのをやめて，やりはじめよう! 常に上位 2 つの改善点を念頭に置いて，それらにあなたの力を注ぎましょう．改善が行われないと，チームはすぐに関心を失い，新しい改善について考えるのをやめてしまいます.
- **レトロスペクティブを利用して改善を促進する.** 新しい改善案を発見するためには，チームレトロスペクティブとオーバーオール・レトロスペクティブが最も重要です [ ☞ レビューとレトロスペクティブ (14 章)].
- **真の改善に集中する.** 改善案のすべてが本質的な改善につながるわけではありません．いくつかは，部分最適になってしまいます．部分最適とは，システム全体を改善するものではなく，1 つの視点についてのみの改善となってしまうということです．よくある部分最適は，(1) 機能的な部分最適，(2) 検証してない仮説にもとづく部分最適です．**機能的な部分最適**とは，1 つの機能のみの視点から考えられた改善案であり，システム全体のアウトプットを考えると害となる場合が多いです.
  たとえば,「スプリントごとにテストすることは非効率なので，もっと効率良くするために，すべての実装が終わってからテストするようにしよう」．**検証していない仮説にもとづく部分最適**は「こうやればうまくいく」という思い込みをもとにした改善案で間違っている事が多いです．大きなシステム全体に対する改善案は本当に仮説が正しいかを検証しないと，影響は限定的なものとなってしまいます．そのような仮説の例としては，以下のようなものがあります.「テストをするためにプログラミングを完了しなければならない」,「各人が1つだけのスキルだけを身につける方が効率が良い」．部分最適になりそうな改善案も，学習や視点を広げる機会としては価値があります．部分最適な改善案が提案された場合は，改善案を発案された人またはチームと分析してください．この議論は，視点を広げ，さらなる改善の機会となります．

- **品質，プロセス，変革，改善を専任とする人をつくるのは避けてください．**大きな組織では改善プロジェクトの実行責任者としてシックスシグマブラックベルトが配属されている品質とプロセスの部門をよく見かけます．さらに，変革部門という部門までつくられてしまう事もあります．改善専門の人や部門をつくることは避けてください! 継続的改善は，常に誰もがどこでも行なわなければなりません．1つの部門が改善を担当することは，チームの責任と関与を取り除く事につながります．かわりに，既存の組織構造のままで導入と改善をサポートします．
- **改善チームを避け，通常のチームを使用してください．**前のポイントに関連しています．組織は一般的に改善チームをつくり，改善項目に対応していきます[*4]．私たちはこのアプローチが繰り返し失敗するのを見てきました．より良い方法は，通常のチームに改善アイテムに対応してもらう事です．改善アイテムを通常のアイテムと一緒に扱っても良いですし，いくつかのスプリントの間，改善アイテムのみに集中するアプローチでも良いです．通常チームが改善アイテムの対応を行う大きな利点は，自分たちが改善施策のユーザーとなる可能性が高いので，自分たちに使いやすく，より有用なものになるように対応することです．
- **改善プロジェクトを避け，プロダクトバックログを使用してください．**また，組織は「プロジェクト」を使用してすべての改善を行う必要があると考えてしまいがちです．そして「プロジェクト」は個別に管理され，改善チーム (前のポイントを参照) をつくってしまいます．さらに悪い事に通常のチームから人を改善チームに移動させてしまいます．人を移動することによって，組織は「リソース」を求めるようになってチームに注目しなくり，チームの共同責任の欠如につながってしまいます．なので,「プロジェクト」化するよりも，通常チームのプロダクトバックログに改善アイテムを入れることで，対応を進めましょう．こうする事で対応のすべてが見える化され，継続的改善が当たり前になっていきます [☞ プロダクトバックログ (9 章)].

---

*4　改善チームをつくるという組織的な行動は，マネージャーの章で議論されるテイラーの影響を受けています．

継続的改善が崩壊する原因でもっともよくあることは，実際に改善できないことです．改善ができない状況が続くとチームに不満をもたらし，マネージャーへの不信感へとつながります．このような場合，マネージャーは立ち止まり，自分たち自身が改善を行っている人たちに「どのようなサービスを提供できているのか?」を確認し，ふりかえるようにしてください．

### 3.1.7 ガイド：導入の拡大

最初の LeSS のプロダクトの LeSS 導入は完了しました! まだ何かすることがあるのでしょうか? 完璧な状態となり，世界制覇できましたか? もし，そうでない場合は次のことを行ってください．

- **さらにいくつかのプロダクトへの導入を進め，今までと同様のサポートも提供します．** 当然，他のプロダクトへの導入を進めることになりますが，いくつのプロダクトを対象にすべきでしょうか? おそらく 1 つではなく 2 つが好ましいです．ただ，多くなりすぎるのは良くありません．主な制約となるのは，人，リソース，そして，あなたがそれぞれのプロダクトに対してサポートする集中力を維持し，さらに改善していけることです．よく起こる問題は最初の導入はとても真剣に取り組むのですが，2 回目以降になると，最初の時のような集中力を失い，緊張感を失った状態で導入を進めてしまうことです．このような事は絶対におこらないように注意してください．各プロダクトへのサポートは，同じサポート環境と集中力が必要です．
- **Done の定義を強化する．** Done の定義は，決して完璧な状態にはなっていないでしょう．チームのクロスファンクショナル度を高めることで Done の定義を強化し，解決すべき新しい課題を明確にしていきます [ ☞ Done の定義 (10 章)]．
- **プロダクトの定義を拡張します．** 最初のプロダクトの定義は，しばしば組織構造の制約を受けます．プロダクトの定義を拡張していく事は，より良い優先順位付けができる状態にし，より顧客中心に，そして，組織をよりシンプルする事につながります [ ☞ プロダクト (7 章)]．
- **チームの成果を向上させ，そのやり方を共有する．** 最初のチームは素晴らしい成果を残すのが難しい事が多いです．なぜなら彼らは自分たちを取り巻く環境と技術的手法の制約をみつけ，多くを学び，改善する必要があるからです．ただ，多くの制約は残ったままになってしまうかもしれませんが，これらの課題を解決すると，アウトプットが向上するはずです．課題の解決方法をチーム間で共有し，さらに他のプロダクトの人達とも共有してください.

- **サポートを改善する.** 最初のチームへの支援はどれぐらい効果的でしたか? チームからのフィードバックを得て, 支援方法 (教育, コーチング, 組織変更など) を改善してください. そして, LeSS を導入する将来のプロダクトで利用できるようにします.
- **ボトムアップのエネルギーを活かす.** 最初のプロダクトへの LeSS 導入で良い結果が得られると, 他のグループは上位レベルのマネージャーの承認なしに LeSS の導入が進められるようになっていきます. この動きは止めずに, むしろ成り行きに任せ, ボトムアップのエネルギーを活かすように支援してください.

## 3.2　LeSS Huge

さらにスケーリングする場合, 以下のような別の問題があります.

**構造変更を一斉に行うには大きすぎる**—巨大なプロダクトグループでは, その規模がゆえに構造変更を行うのは難しくなります. それは人数や意識の問題ではなく, 以下の理由によるものです.

- 大きな変更によりすでに顧客に約束している新機能の提供期日を守れない危険性があります.
- 組織の政治は, こうした変化を "出世の妨げ" とみなします.
- 十分な教育とコーチングをその規模で提供することは難しく, LeSS Huge の導入は段階的な方法で行われます.

### LeSS Huge ルール

LeSS Huge の導入は組織の構造変化を伴いますので, 進化させながらインクリメンタルに進めます.

忘れないでください. LeSS Huge の導入には多くの年月, 計り知れない忍耐, そしてユーモアのセンスが必要です.

### 3.2.1 ガイド：進化させながらインクリメンタルな導入

LeSS の導入は一斉に行うのが最善ですが，LeSS Huge の導入はインクリメンタルに進化させながら行わなければいけません．LeSS Huge の導入には 2 つのアプローチがあります．

- **プロダクトグループ全体に対して，少しずつインクリメンタルに導入．** すべてのチームは，同じペースでスコープと能力を徐々に向上させていきます．これは，プロダクトレベルの Done の定義を拡張し，フィーチャーチーム導入マップなどのツールを使用することによって可能です [ ガイド フィーチャーチーム導入マップ (4.1.3 項)]．
- **プロダクトグループの一部に深く集中した導入．** 最初はいくつかのチームを本当に良くすることに集中し，その後，1 チームづつ広げていきます．これには，いくつかのチームの Done の定義を拡張し，特定の改善アイテムに取り組み，集中的なコーチングをすることになります．

どちらのアプローチも有効です．忍耐強く徐々にインクリメンタルに導入するとプロダクトの広範囲に，早いタイミングで結果が出る事がありますが，同じ課題をすべてのチームが同時に解決する必要が生じ，新たな別の課題を引き起こす事があります．集中した導入は，導入の速度は遅くなりますが，すべてのチームが同じ苦痛を伴うことを避けられます．ただ，まだ導入をしていないチームにとっては，もともとある課題の中で仕事を続けることになります．

LeSS の導入原則は，ここで取り上げられている，深く集中した導入を推奨します．徐々にインクリメンタルな導入をする詳細については，4 章 (顧客価値による組織化) を参照してください．

### 3.2.2 ガイド：要求エリアを 1 つずつ

LeSS Huge を導入するための最も簡単でインクリメンタルな方法は，1 つの要求エリア内で導入することです．最初に，効果が高くリスクが低いエリアへの導入に集中します．少なくともリスクが低いエリアを選んでください．

これは 1 度に 1 つだけ新しい要求エリアをつくることを意味します．

ここで難しい問題が出てきます．新しい (おそらく唯一の) 要求エリアは，当然，既存プロダクトの一部であり，「他のエリア」との依存関係が残っています．そして，「古い組織」の中に引き続き存在することとなり，新しくつくられた要求エリアは「古い組織」の習わしに従うことと，従わずに戦うこととのバランスを見つける必要があります．

何に対して戦いを挑むかを決めてください．確実に戦わなければならない点は，“個人またはチームによるコードの占有”をあきらめさせることです．さもなければ，新しい要求エリアに勝ち目はないでしょう．

### 3.2.3 ガイド：並列組織

1つ前のガイドは，並列組織を構築するという，何も変えずに構造を変更するための一般的なテクニックの例です．並列組織を構築するというのは，既存の組織をそのまま維持し，新しい構造の組織を隣につくって徐々に移行していく方法です．最初は，いくつかのフィーチャーチーム，または1つの要求エリアから始めます．この並列して構築する方法は依存関係がないのでフィーチャーチームでうまくいきます．最初のチームがうまくいけば，徐々にチームを新しい組織に移行します．勢いが出てきたら，古い組織を新しい組織に統合します．

いくつかの注意点をあげます．

- 並列組織はパイロット運用ではないため，上司への報告は従来の組織とは分けなければなりません．
- 並列組織がコードをブランチ運用させないようにしてください．ブランチで管理してしまうと，マージ地獄に陥ります．彼らは別々の組織ですが，同じプロダクトをつくりコードベースを共有します．
- 最終的に誰もが新しい組織に入ることを明確に伝えることが重要です．これは，古い組織の人が新しい組織に対して対抗意識をもつことを防ぎます．

# 4 顧客価値による組織化

それを透明にしてほしい，でも背景は見えないようにして欲しい．
—匿名の顧客

## 1 チームスクラム

スクラムで最も重要なテーマは，常に顧客価値の提供に注力することです．作業の優先順位は，開発のしやすさではなく，顧客に価値を提供することにもとづきます．最初にフレームワークの構築を行いたい開発者にとって，価値を早期に提供することで技術的な検証を行うアプローチに変えるのは，困難な変更となります．

スクラムの 3 つの役割は，顧客価値を絶え間なく提供することと技術的卓越性に注意を払うことの，バランスを提供します．

- プロダクトオーナーは投資対効果に責任をもちます．プロダクトオーナーは困難なビジネス上の決定を下します．何を入れるか，入れないか，リリースはいつにするのか，どのくらい投資するのか? プロダクトオーナーは顧客視点でプロダクトを見ます．
- チームはクロスファンクショナルで自己管理しており，プロダクト開発のプロフェッショナルで構成されます．スプリントごとにメンテナンス可能な完成した動作する機能を提供することの責任を共有します．チームはプロダクトのつくり方を決め，努力する事を約束します．
- スクラムマスターは，スクラムを機能させ，組織にとって有益なものにする責任があります．スクラムマスターの焦点は，うまく機能している生産的なチーム，責任あるプロダクトオーナー，継続的に改善する組織をつくることです．

## 4.1 LeSS での顧客価値による組織づくり

スケールする際の組織づくりに関連する原理・原則は次の通りです．

**顧客中心**—小規模な1チームのプロダクトでは，顧客価値によって組織化するのは当たり前のことです．しかし，チームが増えるほど，大規模な開発マシンの歯車のようになってしまいます.『モダンタイムス』のチャーリー・チャップリンのように．彼はねじを回すのが仕事であって，顧客がどのようにプロダクトを使用するのか，そもそも顧客が実際に誰であるのかまったくわかりません．では，スケールしても，顧客中心を維持するにはどうしたらよいのでしょうか?

**大規模スクラムはスクラム**—私たちはかつてスクラムを採用したいというチームを訪問したことがあります．私たちが彼らにLeSSを教えたところ，彼らは驚きながら「チームが1つだけだったときのように，やれというのですか?」と聞きました．私たちは「そうです」と答えました．会社が急速に成長したときに,「プロのマネジメント」を取り入れ，プロジェクト，プログラム，ポートフォリオやその他の管理規則などを取り入れ，階層化するようになりました．その結果，素晴らしいプロダクトを構築するという会社の中核を壊してしまいました．大規模なスクラムを小さなスクラムのようにシンプルに保つにはどうしたらよいのでしょうか?

**システム思考とプロダクト全体思考**—従来の組織は部分最適を追求するように構成されていることが多いです．たとえば，個人のアウトプットの最大化の飽くなき追求があったりします．どうすれば，よりプロダクト全体を考え，顧客価値の提供を追求する組織が構成できるでしょうか?

## LeSS ルール

> 実際のチームを基本的な単位としてブロックを組み立てるように組織を構成します．
>
> 各チームは，(1) 自己管理，(2) クロスファンクショナル，(3) 同一ロケーション，(4) 長期間存続とします．
>
> チームの大半は顧客中心のフィーチャーチームです．

### 4.1.1　ガイド：チームベースの組織を構築する

中松義朗は，フロッピーディスクの発明者です．彼の発明には他にも，居眠りするのを防ぐ枕，脳を活性化するタバコ，磁石が埋め込まれたコンドームなどがあります．彼は4000件を超える特許をもち，発明数の世界記録を保持しているようです．彼は現代の「クレイジーな科学者」の一例です．しかし，ほとんどの発明やソフトウェア開発の大部分は個人ではなくチームによって行われます．

プロダクトはチームによってつくられますが，従来の (西洋の) 組織は，個人の責任にもとづいて構成されています．各人がパフォーマンスを出すことに対する責任を，マネージャーに押しつけられるのです．これは，個人に対する仕事の割り当て，個人へのパフォーマンス評価，個人への報酬などに反映されます．これらの仕組みは，個人のクレイジーな科学者を後押しすることはできますが，目標を達成するために共同責任を負う優れたチームをつくることにはつながりません．

チームベースの LeSS の組織には，以下の構造を有します．

- **専任チーム**　各チームメンバーは，自分の時間の 100%をたった 1 つのチームに捧げます．これは柔軟性に欠けるように感じるかもしれませんが，(1) チームの目標に対して共同責任を負ってもらうため，(2) チームの動き方すなわちプロセスに対してオーナーシップをもってもらうため，に必要です．
- **クロスファンクショナルチーム**　各チームは，出荷可能なプロダクトを生産するために必要なすべてのスキルを，持ち合わせているか調達できていることが求められます．従来の機能別専門チームは，機能の面からは，効率的だと感じるかもしれません．しかし，プロダクト開発のほとんどの労力と問題は機能間で生じます．そのため，プロダクト全体を意識して欲しいのであれば，チームはクロスファンクショナルになる必要があります．
- **同一ロケーションのチーム**　各チームは同じロケーションの同じ部屋で仕事をします[*1]．これは，不合理に聞こえるかもしれません．今日の世界はグローバル化しているのだし，いる場所がどこであろうと，最もスキルが高い人をそこで働かせるのが良いと思うでしょう? 違うのです．私たちは，最高のチームが欲しいのです．成果に共同責任をもち，お互いから学ぶ最高のチームを求めるべきなのです．責任の共有は信頼を必要とし，人間は密接な共同作業と面と向かったコミュニケーションによって信頼を確立するのです．また，同一ロケーションである事は継続的改善の本質である迅速なフィードバックとチーム学習を促進します．
- **長期間存続するチーム**　チームはずっと一緒にいます．理想論だと感じるかもしれませんが，チームが本当の意味でチームとして働いてもらうには，安定が必要です．長期間存続するチームにいたことがある人は知っているでしょうが，チームメンバー

*1　これはすべてのチームが，同一拠点にいなければならない，という意味ではありません．ただ，同一拠点の方が，間違いなく好ましいです．しかし，残念ながら複数拠点での開発は，LeSS の組織では，よくあることです．

がお互いを深く知り合い，一緒に仕事の仕方を学び，改善していくほど，チームはより良くなっていきます．

この優れたチームベースの組織構造によって，興味深い変化が起きます．どういったことが起こりうるのかを知っておくことは重要です．それは直観に反しており，組織の人々を不安にさせるかもしれません．以下で具体的に説明します．

**「1 つのスキルをもったリソース」ではなく，人は学習する**—組織は，人を「リソース」とみなし，お金，機械，メモ用紙などと同じように扱いがちです．リソースには，1 つのスキルがあります．機械は用途が明確になっており，他の事をしたくなったのであれば，新しい機械が必要になります．人はほぼスキルがない状態で生まれてきます．しかし，新しいスキルを習得するという，非常に優れたメタスキルをもっています．このスキルは，柔軟性を目指す組織にとってはとても重要です．専任させた長期間存続するチームでは，自動的にこの学習スキルを使うことになります．

**「リソース配分」の単位は人ではなくチーム**—リソース配分は，ほとんどの場合個人を基準にして誰がどのプロダクトに関わるかを決めることが多いです．しかし，チームベースの組織ではもはや「誰が必要?」ではなく,「どのチームが必要?」という問いに変わります．

**仕事のためにチームをつくるのではなく，クリエイティブなチームに仕事を割り当てる**—従来の組織では，新しい機能要件ごとに，必要なスキルをもつ人々で，プロジェクトグループを構成します．しかし，長期間存続するチームをもつ組織は，組織変更をするのではなく，仕事を分割して既存のチームが担当します．そして，チームは学び，適応するのです．

**動きが多いマトリックス組織よりも，安定した組織**—頻繁に変化する組織は柔軟性を生み出すのではなく，混乱を生みます．むしろ，真に柔軟な組織では，仕事を顧客にとって意味のある単位で分割し，適切なチームに与え，チームは学習により足りないスキルを身につけるのです．結果として，LeSS の組織はマトリックス型の構造を捨て，安定した組織構造を選択します [ ガイド 分割 (11.1.6 項 [1])].

### 4.1.2　ガイド：フィーチャーチームを理解する

ほとんどの大規模なプロダクトグループは，技術を中心に考えたチームを構成しています．私たちは，そのようなモデルを**コンポーネントチーム**とよびます．一方で LeSS のプロダクトグループは，顧客価値を中心に考えたチームで構成されます．私たちは，このモデルを**フィーチャーチーム**とよびます[*2]．技術中心のコンポーネントチームから顧客価値中心のフィーチャーチームに変えるの素晴らしいことですが，簡単ではありません．

### a. フィーチャーチームとは何か?

フィーチャーチーム (図 4.1 参照) は，エンドツーエンドで顧客中心の機能を実現する，安定した長期間存続するチームです[*3]．チームは，すべてのスプリントで完成した機能を提供します．

フィーチャーチームには，特に次のような利点があります．

- **きわめて明確な責任**—フィーチャーチームの目標は明確です．担当する機能，つまりプロダクトバックログアイテムは，スプリントが終了する前に完成させる必要があります．目標を達成するために必要なことはすべて，チームの責任範囲です．こ

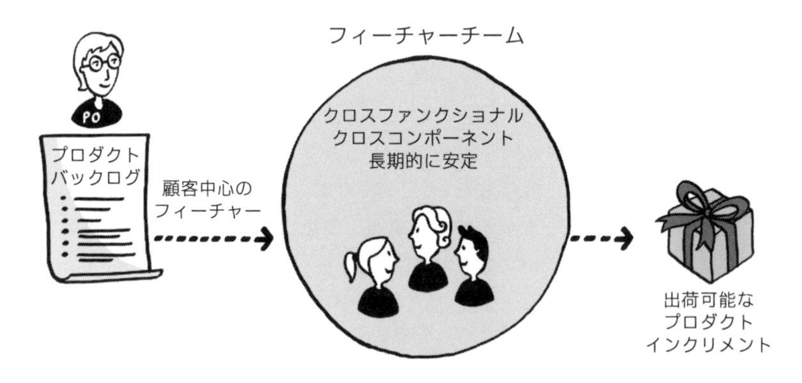


図 **4.1** フィーチャーチーム

---

*2 われわれは過去にコンポーネントチームとフィーチャーチームという 2 つのモデルについて，詳しく書いたことがあります．この本でお伝えするのは過去に執筆した物の概要のみですので，より深く理解したいのであれば，書籍 *Scaling Lean & Agile Development: Thinking and Organizational Tools for Large-Scale Scrum*，`less.works` のフィーチャーチーム，`featureteams.org` を参照してください．

*3 どのチームでも，すべての機能でも提供できる，という意味でないことに注意してください．チームは，高い価値を提供できている限り，特定のフィーチャーを専門とすることもあります．

れにより，計画が簡単になり，依存関係が解消されます．

- **目的と顧客に集中する**—フィーチャーチームは顧客の言葉で話します．技術的に優れたものをつくれば良いではなく，実際の人々の生活を改善するための機能をつくります．このように顧客への高い関心と目的があると，チームは顧客の言葉で顧客と直接仕事をし，最高のプロダクトを共同で創造することができます．これは強力です．
- **柔軟性と学習**—もう計画地獄や，膨大な依存関係のマトリックスは，やめましょう．新しい機能が必要ならば，適切なチームを見つけてください[*4]．チームが必要なスキルそのものをもっていることはないので，学習のメタスキルを使うことになります．

フィーチャーチームに対するよくある誤解は，チームが，巨大な機能を取り扱い，システム全体をカバーし，様々な箇所に変更を加える必要があると考えることです．そうではありません．そのかわり，フィーチャーチームに受け渡す前に，巨大な機能をエンドツーエンドで顧客中心の小さな要素に分割します [ ガイド 分割 (11.1.6 項)]．重要な違いは，コンポーネント単位ではなく，顧客中心の要素に分割することです [ ガイド 巨大な要求を扱う (9.2.4 項)]．

フィーチャーチームへの変更には，それがなぜ，どのように機能するのかを完全に理解する必要があります．フィーチャーチームとコンポーネントチームの違いをまとめ，その利点と欠点を簡単に分析したいと思います．フィーチャーチームにも欠点はあります．フィーチャーチームがすべての問題を簡単に解決できるわけではありません．導入には，長期的な視点が必要となります．

#### b.　コンポーネントチームモデル

図 4.2 に示すように，コンポーネントチームはアーキテクチャを中心に構成されています．すべてのチームは，たとえばフロントエンドとバックエンド，Java と C++，もっと一般的なコンポーネント (モジュール，サブシステム，フレームワーク，ライブラリなど)，システムまたは技術の一部を専門とします．

コンポーネントチームは，ほとんどのプロダクトグループで採用されており，いくつかの利点があります．

- 明確なコードと設計の所有権
- 明確な境界線 (各チームは，それぞれのサンドボックスをもちます)

---

*4　スキルと経験を考慮せずに，チームに，フィーチャーをランダムに分配するわけではありません．これはフィーチャーチームを理解する上で重要です．

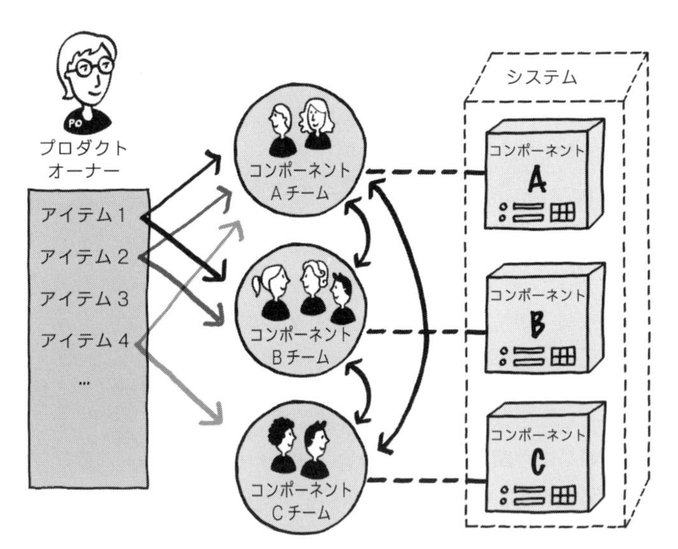


図 **4.2** コンポーネントチームのモデル

- 深い専門性

コンポーネントチームの利点は，大きな代償なしには得られません．

**明確なコードと設計の所有権**—設計とコードの所有権をもつことにより，チームに存在意義と明確な責任を与えます．自分たちのコードに問題がある場合，それを修正するのは明らかに自分たちの責任です．反面，コードを変更できるのは1つのチームだけなので，ボトルネックが発生します．さらに，誰も他コンポーネントのコードを本気では気にしないため，所有者はコードや設計の代替案について，多くのフィードバックを得ることはありません．

**明確な境界**—自分たちの領域内であれば望むことを何でもでき，自分たちの作業を他のチームに妨げられない反面，簡単に統合することができなくなります．統合が失敗したときに，その担当が誰であるかを把握することですら，苦痛で時間がかかります．LeSS では，プロダクトのリスクを減らすために，プロダクト全体思考と継続的インテグレーションによって，サンドボックスを不要とします．

**深い専門性**—システムは複雑で，すべてを理解できる人はいません．チームは，長年にわたり専門的に扱ってきた独自の分野をもっており，作業をより良く，効率的にしています．

裏を返せば，専門化は，技術という 1 視点においてのみ行われるという事でもあります．(より局所最適である) この技術的な専門化は他の視点での専門化が進まないという代償を払うことになります．これについては，4.1.4 項の“ガイド：顧客ドメインでの専門化を優先”にて詳しく説明します．

コンポーネントチームモデルには，いくつかの重大な欠点があります[*5]．

- 不均衡で非同期な依存関係
- 価値よりもアウトプットの量へ注力
- シーケンシャルな工程と長いリリースサイクルをもたらす

これらの欠点と典型的な回避策を分析すると,「アジャイル」なコンポーネントチームをうまく機能させることは，おそらく不可能です．

**不均衡で非同期な依存関係**—顧客が必要とするのは機能であり，機能には複数のコンポーネントが関わる傾向があります．これはチーム間の依存関係を引き起こします．これらの依存関係は，(1) 不均衡です (たとえば，ゾンビチームには多くの仕事がありますが，ドラキュラチームには，ほとんど仕事がありません)．そして，(2) 非同期です (たとえば，ミイラチームが狼人間チームに依存する仕事をもっていても，狼人間チームはもっと重要なアイテムをもっているので，それに取り組まないでしょう)．これは深刻な調整と統合の問題を引き起こします．

典型的な答えは，(1) より多くの計画を立てる，(2) 調整のための新しい役割を設置する，(3) 定例の進捗会議をもつ「プロジェクトチーム」を立ち上げる，です．これらのいわゆる解決策は，すべて無駄です．依存関係は時間が経過しても解消されることはなく，既存のシステムの中で行うその場しのぎの対応は，痛み，苦しみ，ひどいコンフリクトの原因になります．誇張していると感じるかもしれませんが，体裁の整った進捗報告の裏で，実際に何が起こっているのかをしっかり見てみると，何年も取り組んでいるグループでさえ，グチャグチャになっています．

**価値よりもアウトプットの量へ注力**—技術視点での専門化によって，生産されたコードで測定されるアウトプットは増加するかもしれませんが，顧客にとっての価値に直結はしません．効率が機能の優先順位付けに影響する場合は，特にそうです．あなたの顧客は，多くのコードと価値のある機能の，どちらを望んでいますか?

**シーケンシャルな工程と長いリリースサイクル**—顧客の要求分析は，誰が行うので

---

*5　より多くの観点を含む完全なリストは，書籍 *Scaling Lean & Agile Development: Thinking and Organizational Tools for Large-Scale Scrum* の Feature Team の章か，`less.works` のフィーチャーチームを参照してください．

しょうか? コンポーネントチームの技術検討は誰がするのでしょうか? 顧客中心の機能全体を，誰が統合してテストするのでしょうか? 分析チーム，アーキテクチャチーム，それともシステムテストチームでしょうか? 受け渡しに問題のあるシーケンシャルな工程と，遅延を伴う長いリリースサイクルに逆戻りです．

これらの欠点はよく知られており，コンポーネントチームモデルで応急処置をしただけでは，解決できません．回避するにはフィーチャーチームモデルに移行することです．

### c. フィーチャーチームモデル

フィーチャチームは，図 4.3 に示すように，顧客価値を中心に構成されています．各チームは，顧客ドメインの 1 種類以上の機能を専門としていることでしょう．機能の種類には，診断，債券取引，管理などがありえます．

フィーチャーチームの利点

- 明確な機能の所有権
- 遅延を引き起こす依存関係がない
- 顧客の言葉で話す開発組織

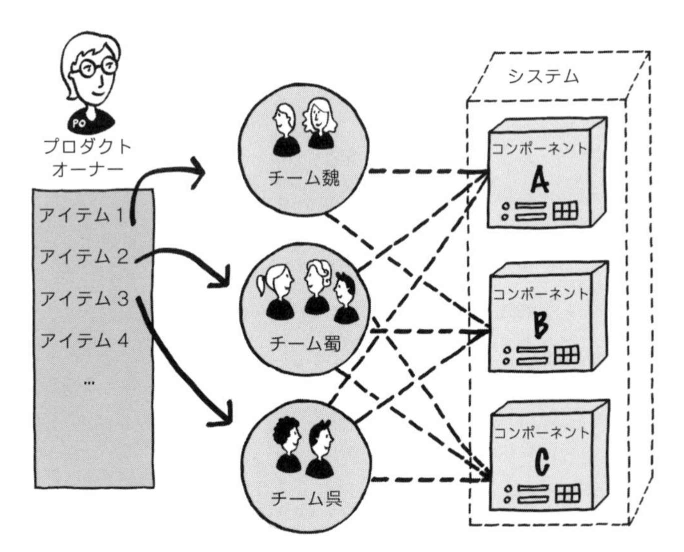


図 4.3 フィーチャーチームモデル

コンポーネントチームのモデルと同様，代償なしでは得られません．

**明確な機能の所有権**—顧客中心の機能全体を，既存システムで機能させる責任は誰がもちますか? 多くの組織はインテグレーションで，卓球をプレーするように他のチームに責任を押し付けあうのが大好きです．フィーチャーチームは顧客中心の機能に責任をもつため，フィーチャーチームになる事でこの課題は解消します．

裏を返すと，フィーチャーチームは複数コンポーネントの作業をすることになります．他のチームも，同時に同じコンポーネントの作業をし，コンポーネントの設計/コードに影響を与えます．多くの人は，面倒が増えることを心配しますが，単体テスト，徹底的なリファクタリング，継続的インテグレーション，複数チームでの設計ワークショップ，進化的設計などのモダンな開発技法を導入することで設計/コードの改善がされます．また，モダンな技術的手法を導入することで，コンポーネントの劣化を防ぎ，プロダクトを健全な状態にすることにつながります．さらに，コンポーネントメンターとコンポーネントコミュニティーは，学習の場を提供し，まだ慣れていないチームによるコンポーネントを変更することを支援します [コンポーネントメンターと複数チーム設計ミーティングについては，☞ 調整と統合 (13 章)]．

**遅延を引き起こす依存関係がない**—ある機能のためにコンポーネントを変更する必要がある場合，フィーチャーチームが変更を行います．彼らは別のチームが変更するのを待つことはありません．これにより，顧客に機能を提供するために同期する必要性が減り，機能要求から価値の提供までの時間が劇的に短縮されます．

裏を返すと，コンポーネントやプラットフォームを共有することになります．各フィーチャーチームが機能の実装に集中するだけでは，同じ機能が何度も実装される可能性があります．他のチームと協力する機会を失ってしまっているのです．これは，技術的な実装に関するチーム間の協力を強化することで解決できます．このための便利なテクニックは，マルチチーム・プロダクトバックログリファインメントまたはマルチチーム・スプリントプランニング 2 です [ ☞ PBR (11 章)，調整と統合 (13 章)]．

**顧客の言葉で話す開発組織**—フィーチャーチームは顧客と同じ言葉を話し，顧客に説明を直接求めることができます．これによりチームは，何を，なぜ，誰のためにつくるのかを理解し，より目的のある作業ができます．また，顧客と開発者の間の間接的な層 (アナリスト，プロダクトマネージャー，プロジェクトマネージャー) も削減されます．

一方で，エンジニアの中には，顧客とのコミュニケーションを，必要なスキルと考えていない人もいます．エンジニアによっては顧客と話したくない人もいれば，話せない人もいるかもしれません．私たちの経験によれば，スキルを広げることは得るものが大きいものの，最初は不快に感じるエンジニアもいました．フィーチャーチームモデルには，特有の解決すべき課題があります．

- 開発者はシステムのより多くの部分を学ぶ必要がある
- 乱雑なコード/設計につながる可能性がある
- 作業の分割方法に影響する

これらは深刻な課題ですが，克服できないものはありません．

**開発者はシステムの多くの部分を学ぶ必要がある**—開発者はシステムの多くの部分を学ぶ必要があります．ただし，開発者やチームは，システム全体を知る必要があるというのは，よくある誤解です．チーム内の人は一番得意な分野をもち，チーム自体も専門とするエリアをもちます．50 のコンポーネントをもつシステムを想像してみてください．従来の開発では，開発者は 1 つのコンポーネントを熟知しています．フィーチャーチームでは，2，3 についてを深く知り，10 くらいについて浅く知る必要があります．ただし，50 のすべてを知る必要はありません [ ガイド 現在のアーキテクチャワークショップ (13.1.8 項)]．

**乱雑なコード/設計につながる可能性がある**—前述のように，コンポーネントの所有権を廃止すると，コード/設計が劣化する可能性があります．これは「共同責任は無責任も同じ」という考えから生まれます．技術的卓越性とモダンな技術的手法は，こういったコード/設計の劣化を防ぐことができます．さらに，このような劣化は放っておいても起こらないこともあります．開発者は，他人にコードを見られることがわかっており，自身のエンジニアとしての評判を維持するために，さらに努力をするからです．コードへの誇りを，刺激しましょう [具体的な方法については，☞ 調整と統合 (13 章)]．

**分割の方法は仕事の仕方に影響を及ぼす**—コンポーネントチームでは，作業を技術コンポーネントの単位でタスクに分割します．これは通常，アーキテクト，アナリスト，仕様作成者といった，チームとは別の人やグループによって行われます．この種の分割は，フィーチャーチームでは不要です．作業を分割する必要はありますが，プロダクトバックログリファインメント時に顧客視点で分割されます．顧客中心の分割は難しくはありませんが，従来とは異なります．顧客中心の分割を理解しなければ，フィーチャーチームなどありえないと感じるでしょう [ ガイド 分割 (11.1.6 項)]．

フィーチャーチームへの移行に伴うこれらの課題は，現実にあるものですが，解決可能なものです．フィーチャーチームへの移行は，4 チームの LeSS の導入では難しくありませんが，一方，100 チームの LeSS Huge の導入には数ヵ月，場合によっては数年かかります．しかし，それは可能であり，確実に利益があります．

#### d. コンポーネントチームとフィーチャーチームにおける依存関係

図 4.4 に両方のモデルを表してみましたが，比較すれば重要なことに気づくでしょう．

コンポーネントチームの大きな問題は，顧客中心の機能に関連する，チーム間の依存関係の非同期性です．フィーチャーチームは依存関係を解消し，依存関係にブロックされることなく，共同作業を通じて，チームが互いに利益を得る機会をつくります．1980 年代の技術的手法は，コーディング前にたくさんのドキュメントを作成し，すべての部品が完成してから初めて結合します．このアプローチは本当の意味での共同作業ではないので，非常に辛い結果となります．しかし，現代のアジャイル開発手法では，クリーンなコード，徹底的なリファクタリング，継続的インテグレーションを重視するため，本当の意味での共同作業が可能となります． コンポーネントチーム間で依存関係が発生する問題は，構造と常に変化が生じる問題なので本質な解決はできません[*6]．

したがって，LeSS では，チームの大半をフィーチャーチームにする必要があります．

### 4.1.3 ガイド：フィーチャーチーム導入マップ

コンポーネントとは何ですか? フィーチャーとは何ですか? 機能的な専門化とは何ですか? これまで二元論で見てきましたが，答えは連続したつながりのどこかにあります．あるグループの作業範囲が 1 つのクラスに限定され，別のグループはサブシステム全体が作業範囲だったとしましょう．彼らは異なるタイプのコンポーネントチームです．

機能的な専門化についても同様に，作業範囲の規模の違いが存在しえます．プロダクトグループによっては，5 つのレベルのテストが存在したりします．その場合「チームの作業範囲にテストを含める」といっても意味は非常に曖昧です．

図 4.5 に示すように，これらの範囲をグラフに描くことで，フィーチャチームの導入と予期できる組織的な変化について，いくつかの洞察が得られます．

---

*6　組織がコンポーネントチームの欠点を解決しようと，何度も繰り返し試みるのを見てきましたが，問題は決して解決されません．残念なことですが，大半の組織はそのことを自力で学ばなければなりません．

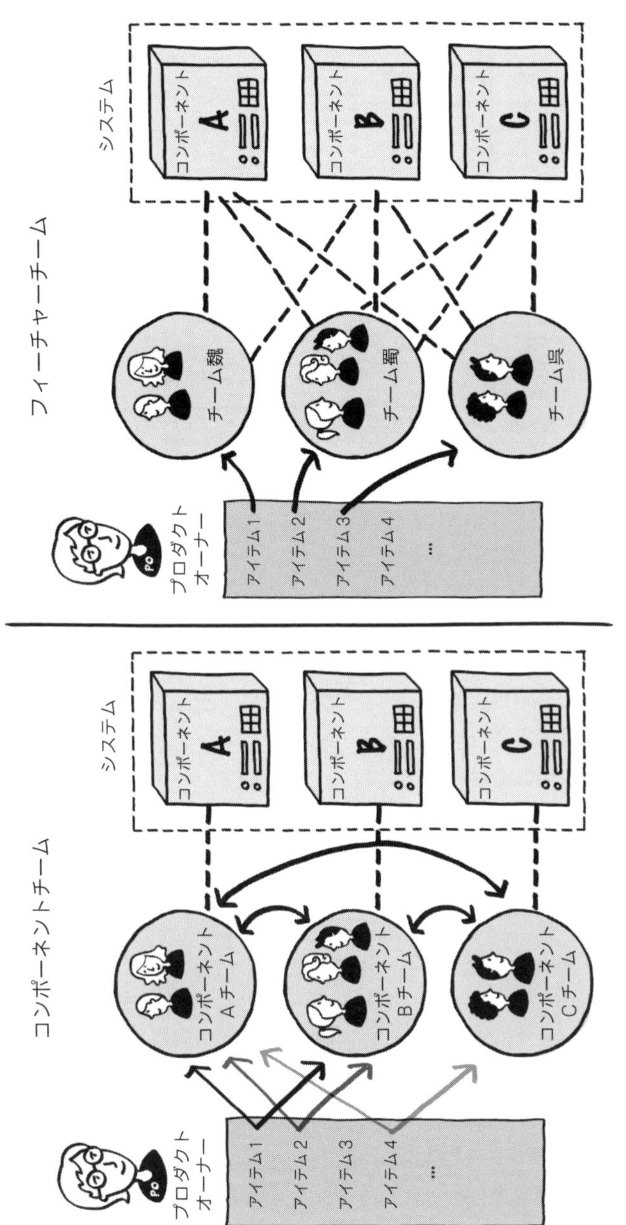


図 4.4 フィーチャーチームとコンポーネントチームのモデル比較

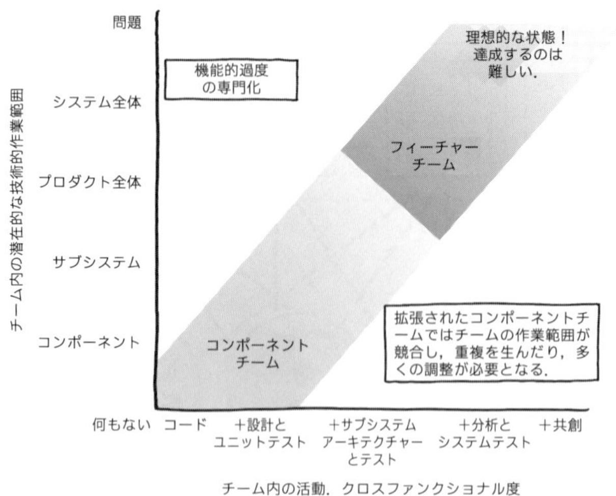


図 **4.5**　フィーチャーチーム導入マップ

$Y$ 軸は，アーキテクチャの分割単位およびプロダクトの定義の拡張として表現されたチームの作業範囲が徐々に増加することを表しています．$X$ 軸は，徐々に増加するDoneの定義として表現されたチームのクロスファンクショナルの度合いを表します [プロダクトの定義については，☞ プロダクト (7 章)，Doneの定義については，☞ Doneの定義 (10 章)].

図 4.5 は，4 つの領域を示しています．

**コンポーネントチーム**—(1) エンドユーザー中心の機能ではなく，プロダクトの一部に重点を置く，または (2) プロダクトインクリメントを提供するのではなくタスクを完了することに重点を置くチームは，コンポーネントチームです．作業範囲が狭くなり，専門化が進むほど，コンポーネントチームの問題は大きくなります．

**フィーチャーチーム**—プロダクト全体に焦点を当て，顧客中心の機能に携わり，それらをテストするチームは，フィーチャーチームです．フィーチャーチームにも作業範囲の大きさがあります．必要とされる機能を実装するだけに限定されている事もあれば，プロダクトの定義がとても広い場合，顧客の問題を特定し，周囲を巻き込みながらプロダクト全体を共創していく場合もあります [より広範なプロダクトの定義については，☞ プロダクト (7 章)].

**専門チームよりも機能チーム**—広いスコープで限られたタスクのみを実施するチー

ムは，おそらく，過度な専門化がされているでしょう．過度な専門化は，タスクの受け渡しにより多くの無駄が発生するため，避けるべきです．

**拡張コンポーネントチーム**—特定のコンポーネントに作業のスコープが限定されていても，より広い範囲で動作することに責任をもつチームは，拡張コンポーネントチームです．チームには,「コンポーネントスコープ」と「プロダクト全体スコープ」の両方の制約があるため，内部的に競合します．この競合によって，(1) 複数のチームが同じテストを作成するという作業の重複が発生するか，(2)「プロダクト重視」のテストをチーム間で調整する，余計な手間が必要になります．要求の明確化においても同様に，スコープの重複が発生します．プロダクトオーナーは，スプリントの最後にアイテムを完全に完了させることを，チームに思い出させる必要が出てきます．拡張コンポーネントチームは，おそらく素のコンポーネントチームよりも改善されていますが，フィーチャーチームによるメリットには，遠く及びません [(プロダクトオーナー ガイド いい人になるな (8.1.10 項)].

完璧なフィーチャーチームとは，システム全体を横断し，実際のユーザーとプロダクトを共創するチームです．これは好ましくとも達成困難な，完璧な目標といえるでしょう．

### a. 例

完璧な目標と一緒に先ほどのチャートを**フィーチャーチーム導入マップ**として使用できます．次の 2 つの例を見てみましょう．

図 4.6 のフィーチャーチーム導入マップは，LeSS Huge を導入した巨大なテレコムプロダクトのものです．彼らは導入を始めたときは一般的なコンポーネントチームでした．導入に際して彼らはチームの対応範囲を拡張するという戦略を選択し，まずは拡張したコンポーネントチームをつくりました．次の数年間の彼らの目標は，プロダクト全体を対応範囲とするフィーチャーチームに移行することです．ただし，ある単一のプロダクトグループによって作成された共有コンポーネントがあり，そのコンポーネントを対象範囲にいれるには組織の大幅な変更が必要となるため，このコンポーネントは現時点の目標からは除外されています．

システム全体までスコープを拡大するには，それぞれが数百万行のコードからなるいくつかのコードベース，膨大な量の機能的な専門化，膨大な人員の完全な再構成が必要となり，困難です．したがって，プロダクトグループ間の調整と統合の活動は，今後十数年間はそのまま残り，引き続き頭痛の種となってしまうでしょう．

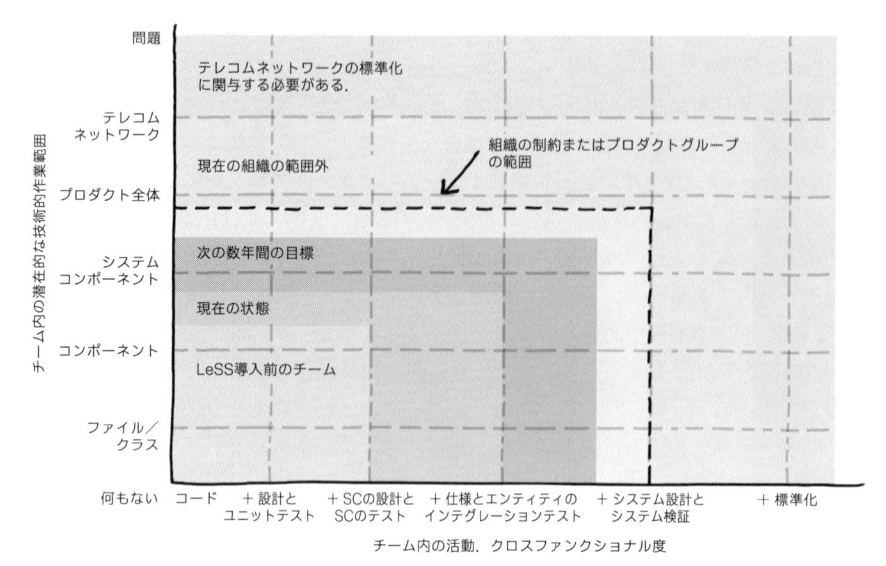


**図 4.6**　テレコムシステムのフィーチャーチーム導入マップ

図 4.7 のフィーチャーチーム導入マップは金融取引システムのものです．テレコムプロダクトグループよりは，はるかに小さな LeSS Huge の導入です．彼らはテレコムプロダクトグループと同じ出発点から導入を始めましたが，一斉に導入する戦略を採ることに決めました．本番環境へのデプロイはまだフィーチャーチームのスコープ外ですが，これは Done の定義がまだ不完全な状態であることに表れています．

一斉に LeSS Huge を導入すると組織の変化の許容範囲を超える事が多いです．なので，私たちは，一斉に LeSS Huge を導入することをお勧めしません．これはその 1 例です．プロダクトグループは，1 つの例外を除いてプロダクト全体にフィーチャーチームを導入しました．この例外となった部分が非常に重要なコンポーネントで，別のプロダクトグループが担当していたのです．これにより，導入に大幅な遅れが生じてしまいました．大規模な組織変更は厄介な政治の温床となってしまうのです．

### b.　意思決定を支援する

フィーチャチーム導入マップは，LeSS を導入する際の重要なツールです．なぜなら，下記のような意思決定をする際に役立つからです．

- **「すべて」とは何か?**—小さい LeSS フレームワークの導入では，一斉にフィーチャー

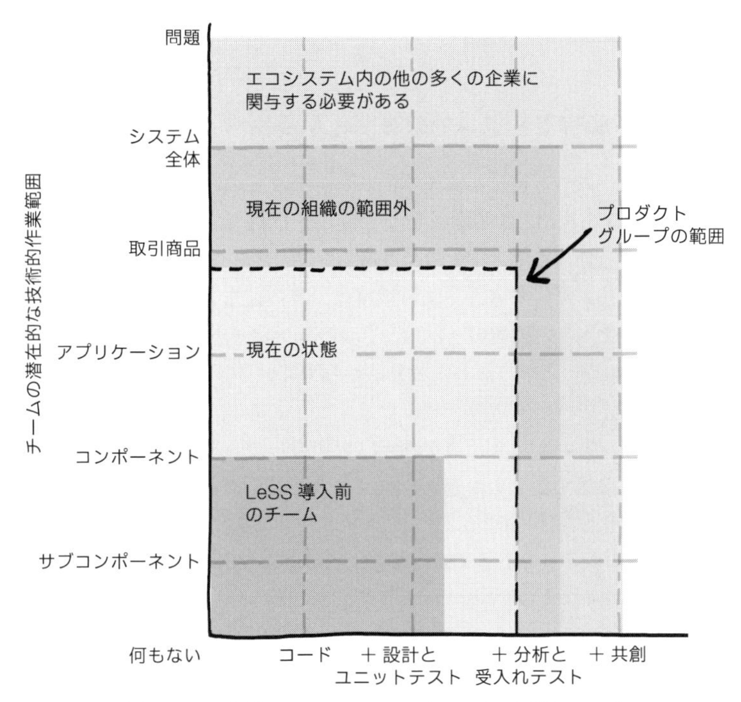


図 **4.7** 金融取引システムのフィーチャーチーム導入マップ

チームに変更することが必要です．フィーチャーチームのスコープによって「すべて」に誰が含まれるかが決まります．

- **将来の改善目標**—フィーチャーチーム導入マップは，テレコムプロダクトグループが行ったように将来の目標設定に使用できます．将来の目標は，Done の定義の拡張と密接に関連していることが多いです．現在の組織の境界を越えて拡大することは,「政治的」境界に関わる苦労を伴うため，マップには期待される変化とその難易度も示されます．
- **LeSS それとも LeSS Huge?**—フィーチャーチームの範囲は導入の規模に影響を及ぼし，LeSS ではなく，LeSS Huge の導入になることもあります．たとえば，ネットワークパフォーマンスツールという顧客中心のプロダクトがあるとします．その開発グループの規模から小さな LeSS フレームワークの導入となるでしょう．しかし，ネットワークパフォーマンスツールが，常にネットワーク管理システムに統合されて販売されているものだということに気づくと，プロダクトの範囲が変更され，

LeSS Huge の導入になる可能性が高まります．

### 4.1.4　ガイド：顧客ドメインでの専門化を優先

フィーチャーチームの背後にある基本的なコンセプトの 1 つは，技術ドメインではなく，顧客ドメインを専門とする組織をつくることです．このコンセプトは他の LeSS の組織構造を考える際にもガイドとなります．

フィーチャーチームに対するよくある誤解は，専門化を完全に放棄することにつながるというものです．この誤解の一部は，1 つのコンポーネントに完全に特化するか，まったく特化しないか，という誤った二分法から来ています．これについては，フィーチャーチームの記述で幅広く取り上げていますが，この誤認は専門化がコンポーネントに限定したものだという一次元的な考えにも起因しています．専門化は多面的です．多面的な専門化を探求することが適切なバランスを見いだします．

専門化に関する考え方は一般的にフィーチャーチーム導入マップに示されているように，機能スキルやコンポーネントのことを指します．しかし，専門化には，他の側面が存在します．プログラミング言語，ハードウェア，オペレーティングシステム，API，市場，顧客のタイプ，機能のタイプなどです．これらは (1) 技術 (コンポーネント，OS など)，または (2) 顧客指向 (市場，機能の種類など) としてグループ化できます．これらの側面からフィーチャーチームの導入を見ると，図 4.8 のようになります．

LeSS は，ユーザーと開発者の距離を縮めます．従来の大規模なプロダクトグループでは，ユーザー視点はほとんど失われてしまいます．フィーチャーチームは，顧客価

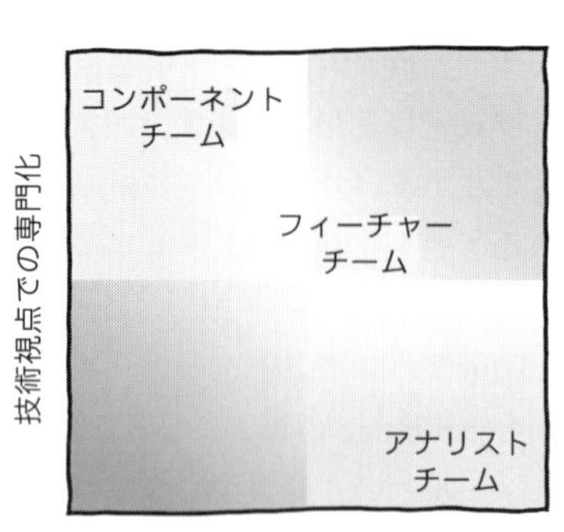


図 4.8　専門化の 2 つの側面

値によって組織を構成する 1 つの方法ですが，唯一の方法ではありません．顧客ドメインでの専門化を優先するという原則により，他の構造を選択する場合もあります．

たとえば，銀行が提供するサービスのモバイルアプリを作成する場合，iOS チームや Android チームなどのプラットフォームによって組織されるのが一般的です．これらのチームはフィーチャーチームであり，技術面，つまりプラットフォームに特化しています．かわりに，モバイル決済，アドミン，レポートなどの顧客ドメインによって組織することもできます．これにより，チームは複数の異なる機能を 1 つのプラットフォームだけに実装するのではなく，同一の機能を複数のプラットフォームに実装することになります．

さて，どちらの専門化が優れているのでしょうか? 従来の組織は技術面で専門化する傾向があります．なぜでしょう? たぶん，技術はより困難であると認識されており，それゆえに技術面で専門化することはより速い開発につながるという考えなのでしょう．LeSS では，実在のユーザとのコラボレーションを高め，受け渡しのムダを取り除き，作業をより意味のあるものにするために，顧客ドメインでの専門化を推奨します．別の例を見てみましょう．

私たちはグラフィックスカードをつくる会社と一緒に仕事をしました．彼らは，技術面から組織を構築していました．(1) ハードウェアチーム，(2) Linux ドライバーチーム，(3) Windows ドライバーチームです．これらはコンポーネントチームであり，フィーチャーチームへの移行には，ハードウェア/ソフトウェアのクロスファンクショナルチームが必要です．クロスファンクショナルチームへの移行は実現可能ですが，多くのハードウェア企業では文化的理由から簡単ではありません．ソフトウェアチームは，さらにドライバ API 毎に専門化していました．この組織では，OS ドライバの API を学ぶことが，自社プロダクトであるハードウェアを理解するよりも重要で困難であると考えられているようです．LeSS では，顧客を中心とする組織化を推奨しており，このケースでは組織を (1) 2D グラフィックスチップチームと (2) 3D グラフィックスチップチームとすることになります．

技術による専門化と顧客による専門化の最適なバランスとは，何でしょうか? 難しい決断です．LeSS を導入する場合，顧客ドメインでの専門化を優先します．

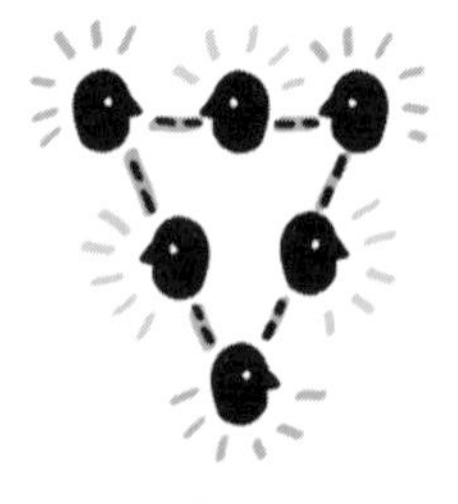

図 4.9

### 4.1.5　ガイド：LeSS の組織構造

組織構造を編成するには，どのようにしますか? もちろん，組織によって異なりますが，LeSS の組織は驚くほど単純な構造になる傾向があります．LeSS の組織と，従来の組織との異なる点は，(1) チームを中心に仕事が構成され，(2) スキルの不一致が既存のチーム内の学習と調整をもたらすため，構造が安定していることです．

典型的な LeSS の組織図を図 4.10 に示します．

注目すべきは，ここには以下の組織がないことです．

- **機能別組織はありません．** プログラミングのスキルをもつチームメンバーが開発マネージャーに報告し，テストのスキルをもつメンバーが QA マネージャーに報告するようでは，素晴らしいチームにはならないでしょう．なぜでしょうか?QA の担当

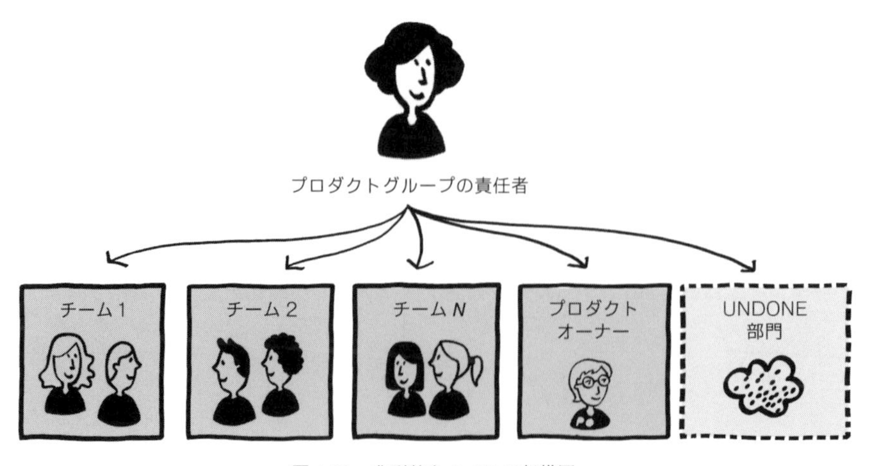


図 4.10　典型的な LeSS の組織図

者には実際に作業を一緒に行うチームと QA マネージャーの双方に対し，同等の忠誠心をもつ事は難しいからです．LeSS では，機能別組織を廃止し，かわりにクロスファンクショナルなライン組織をつくることによって，忠誠心の競合を回避します．

- **プロジェクト/プログラムの組織やプロジェクト/プログラムマネジメントオフィス (PMO) を避ける．** これらの従来の管理組織は，責任をフィーチャーチームとプロダクトオーナーで分散して受けもつため，LeSS の組織には存在しません．従来の管理組織を維持しようとすると，混乱と責任の対立がおきます．
- **構成管理，継続的インテグレーション支援，「品質とプロセス」などの支援グループはありません．** LeSS の組織では，専門化したグループによる複雑な組織をつくるより，既存のチームに作業を任せるように，責任を拡大することを優先します．専門化した支援グループは，自分の領域を守るようになりがちで，ボトルネックにつながります．

LeSS の組織を見てみましょう．

**プロダクトグループ長**—プロダクト開発をするほとんどの LeSS の組織には，「プロダクトグループ長」を含むマネージャーがまだいます．現地現物でチームをサポートし，障害を取り除き，改善するのを助けます．(マネジメントの章でマネージャーの責任を取り扱っています．) LeSS の組織にマトリックス構造はなく，直属の上司以外のマネージャーは存在しません [マネジメントの役割の詳細については，☞ マネジメント (5 章)]．

「プロダクトグループ長」という名前があなたを混乱させるかもしれません．おそらくそれは，組織によってかなり異なる用語を使用しているからです．私たちが意味することは，それが何とよばれているかに関わらず，すべてのチームのラインマネージャーです．

**フィーチャーチーム**—ここで開発作業が行われます．各チームには，スクラムマスターがおり，クロスファンクショナルで自己管理しているフィーチャーチームです．チームは，プロダクトの期間中 (そして時にはより長く) 一緒にいる永続的な単位です．すべてのメンバーは，直属のマネージャーとしてプロダクトグループ長をもつことが好ましいです．私たちは，ほとんどの管理がチームに引き継がれ，直属のマネージャーがすべて同一人物である 150 人の組織を見たことがあります．しかし，一部の大規模な LeSS 組織には，ラインマネージャーのチームがつくられたりします．可能であれば，組織の複雑さは回避してください．

**プロダクトオーナー (チーム)**—これは一般に「プロダクトマネジメント」ともよば

れます．これは1人でも構いませんが，より大きなLeSS組織ではプロダクトオーナーが他のプロダクトマネージャーによってサポートされる場合もあります．

この組織構造の重要なポイントは，チームとプロダクトオーナーが対等であり，階層関係がないことです．私たちは，役割間でのパワーバランスを保つことが重要であることを見いだしました．チームとプロダクトオーナーは，可能な限り最良のプロダクトを構築するために協力的で対等な関係をもつべきであり，対等な構造がこれをサポートしています．この点については，8章(プロダクトオーナー)で詳しく説明します．

この組織構造は，特にプロダクトをつくる会社にとって一般的です．よくある代替案，特に内製開発では，プロダクトオーナーが異なる組織，つまりビジネス側に属していることです．したがって，彼はプロダクトグループ長の権限下には属してない事になります．これは推奨されることですが，プロダクトオーナーとチームの関係を近づける為に努力が必要になる場合があります [ ガイド 誰がプロダクトオーナーになるべきか? (8.1.1項)]．

**Undone部門**—理想的には，この部門は存在しない方が良いでしょう．

残念ながら，チームがまだスプリントごとに本当に出荷可能なインクリメントを作成できないことがあります．これは,「出荷可能」と「Doneの定義」が不一致であることを示しています．これらの差分は，**Undoneワーク**とよばれます．誰かがこのUndoneワークを行わなければなりません．一般的な「解決策」は,「Undoneワーク」の対応をする別のグループをつくることです．これが，Undone部門です．詳細は,「Doneの定義」の章を参照してください．

テスト，QA，アーキテクチャ，ビジネス分析グループなどのUndone部門は，小さなLeSSフレームワークのグループには，決して存在するべきではありません．むしろ最初からチームに統合されているべきです．一方で，残念なことに，LeSSの導入では，しばしば組織の境界を越えるため，オペレーションや生産のUndone部門がつくられてしまうのをよく見かけます．

すべてのLeSS導入の目標は，Undone部門をなくすことです．これには，どれくらいかかるのでしょうか? その答は，組織が能力を向上する速さに大きく依存します．

### 4.1.6　ガイド：複数拠点でのLeSS

われわれがオンラインゲームの会社で働いていたとき，新しいプロダクトオーナーが参加してきました．新しいプロダクトオーナーは「私のチームはどこに?」と尋ねました．誰かが，東ヨーロッパの 3 都市の名前を挙げました.「最初の都市への飛行時間はどれくらいですか?」と尋ねたところ，笑いが起きました.「空港はありません．キエフに飛んで 3 時間の電車に乗る必要があります!」 新しいプロダクトオーナーは愕然としていました．その後，その拠点は閉鎖されました．

プロダクト開発は，同じ拠点で行うのが最善です．しかし，複数の拠点があってもよい (あまりお勧めしませんが) 理由もあります．拠点戦略に次の原理・原則を適用してください．

**拠点を減らす**—外部の要因で，複数拠点が避けられない場合もあります．それでも，可能な限り同一ロケーションに配置する，という方針をとってください．より小さい拠点を閉じ，少なくとも時差を減らします．

**時差を減らす**—時間は距離よりも大きな障害です．ホワイトボードの前で全員が対話することには劣りますが，ビデオやテキストチャットなどで物理的な距離による問題を軽減することはできます．しかし，時差を克服する唯一の方法は，勤務時間をずらすことです．ほとんどのチームはそうしたくないので，大きな時差があると，コミュニケーションが 1 日遅れてしまいます．

**チーム全員が同一ロケーション**—チームメンバーはチームの仕事の責任を共有します．共有責任には，強い信頼が必要です．残念なことに，顔を会わせず，直接対話もしない人を信頼することは困難であると知られており，距離は不信感を生みます．さらに，同じチームメンバーは，お互いに学び合うために一緒にいる必要があります．

**機能スキルに専門化した拠点をもたない**—機能的専門化による業務分担は，不幸にも，よくあることです．たとえば，1 つ目の開発拠点と 2 つ目の (より安い) テスト拠点です．この仕事の分割では，すべてのクロスファンクショナルチームが複数拠点にメンバーをもつことになるため，LeSS では上手くいきません．

**コンポーネントに特化した拠点をもたない**—もう 1 つのよくある「拠点の責任」を決定する方法は，アーキテクチャ図を利用してアーキテクチャの一部を拠点に割り当てることです．これは，フィーチャーチームの採用時にはうまくいきません．

## 4.2 LeSS Huge

スケーリングするとき，次のような背景と課題があります．

**顧客中心**–大規模開発では，顧客のことが忘れられがちになります．組織に構造が増えるほど顧客中心から技術中心に向かっていってしまいます．どうすればこれを防げるのでしょうか?どうすれば 1 000 人規模の開発でも顧客との距離を近く保てるのでしょうか?

**少なくすることでもっと多く**—LeSS Huge に拡張する場合，組織構造の追加は避けられません．要求エリアとエリアプロダクトオーナーという役割は，フレームワークを小さく保ちながら必要な組織構造を提供します．

### LeSS Huge ルール

> 顧客視点で強く関連する顧客要求は，要求エリアにまとめます．
>
> 各チームは 1 つの要求エリアに特化します．チームは長期間 1 つのエリアにとどまりますが，他のエリアに，より価値があると判断した場合チームは要求エリアを変更することもあります．
>
> それぞれの要求エリアには，1 人のエリアプロダクトオーナーがいます．
>
> それぞれの要求エリアには,「4–8」チームが含まれます．この範囲を越えてはいけません．

### 4.2.1　ガイド：要求エリア

要求エリアは，取引処理や新興市場など，顧客視点で論理的にまとまったプロダクトバックログアイテムのまとまりです．要求エリアごとに，個別の (小さい) LeSS の導入のように扱います．要求エリアには，以下のものが含まれます．

- **エリアプロダクトバックログ**—1 つのエリアに属するプロダクトバックログのサブセットです．これは個別のバックログではなく，論理的にはプロダクトバックログをもととする 1 つのビューですが，個別のバックログとして管理される場合もあります．これについては，プロダクトバックログの章で説明しています．
- **エリアプロダクトオーナー**—顧客要求の論理的エリアを専門にする個別の「プロダクトオーナー」です．エリアプロダクトオーナーはチームのプロダクトオーナーとしてふるまいます．また，プロダクトオーナーチームの一員として，プロダクト全体思考を保つために，全体のプロダクトオーナーや，他のエリアプロダクトオーナーと協力します．これについては，プロダクトオーナーの章で説明しています．
- **フィーチャーチーム**—顧客の言葉で話ができる範囲でプロダクトの一部を専門とするチームです．各チームは，1 つの要求エリアに含まれます．

要求エリアは,「8 チーム」以上にスケーリングするとき，LeSS に追加する主要な構造であり，同時に LeSS Huge にするということになります．この構造は LeSS をスケーリングするときに起きる以下の問題を解決するためにつくられました．

- **大きすぎるプロダクトバックログ**　1 スプリントあたり 1 チームが対応するアイテムを 4 つとして，3 スプリント分が分割され，明確なアイテムになっていて，全体で 20 チームあるとします．これは，プロダクトバックログの詳細化されたアイテムが 240 あることを意味します．詳細化されたアイテムが非常に多くあるだけでなく，リファインメントされていないアイテムも多いため，プロダクトバックログは扱いにくいものになります．
- **プロダクトオーナーの手に負えなくなる**　1 人のプロダクトオーナーは，何チームまで一緒に仕事ができるのでしょうか? プロダクトオーナーが各アイテムの詳細な明確化に関わらず，優先順位付け，顧客，チームとのコラボレーションに集中している場合でも 5–10 チームの間に限界点があります (たとえば「8」)．それ以上では，プロダクトグループの内側と外側の両方に集中し，バランスをとることが持続可能ではなくなります．
- **多すぎるミーティング参加者**　20 チームから 2 人のチーム代表が参加する大きなスプリントプランニングになってしまいます．その規模の会議では，生産的かつ集中を保つのは難しいです．
- **チームが集中力を失う**　チームは，あまりにも頻繁に集中する対象を変えたり，広すぎる領域をカバーしたりすると，不満がたまり，生産性が下がります．顧客中心のエリアでチームを特化させることにより，生産的なチームをつくるために必要な集中をつくり出します．

図 4.11 に，要求エリアの構造の例を示します．

プロダクトバックログには，すべてのプロダクトバックログアイテムが含まれています．これらの各アイテムは，どれか 1 つの要求エリアに割り当てられます．それぞれの要求エリアには，1 人のエリアプロダクトオーナーがおり，その要求エリアに属するすべてのアイテムが，エリアプロダクトバックログとなります．各チームは，1 つの要求エリアに長期間所属します．

全体のプロダクトオーナーは，すべてのエリアのアイテムの価値をチェックします．エリア間の価値の差が大きすぎる場合，プロダクトオーナーはチームを別のエリアに移動することができます．このようにして，プロダクトオーナーはプロダクト全体の投資対効果に集中できます．

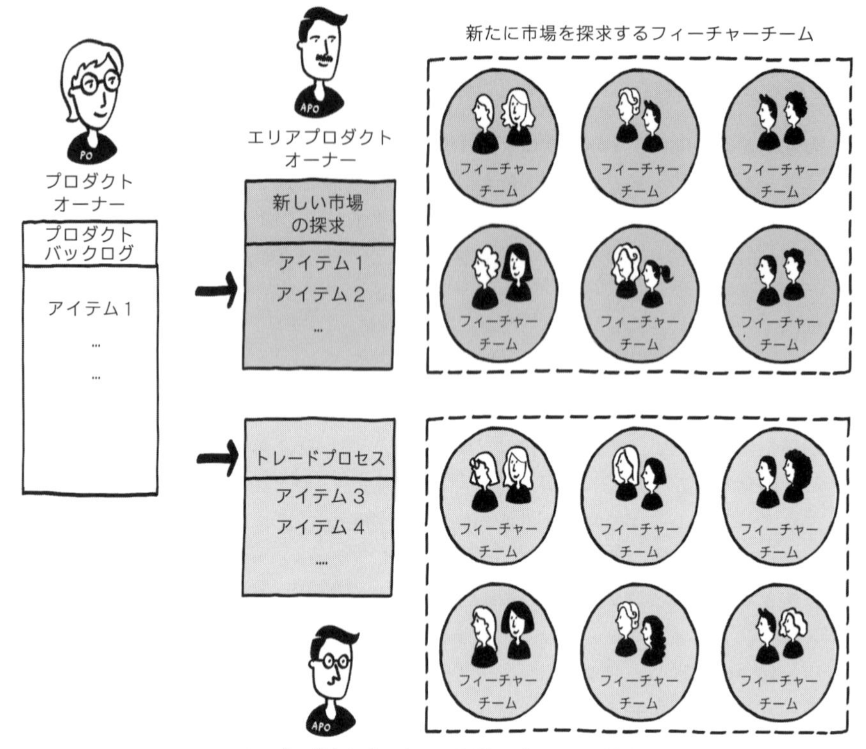


図 **4.11**　要求エリア

## 4.2.2　ガイド：流動的な要求エリア

要求エリアには，4–8 つのチームが含まれます．しかし，なぜ 4 つなのでしょうか? 要求エリアを小さくすると，透明性の欠如と部分最適化を招きます．どうしてでしょうか? まずは，時間の経過と要求エリアの進化について見てみましょう [ ガイド LeSS Huge 物語：新しい要求エリア (2.3.6 項)].

**誕生**—新たな要求エリアの生まれ方には 2 種類あります．

- 「大きくなり過ぎた」要求エリアは，2 つの小さな要求エリアに分割します．エリアバックログ内のアイテムをグループ化して，自然な分割を見つけるのが，最善の方法です．この方法は，新しいエリアをつくる良い方法です．また，LeSS から，LeSS

Huge に成長させる際も同じやり方をします [(エリアが大きくなりすぎている兆候については ☞ ガイド：要求エリア (4.2.1 項)].

- 以前の機能とは大きく異なる，(おそらく大きな) 新しいプロダクトをつくる機会が生まれることがあります[*7]．その場合，まったく新しい要求エリアをつくり，1 つのチームをそこに移動し，少なくとも 4 チームに徐々に成長させていきます [ ガイド 巨大な要求を扱う (9.2.4 項)].

**中期**—要求エリアの相対的な重要性は，その存続期間中に変化します．これは，顧客が要求エリアを上手く分割できず，1 つのエリアの優先順位が高くなり，他方のエリアは優先順位が低くなるためです．全体のプロダクトオーナーは，これを認識し，チームを最も価値のあるエリアに移動することで，要求エリアを動的に調整する責任があります．

要求エリアが動的でない場合，これは深い組織的な問題を示唆しています．

**引退**—要求エリアには常に小さな変更が入るため，要求エリアが単に消えることはまれです．しかし，エリアは 4 チーム以下に縮小することもあります．そのとき，どうするのでしょうか? 要求エリアを統合します．2 つの要求エリアを選び，そのスコープが同じになるように拡張してから，エリアバックログをマージして，一方のエリアプロダクトオーナーを継続して配置します．組み合わせて意味のあるスコープとなるのが最適ですが，それが無理な場合は，1 つ目の要求エリアの名前と 2 つ目の要求エリアの名前を「○○と□□」のようにつなげてしまい，とりあえず始めましょう．

さて，なぜ小さなエリアを組み合わせ，4 チームより小さいエリアを避けるのでしょうか? 小さな要求エリアは，全体のプロダクトオーナーが，要求エリア間の優先順位付けをする際に，多くの作業が必要になり，要求エリアを頻繁にいじることになります．最悪の場合，そうなるどころか，要求エリア間の優先順位付けが失われ，プロダクトバックログの全体像も見えなくなります．(これは，拠点と要求エリアを合わせている場合によく発生します.) 小さな要求エリアは，通常，以下の問題の兆候です．(1) 強すぎるエリアプロダクトオーナーによりサイロ化した要求エリア，(2) 顧客重視の欠如により，優先順位がない全体のプロダクトバックログ，(3) エリアプロダクトオーナーが明確化に関与しすぎているため，2 つ以上のチームに対応できない [ ガイド 複数拠点での LeSS (4.1.6 項)].

---

*7 これはまったく新しい市場かもしれないし，多くのチームが何ヶ月もかかる非常に大きな機能かもしれません．

### 4.2.3　ガイド：フィーチャーチームへの移行

LeSS (小さいフレームワーク) を導入する場合，フィーチャーチームへの移行は一斉に進めていきます．しかし，LeSS Huge を導入する場合は，いくつかの移行戦略から選択することができます．最も良い方法はどれでしょうか? 下記の簡単な手順は，あなたの組織における最適な戦略を決定するのに役立ちます．

(1) 状況を見極める．
(2) 移行戦略を決定する．

もっと深く探求してみましょう．

#### (1) 状況を見極める

フィーチャーチームへの移行は，いくつかの要因による影響を受けます．

**プロダクトグループの規模**—10 チームのプロダクトグループは，100 チームのプロダクトグループよりも，明らかにフィーチャーチームへの移行が簡単です．

**プロダクトの存続期間**—30 年後も存続しているであろうプロダクトは，ゆっくりとした変化を許容でき，表面的にはリスクが低い傾向にあります．しかし，ほんの数年しか存続しないであろうプロダクトには余裕がなく，速く変化しなければなりません．

**コンポーネントと機能の専門化の程度**—専門化が進んでいると，フィーチャーチームの導入はより大きな変化が必要となります．フィーチャーチーム導入マップを使用して，コンポーネント/機能の専門化の現状を確認しましょう．

**開発拠点の数**—開発拠点が増えると，フィーチャーチームの導入が難しくなります．拠点が特定のコンポーネントや機能に特化している場合は二重に難しくなります．拠点の専門化は，クロスコンポーネントとクロスファンクショナルな学習の障害になります．

#### (2) 移行戦略を決定する

移行戦略は大雑把に 3 つあります．

**一斉に**—この戦略は，LeSS の導入で利用されます．LeSS Huge において，一斉に導入するのは，必要とする組織変更の量が多いため，あまり一般的ではありません．ただし，(1) プロダクトグループが比較的小さいとき，(2) プロダクトの存続期間が短いとき，(3) 専門化が少ないとき，(4) 開発拠点が 1 つで同一ロケーションであるときには，一斉に導入するのは良い戦略です．一斉に LeSS Huge を導入する際に，よくある間違いは，必要な学習とコーチングを過小評価することです．

**コンポーネントチームの責任を徐々に拡張する**—組織の現在の状態をフィーチャーチーム導入マップにプロットし，チームのスコープを拡大する将来の目標を示すことができます．クロスファンクショナルの拡張は，Doneの定義を拡張することによって実現されます．詳しくは，10章 (Doneの定義) を参照してください．

私たちはこの移行戦略に，何度も直面しました．それはうまくいくこともありますが，大きな弱点がいくつかあります．(1) メリットが少ない状態でフィーチャーチームとコンポーネントチームの両方の欠点に苦しめられる期間が続く．(2) チームがまだコンポーネントチームである状態で顧客中心の要求エリアを導入することは困難．

しかし，この移行戦略は，複数の拠点が存在する環境では，それぞれの拠点で多くの学習が必要となるので，良いアプローチとなります．

**並列組織**—この戦略では，既存のコンポーネントチームの組織をそのまま維持し，隣に並列組織としてフィーチャーチームの組織を徐々に構築します [ ガイド 一度に1つの要求エリア (3.2.2項)]．

既存のコンポーネントチームの組織は，新しいフィーチャーチームがコードを変更することを除いて，以前と同じように機能します．新しいフィーチャーチームは，価値はあるが痛みを伴う (依存度が最も高い) フィーチャーに取り組み，コンポーネントを直接変更し，コンポーネントを超えて作業をします．スムーズに運ぶコツは新しいフィーチャーチームに入ってもらえるボランティア (有志) を探すことです．

この戦略は，変化がゆっくりであり，低リスクであるため，巨大なLeSS Hugeプロダクトグループに適しています．欠点は，時間がかかることです．

この戦略を使用する場合は，若いフィーチャーチームに多くのサポートを提供し，多くの成果は期待しないでください．そのフィーチャーチームは，異なるコンポーネント，異なるコンポーネント構造，異なるツールの使用法，異なるテスト環境における技術的な障害を解決しなければなりません．さらに，新しいコンポーネントや新しい機能のスキルを学習しなければなりません．若いフィーチャーチームは組織のすべての弱点と機能不全のメッセンジャーなのです．彼らに多くの時間とサポートを提供してください．

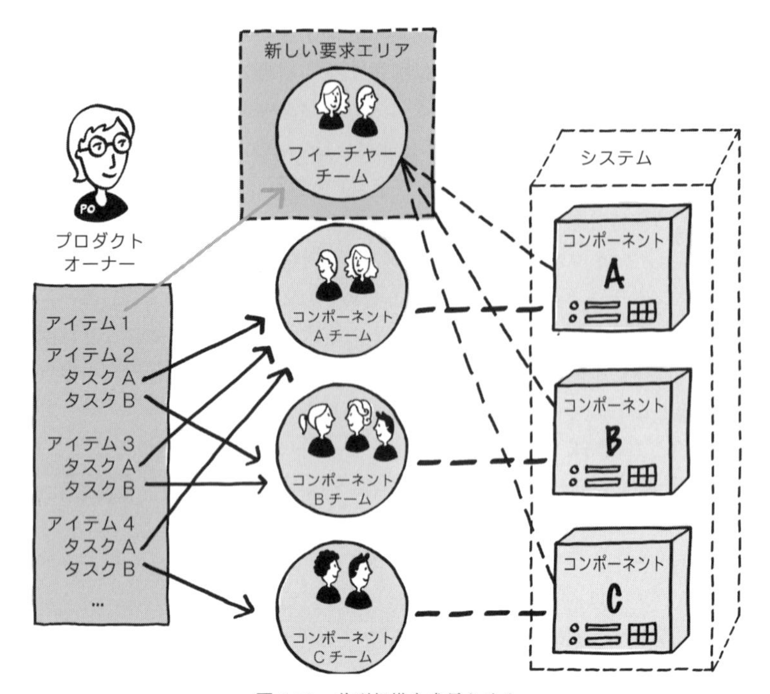


図 **4.12**　並列組織を成長させる

### 4.2.4　ガイド：LeSS Huge の組織

スケールには，しばしば組織構造の追加を伴います．典型的な組織構造の追加を探求する前に，必ずしもスケールするために組織構造の追加は必須ではないと，強調しておく必要があります．組織構造の追加は，狭い責任範囲を引き起こし，組織の機能不全や政治の温床になりやすくなります．組織の設計はシンプルに保ちましょう．

上記の警告に加え，LeSS Huge の構造は LeSS の構造の上につくられています．典型的な LeSS Huge の組織図は図 4.13 のようになります．

この図にはプロジェクト/プログラム組織 (または PMO) が存在しないことに注目してください．Scrum や LeSS の導入では，これらの部門はなくなります．

LeSS の組織と異なる部分をしらべてみましょう．

**拠点内のチーム**—LeSS Huge の導入は，複数拠点になることが多いです．組織は通常，拠点内で完結するライン組織をつくることを好みます．これにより，マネージャー

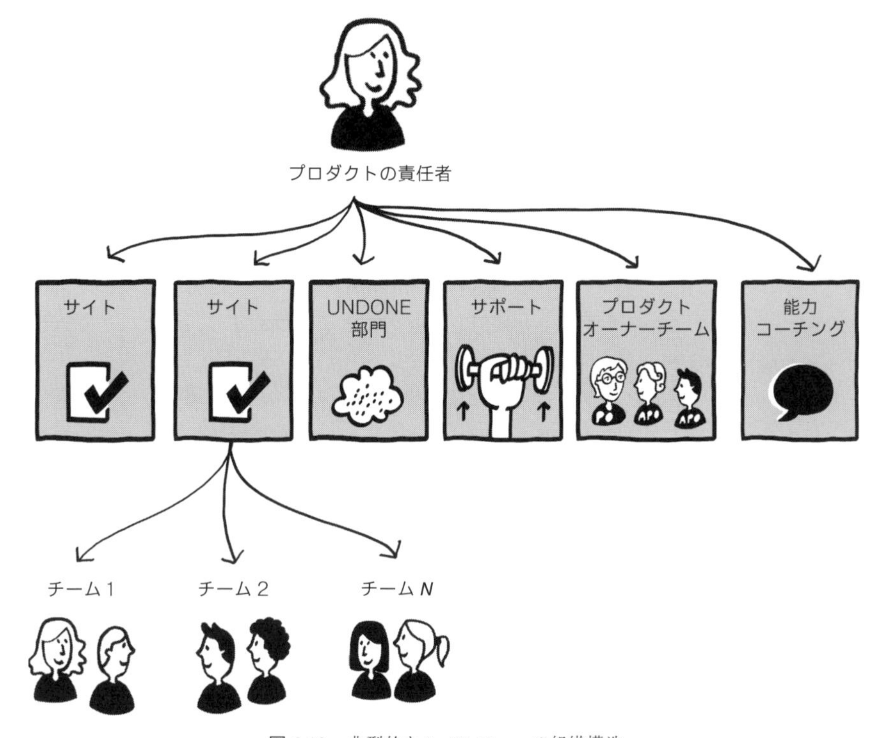


図 **4.13** 典型的な LeSS Huge の組織構造

は簡単に現地現物を実践し，実際にチームが改善するのを手助けできます．要求エリアを組織構造と同じにすることは，変更が難しくなるため避けてください．

**プロダクトオーナーチーム**—概念的には LeSS の構造と同じです．チームには，すべてのエリアプロダクトオーナーが含まれているため，より大きなチームとなります．巨大な LeSS Huge グループでは，プロダクトオーナーチームには，要求エリア内にサブチームがあります．

**Undone 部門**—これも概念的には LeSS の構造と同じです．LeSS Huge のグループでは，Undone 部門が大きくなる傾向があり，取り除くにはより長い時間がかかります．巨大な LeSS Huge のグループでは，Undone 部門には，昔ながらの独自のプロジェクトマネジメント手法を行う追加された組織構造が存在する可能性があります．

**サポート部門**—この部門は，チームの開発環境をサポートします．LeSS では，チームは別のグループの助けを得ることなくお互いをサポートします．しかし，LeSS Huge

の組織は，作業が大量になるため，通常，サポートを一元化します．それでも，この部門はできるだけ小さくしてください.「このやり方でやってください!」ではなく,「何か助けられることはありますか?」という態度をとってください．サポートグループは，チームから責任を奪い，結局はチームのサポートでなく，力を得ながら成長を続ける管理組織になってしまうことがよくあります．

構成管理支援は，サポートグループが統制グループになってしまう，よくある例です．彼らはビルドの権限を得て，すべてのビルドスクリプトを作成します．その影響は? チームは「ビルド完了」で，何が起きるのか分からず，なぜ 92 分かかるのかも分からず，ビルドをより良くすることに対して無力だと感じ始めます．それはチームにとって，魔法であり，制御不能なものとなります．

サポートグループのビルドに対する理解不足は，ボトルネック，非効率性，部分最適，無力化の原因となります．構成管理支援グループは，本来はチームが改善するのを助け，ビルドについて教育し，オーナーになるのではなく良いビルド方法を教える専門家でなければなりません．サポートグループはチームメンバーとペアを組んだり，作業を観察したりして，協力して改善する方法を一緒に探求します．

他のサポートグループとしては，研究サポート，継続的インテグレーションシステムサポート，運用サポートなどがよくあります．

**能力開発とコーチング**—ソフトウェアは人によってつくられます．人を改善することはプロダクトを改善することにつながります．これは明らかですが，本当に人を徹底的にトレーニングし，指導することに真剣に取り組んでいる組織はめったにありません．LeSS Huge の組織には，継続的改善に欠かせない専門のトレーニングとコーチングの部門があります．

能力開発とコーチング部門は，次の 3 つに重点を置いています．

- 観察 (現地現物)
- トレーニング
- コーチング

従来の組織では，トレーニングとコーチングの要求は，現実を知らないマネージャーから，実際に何も知らないトレーニンググループに渡されます．彼らは使えないトレーニングを作成し，人々の時間を浪費します．これは良い考えではありません．そうではなく，積極的に現地現物と人々の作業の観察を行う，スキルの高い実践的なエキスパートにより能力開発とコーチングのグループをつくります．彼らはトレーニングの必要性を発見するためにペアになってチームと働きます．人は，存在を知らないトレーニングや，自分自身の能力が低いと気づかないスキルのトレーニングを，求めることはできません．

コーチングはとても重要です! チームの改善を支援する最も効果的な方法です．コーチ達はチームとともに，またはチームの中で働きます．彼らは観察する，ペアを組む，シャドウコーチングする，質問をすると行ったコーチングの手法を活用します．さらに，観察，フィードバック，アイデア，チームの改善方法に関する例を示します．コーチングは，(1) 組織，(2) チームとプロダクトオーナー，(3) 技術の 3 つのレベルで行われます．これらのレベルはすべて重要です．われわれは積極的なコーチングなしに LeSS の導入を成功した事例を知りません．

# 5 マネジメント

広く浸透しているが，愚かな考えとして，良いマネージャーはどこに行っても良いマネージャーであり，管理する対象の生産プロセス特有の知識は必要ないというものがあります．

—W. エドワーズ・デミング

## 1 チームスクラム

スクラムではマネージャーについて言及していません．一方でスクラムは単なる開発フレームワークというより，マネジメント手法を変化させるものです．そうした変化は，スクラムがもつ以下の3つの要素によって引き起こされます．自己管理チーム，プロダクトオーナー，スクラムマスターです．

**自己管理チーム**では，チームの責任として「プロセスと進捗を管理する」ことまで拡張されます*1．この責任は，マネージャーの責任ではなくなります．

チームの仕事はすべて，**プロダクトオーナー**からのものでなければなりません．これにより，チームが何をすべきかを決定するという責任がマネージャーのものではなくなります．

スクラムマスターは機能するチーム，プロダクトオーナー，そして組織に責任をもちます．スクラムマスターは，ふりかえりや学習を促進することにより，対立の解消や改善を促します．スクラムマスターはチームと組織のコーチになります．

従来のマネージャーの責任とは，何をすべきか，どうやって実行すべきか判断し，それを監視するところにありました．スクラムの組織では，いずれもマネージャーの責任ではなくなります．そしてマネジメント手法は，コマンドコントロールから支援に変わっていくのです．

*1 LeSS の用語として，自己組織化チームではなく自己管理チームという言葉を用います．スクラムの資料ではよく両者を混同しています．自己管理チームは，自身の仕事に責任をもち，プロセスと進捗を監視し管理する責任をもつという明確な定義があります．この定義を考案したのは，ハーバード大学の教授でチームを研究しているハックマンです．一方，自己組織化チームという言葉は曖昧で，一貫性なく使われています．

> スクラム導入においてよくある問題の1つが，マネージャーがそうした責任を手放そうとしないことです．結果として，組織的な対立がチーム，プロダクトオーナー，スクラムマスター，マネージャーの間で起きてしまいます．

それではスクラム組織においてマネージャーという役割は何になるのでしょうか? スクラムは語ろうとせず，組織が自分で考えるよう促すだけです．しかし LeSS は語ります．LeSS 組織においてマネージャーの役割が変化することについての，難しい議論を提起するのです．

## 5.1 LeSS でのマネジメント

LeSS は従来の組織論に従います．組織のアジリティを向上させたい場合は，意思決定を遅らせないように，責任を移譲します．これにより，組織をフラットにして，マネージャーを減らすことができます．

ほとんどの LeSS を導入をする組織では，マネージャーが不足していることはありません．では，マネージャーの役割は何でしょうか?

スケーリングするときのマネジメントに関連する原理・原則は次のとおりです．

**経験的プロセス制御**—どのように作業を行うかの責任 (オーナーシップ) は，作業を行う人がもつべきです．彼らはフィードバックを受けて，改善します．プロセスのオーナーシップをチームに移すことで，マネジメントがどのように変わるのでしょうか?

**顧客中心**—顧客と直接連携するチームは，顧客への意識を劇的に高め，作業をより意味のあるものにする傾向があります．マネージャーは，もはやこの協調に直接関わったり，仲介者となったりしません．

**完璧を目指しての継続的改善**—日々のマネジメントをマネージャーではなくチームが行うことによって，マネージャーはシステムの改善に注力できます．

**システム思考**—LeSS 以前の組織構造は，しばしばサイロ化した考え方による行動を引き起こしていました．システム全体やプロダクト全体に視点を変えなければなりません．視点の変更は，多くの場合馴染みがなく，不安になります．そして，かなりの学習を必要とします．

### LeSS ルール

> LeSS ではマネージャーは必須ではありませんが，参加している場合でも多くの場合役割が変わります．マネージャーの仕事は，日々の作業の管理ではなく，プロダクトを開発するシステム全体の価値提供能力の向上に移ります．
>
> マネージャーの役割はプロダクト開発の仕組みの改善促進です．現地現物の実践，止めて直すの推奨,「現状維持をせずに実験を繰り返すこと」を通じて改善を促進します．

### 5.1.1　ガイド：テイラーとファヨールを理解する

マネジメントは発明された概念です．その起源と背景を理解することは，現代にどう適応していくかを考える上で重要なことです．その当時に解決した問題は，私たちが今日解決すべき問題と同じでしょうか? 挑戦と深い理解がなければ，継続的な改善をすることはできません．できるのは，19 世紀の続きだけです．

初期のマネジメントにおいて重要な影響力をもつ人物は，フレデリック・テイラーとアンリ・ファヨールの 2 人です．

1856 年生まれのフレデリック・テイラーは，機械工学者で，労働者の生産性で頭がいっぱいでした．テイラーは現場監督として，労働者に科学的原則を上手く適用しました．それを契機に，テイラーは自分のコンサルタント会社を起業し，彼のアイデアは「科学的管理法」として知られるようになりました*2.

1841 年生まれのアンリ・ファヨールは，フランスの鉱山技師で，19 歳で大規模なフランスの鉱業グループに入りました．最初の仕事は，採掘の安全性を向上させることでした．ファヨールは 1 度も会社を辞めることはなく，やがて経営責任者に就任しました．ファヨールの下で同社は栄え，フランス最大の企業の 1 つになりました．彼はマネジメントに対する考えを系統立て*3,『産業ならびに一般の管理』という画期的な本を出版しました．

フレデリック・テイラーは，残念なことに今でも普及している 2 つの概念を導入しました．

- 科学的に証明できる，唯一で最善の仕事のやり方があります．一度発見された「ベストプラクティス」は，組織全体に適用すべきです．

---

*2　テイラーイズムとしても知られています．

*3　ファヨールイズム (管理過程論) としても知られています．

- 計画と改善作業は通常の作業とは分けるべきです．特別に高等教育を受けた人たちによって計画と改善の作業が行われるべきであり，通常の作業は，ほとんどの場合無教養な人でも行えます．テイラーの言葉によれば,「計画と知的労働を，できるだけ単純労働と分けることで，生産コストが下がることに，疑問の余地はありません」[*4]．

アンリ・ファヨールは，分業，権威，指揮の統一，命令系統を含む 14 の管理原則をつくり出しました．彼はまた，計画，組織化，調整，指令，統制という 5 つのマネージャーの責任を定義しました．多くのいわゆる「現代的」経営理論は，テイラーとファヨールのアイデアに遡ることができます[*5]．彼らは，企業や世界の仕組みを変えました．

しかし，今日の世界はテイラーとファヨールがいた世界ではありません．今日の異なる背景は，いくつかの過去の最良のアイデアを現在の最悪のアイデアにしています．たとえば，

- テイラーは，低学歴の労働力の生産性を最大化したいと考えていました．しかし，今日のプロダクトの開発者は，高度に教育された優秀な人たちです．計画と改善の分離は，さらなる手渡しや，硬直した専門化，多くのオーバーヘッドにつながります．
- ファヨールは，コミュニケーションを改善して統一性を高めることを望んでいました．当時は，フランスから米国への旅行に最大 10 日間かかったためです．しかし，今では 7 時間以下になり，通信には数秒しかかかりません．統一性のための広範な階層をつくり，容易にコミュニケーションすることは，もはや時代遅れです．
- 科学的に分析，探索してベストプラクティスを見つけ出し，コピーすることは，銑鉄を動かすときにはうまくいくかもしれません．科学を使って仕事を分析することは優れたアイデアですが，背景なしにコピーするのは良い考えとはいえません．そして，特定の背景におけるグッドプラクティスを共有することは素晴らしいアイデアですが，ベストプラクティスのコピーは，継続的な改善とは矛盾します．
- 中央集権的なマネージャーによる計画，調整，指令，統制は，採掘を最適化するときにはうまくいくかもしれません．組織に統一性やビジョンを創り出すことは素晴らしい考えです．しかし，計画と統制を中央管理することは良い考えとはいえません．指令と統制に注力すると，結果的には体系的な改善にあまり注力できなくなります．

---

*4 1903 年出版のフレデリック・ウィンスロー・テイラーの『ショップ・マネジメント』から引用．
*5 マックス・ヴェーバーやメアリー・パーカー・フォレットなどの他の重要な影響力のある人たちはここでは割愛していますが，学ぶ価値は十分にあります．

組織の構造，プラクティス，ポリシーを調べてください.「それはいつものやり方だから」という理由のものはどれくらいありますか? これらのアイデアはどこから来たのですか? それらは今日あなたの組織の状況に本当に合っていますか?

### 5.1.2　ガイド：Y 理論によるマネジメント

1960 年に遡ります．この年には，レーザーと避妊薬が発明されました．ベルリンの壁が建造される 1 年前，最初のボンド映画 (007) の 2 年前です．20 本以上の 007 が制作された今では多くのことが変わりました．違いますか?

1960 年，MIT Sloan School of Management のダグラス・マクレガーは，組織内の人間の潜在能力が十分に活用されない理由を検証した画期的なマネジメントの著書『企業の人間的側面』を出版しました．そして，ほとんどの「現代」(1960 年!) 使われているマネジメント理論とプラクティスは，未検証の仮定にもとづいていると結論づけています．マクレガーは，X 理論と名付けました．人間の社会的行動におけるこれらの仮定は，真に人の可能性を活用する，マネジメント・プラクティス，モデル，行動の妨げになっています．

#### a.　X 理論

X 理論のマネジメントは，次の仮定にもとづいています．

- 人は本質的に仕事が嫌いで，それを避けようとする．
- そのため最大限の成果を引き出すためには，人は，強制され，制御され，命令され，脅迫されなければならない．
- 人は，野心を抱くこともなく，責任も取りたがらない．命令されたい．

これらは，直接的に言及されることは滅多にありませんが，今でも多くの (いやもしかしたら，ほとんどの) マネジメント・プラクティスの隠された仮定となっています．

人事グループは従業員を奮闘させるために努力します．しかし，皮肉なことに，パフォーマンスレビュー，個別の目標，ボーナスシステムなど，人事のほとんどのプラクティスは，強く X 理論の仮定にもとづいています．驚くことではありません! 「人材」という言葉の後ろにある仮定は何でしょうか?

### b. Y 理論

人間の可能性を最大限に引き出すには，私たちの意識とマネジメント・プラクティスに存在する X 理論を，社会科学の研究結論にもとづく Y 理論に置き換える必要があります．Y 理論のマネジメントは，次の仮定にもとづいています．

- 人は遊びや休息をとるのと同じように，自然に努力し働く．
- 人は，コミットした目標のために，自己管理し，自己統制を行う*6．コミットメントは，主に成果自体に関連する，チャレンジ，学習，目的意識などの内在的な報酬から生まれる．
- 適切な環境が与えられれば，人は責任を回避するより，むしろ責任を求める．想像力，独創性，創造性は，すべての人がもっているスキルである．

「なぜ，手が欲しいだけなのに，頭がついてくるのか?」という言葉は，ヘンリー・フォードの言葉です．フォードは科学的管理法と X 理論の影響を受けていました．

「よい品 (しな) よい考 (かんがえ)」という標語がトヨタの工場の壁にはあります．彼らは，TPS は Toyota Production System ではなく，Thinking People System であるといいます．トヨタはリーン生産方式の基礎をつくり，Y 理論の影響を受けました．

LeSS，スクラム，すべてのアジャイル開発は Y 理論にもとづいています．

なぜ，これが関係あるのでしょう? 2 つの理由があります．

(1) **X 理論のプラクティスは，LeSS の導入に問題を引き起こします．** ほとんどの組織には，個々の説明責任とマネージャーの管理を重視した X 理論のプラクティスでいっぱいです． LeSS の組織では，チームによる説明責任と自己管理に変えなければなりません．

(2) **X 理論の仮定を変えるのは難しいです．** LeSS は，マネージメントスタイルの変更，つまりマネージャーの行動や仮定の変更を必要とします．これらの仮定を変えるには，職場の経験だけでなく，すべての過去の経験を再解釈する必要があります．どのように仕事が行われるのかについての文化や環境にもとづく仮定は，特に深く根付いており，変えることは難しいです．

> LeSS の導入における多くの問題は，Y 理論のマネジメント・プラクティスを，X 理論の仮定にもとづいて適用しようとすることに起因します．

*6 「コミットする」のが，Y 理論.「コミットさせられる」のが，X 理論.

ああ，今日はパフォーマンスレビューの時です! 1960 年から多くのことが変わりましたか?

### 5.1.3　ガイド：マネージャーは任意

LeSS ではマネージャーは任意の役割です．すでに組織にマネージャーが存在する場合は取り除く必要はありません．彼らは有益な役割を担えます．ただ，今いないのであれば，追加する必要はありません [ ガイド 役割は守らないが雇用は守る (3.1.4 項)].

マネージャーレス企業は世界的に重要なトレンドです．マネージャーがいる企業は，どんな問題をマネジメントが解決するのかを考えて，マネジメントの背後に存在する思い込みを取り除きます．そして，責任の分割*7や権限を分散させる様々なやり方を探求して見ましょう．たとえ，あなたの会社にマネージャーがいても，これらの取り組みから様々なアイデア，イノベーション，インスピレーションを得られることでしょう [ ガイド マネジメント向けの推奨図書リスト (5.1.9 項)].

ほとんどの大規模な組織では，マネージャーの役割や役職は過剰に存在します．LeSS の導入時には，マネージャーの役割を取り除く挑戦をしてください．なぜなら，LeSS な組織ではマネージャーの責任をチームに移した方が良いからです．

なぜ多くの企業にはこんなにも多くのマネージャーがいるのでしょうか? それは，彼らが採用した組織課題の解決テクニックによるところがあります．

(1) 問題を発見する—ほにゃららの問題．
(2) 新しい役割を作成します—ほにゃららマネージャー．
(3) 問題を新しい役割に割り当てます．

ほにゃららマネージャーはあらゆる組織にあふれています! たとえば，欠陥マネージャー (バグがある場合)，リリースマネージャー (リリースに問題がある場合)，フィーチャーマネージャー (調整に問題がある場合)，品質マネージャー (品質に問題がある場合) など．多くの組織でほにゃらら部門のほにゃららマネージャーがほにゃららマネージャーを指導し，ほにゃららなキャァリアパスでほにゃらら専門家になります．

これは LeSS の組織では発生してはいけません．なぜなら，

- **システム思考**—多くのほにゃらら問題はシステムの問題です (たとえばコンポーネ

*7　他に関連したアイデアとしてホラクラシー，ソシオクラシー，脱予算 (beyond budgeting)，ノーマネージャー，脱上司 (unboss) などがあります．

ントチームの力学など). システムを変えずに, 問題に役職をつけるだけで簡単に終わる問題ではありません. システムの流れを理解することで, 役職を追加するのではなく, システムを変更して, 根本原因を解決することができるのです.

- **チームベースの組織**—いくつかの問題は新しい役割をつくり, その役割に問題の解決を委ねることで解決できる場合もあります (たとえば, サードパーティとの調整など). ただし, これらの問題は, 新たに特別な役職をつくるよりも, フィーチャーチームに任せる方が望ましいです. このような方針をとることで, (1) 実際の仕事に関わる人たちが改善に関わる事になります. (2) 現実にもとづいた改善策となります. (3) よりシンプルな組織になります. 役職を追加する必要はありません.

ただ, マネージャーが役に立つこともあります. では, LeSS の組織ではどのような責任をもつことになるのでしょうか? 次のガイドでそこを探求してみましょう.

### 5.1.4 ガイド：LeSS の組織

リーン思考は, 現場 (現実の仕事場, または顧客価値が創出される場所を意味する日本の言葉) を重視しています. 私たちは 2 つの現場を区別しています.

- プロダクトが使用される場所—価値消費の現場
- プロダクトが創造される場所—価値創造の現場

LeSS の組織では, これら 2 つの現場を可能な限り近づける必要があります. 要求は, ユーザーからチームおよびプロダクトオーナーへ流れ, 価値は, チームからユーザーに流れて戻ります. 価値の提供は, 組織階層を上がっていくのではなく, 組織を流れる必要があります.

マネージャーは, 価値の提供やプロダクトの方向性に関する意思決定には関与しません. では, 彼らは何をするのでしょうか? LeSS の組織においてマネージャーは, 組織の価値提供能力を高めることに注力します. マネージャーの仕事は改善です!

マネージャーは, チームをコーチして人々の成長を促すことで, 改善を促進しますが, テイラーの世界に戻らないように, 改善を自分自身では行いません. プロセスに従うドローンが必要なのではなく, 人の可能性を最大化したいのです. したがって, マネージャーは開発組織が改善していることを保証することに注力します. 彼らは, 組織構造, 意思決定, 方針などに取り組みます. 図 5.1 に LeSS の組織を示します.

役割によって異なる重要な点があります. 3 つの重点領域

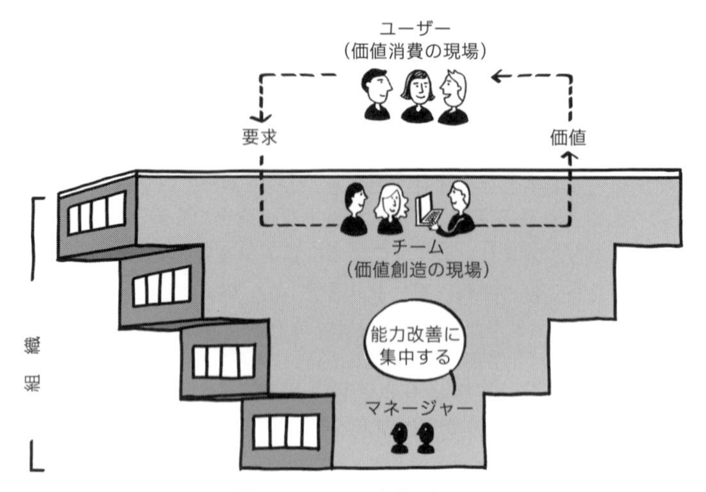


図 **5.1**　LeSS の組織の概要

- プロダクトづくりと提供
- プロダクトのビジョンと方向性
- 組織の能力向上

それぞれの役割が 1 つの領域からはみ出さずにぴったりと収まると考えるのは間違いです．実際には役割には重なり合った領域があり，ともに働かなければなりません．図 5.2 は，役割と責任を重点領域にマップしています．

役割が重なる領域について詳しく説明しましょう．

- **チームとプロダクトオーナー**—プロダクトオーナーはプロダクトの方向性 (ビジョン) を決定し，チームはそれに関与しなければなりません．チームは，プロダクトオーナーと同じくらいプロダクトを自分の物としなくてはなりません．プロダクトはチームのものであり，ユーザーと緊密に連携し，プロダクトオーナーへのインプットを提供する必要があります．具体的には，チームはアイテムをプロダクトバックログに追加し，プロダクトオーナーと優先順位付けについて話し合います．
- **チームとマネージャー**—チームは改善を行いますが，マネージャーは改善する能力の向上および必要となる組織変更の支援に集中します．改善はしばしば組織構造や方針の変更を必要とし，チーム自身で行うことはできないことが多いです．チームはこれらの点を変更するのにスクラムマスターやマネージャーと協力する必要があ

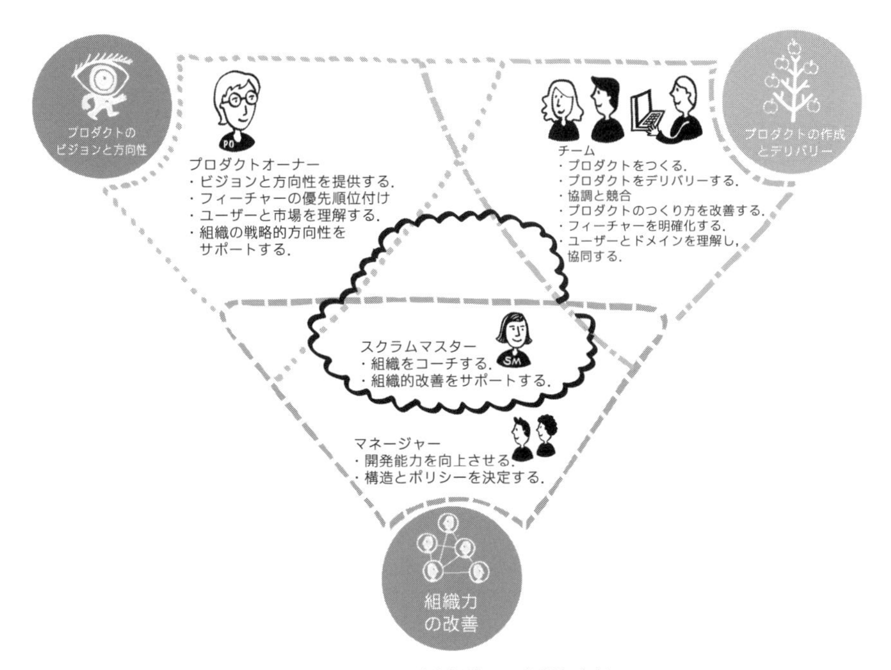


図 5.2　3 つの重点領域への役割と責任

ります．たとえばですが，チームはデプロイの自動化を改善し，マネージャーはデプロイに関連する規制や組織のポリシーを変更します [ ガイド 現地現物 (5.1.5 項)]

- **マネージャーとスクラムマスター**—マネージャーとスクラムマスターの両方が改善に注力し，協力し合うべきです．マネージャは組織的なアプローチに，より注力しますが，スクラムマスターはチームとチーム間の力学側に，より注力します．たとえば，スクラムマスターは，チームがクロスファンクショナルである必要性を認識してもらい，説明をする一方，マネージャーはテスト専門の組織を撤廃するなど，関連する組織変更を行います．
- **マネージャーとプロダクトオーナー**—現場のマネージャーは改善に注力するので，プロダクトオーナーと役割の重複はほとんどありませんが，チームがプロダクトバックログに改善のアイデアを追加するよう促したりはするかもしれません．シニアマネージャーは，複数のプロダクトをカバーする戦略的な視点をもっています．なので，プロダクトオーナーと緊密に協力して適切なプロダクトを決定し，下位レベルのマネージャーやスクラムマスターと協力して適切な改善を行います．たとえば，

図 5.3　プロダクトへの注力と LeSS の役割における組織への注力

すべてのプロダクトオーナーと協力して，参入すべき新しい市場と組織へ影響の明確化を行ったりします [ ガイド あなたのプロダクトは何ですか? (7.1.1 項)]

前項では，プロダクトと組織の視点について説明しました．図 5.3 に示すように，この角度で役割を見ることで，LeSS を導入した際の役割が明確になってきます．

この図は，マネージャーとスクラムマスターのわずかに異なる注力するポイント (マネージャーはより組織に，スクラムマスターは，よりチームとプロダクトに) を視覚化しています．

スクラムマスターとマネージャーの類似性を観察しているときに，よく出る質問があります.「マネージャーをスクラムマスターにすべきでしょうか?」いいえ，良い考えではありません．スクラムマスターがマネージャーである組織では，たとえ「マネージャーの管理下にないチーム」のスクラムマスターであったとしても，チームの自己管理を妨げます．なぜでしょうか? チームメンバーは，マネージャーに対して，無意識的に自分のふるまいを変えてしまいます．マネジメントの役割を可能な限り少なくすることをお勧めします．

最後に，開発システムの能力を重視するとは具体的にどういう意味でしょうか? 次のガイドでは，その方法について説明します．

- 現地現物
- 教師および学習者としてのマネージャー
- ドメインと技術力の両方

### 5.1.5 ガイド：現地現物

現地現物は，LeSS のマネージャにとって最も重要なマネジメントスキルです．このプラクティスは，現実を見るために，実際の作業場所である現場に行くだけなので，単純すぎるように思えるかもしれません．しかし，実際に理解して習得するのは難しいプラクティスです．

まずは何が現地現物ではないのかを確認しましょう．現地現物はマイクロマネジメントではありません．マイクロマネジメントを別の表現にすると，「行って，見て，割り込んで，立ち去る」だといえます．従業員にとっては，やる気を失わせるプラクティスとなります．従来型のコントロール型マネジメントの考え方で，現地現物に取り組むと，マイクロマネジメントになってしまいますので，気をつけてください．

マネージャーによる現地現物の実践とは，現場に習慣的[*8]に行き，実際の問題を真に理解して，それを組織力の向上に活かすということです．

現場とは? プロダクト開発の場合，2 つあります．

- 価値創造の現場—プロダクトを開発するチーム
- 価値消費の現場—プロダクトを使用するユーザー

現場で実際に起きていることを感じるためには，両方の場所を定期的に訪問しなければなりません．

現地現物には少なくとも 2 つの重要な目標があります．

- 問題解決力の向上
- より良い組織の意志決定

**問題解決力の向上**—現場を探索し，チームの日常業務を理解することで，チームが直面している問題を真に理解することができます．どんなに解決の衝動に駆られても，それらを解決しないでください! なぜなら，LeSS のマネージャーは，チームに問題を解決して欲しいからです．もしチームが解決できない場合，マネージャーの重要な役割は，問題解決の方法を教え，促進することです．言い換えるならば，問題解決能力を高めることです [ ガイド 教師および学習者としてのマネージャー (5.1.6 項)]．

**より良い組織の意思決定**—現場の問題は，(1) 状況や環境，またはチームの特有の問題，(2) チーム外の意思決定によって引き起こされた問題に分類できます．後者は，組織の構造，意思決定，方針によって引き起こされます．(この問題は，すべてのチー

*8 例外なく，彼らのほとんどの時間です．

ムで同じ問題が発生する傾向があります.）したがって，LeSS のマネージャーは現地現物を実践して，いくつかのチームの仕事の状況を真に理解し，重要な経営判断についてのフィードバックを得ることができます．現実にもとづいた，実際の現場からのフィードバックは，優れた組織の意思決定をもたらします．

より上級管理職になるほど，現地現物はより重要です．なぜなら，(1) 上級管理職は，現場からよりいっそう離れていて，現場に居続けるのには努力が必要です．(2) 行う決定は，より大きな影響を与える傾向にあるためです．現地現物なしの上級管理職の決定は，現場の現実から切り離され，悲惨な決定と最終的な組織の崩壊につながる可能性があります．思い当たるところはありませんか?

現地現物は，導入するのが難しいプラクティスです．それはなぜでしょうか?

**時間がない**—多くのマネージャーは，どうやら自分の時間をコントロールできず，起きた物事に対して，ほとんど反応しています．カレンダーはミーティングで埋まり，辞退ボタンを探すのも難しいくらいです．彼らはすべてのことに「はい」というため，アクションアイテムで一杯になります．さて，今日の火事を消すよりも，見返りが有るのは何でしょう?

対照的に，現地現物を実践することは，ミーティングとアクションアイテムに踊らされるのをやめ，大部分の時間を現場訪問に確保するための計画に労力を使うことを意味します．

**理解していない**—現場に行くのは，労働者に共感を示すためではありませんし，進捗を確認するためでもありません．現場で起きている問題を真に理解するためです．チームとのチャットや，ミーティングでは，ただ表面的な理解にしかなりません．現地現物には，チームの仕事や問題に対する本当の関心をもって，チームを観察し，多くの偏見のない質問をすることが必要です．ソフトウェアプロダクトでは，コードを見て，議論することを伴うことが多いです．

**忍耐力がない**—多くのマネージャーは優れた問題解決能力をもっているため，現場の問題を真に理解したら，解決することができます．ただ，それは，しないでください! チームは現場で自らの問題を解決することによって，成長していく必要があります．チームは，立ち寄って，問題解決して，立ち去るマネージャーを必要としてはいません．問題が外的要因や組織的，横断的で，チームが解決できない場合はどうすればよいでしょうか? そのときは，後で対応策をとってください．

**分析しない**—現場の問題を真に把握したら，次のように質問をしてください．問題の原因は，チームやコンテキストに固有なのか，組織的，横断的なのか? これを見極めるのは簡単ではありません．多くのマネージャーは，ほとんどの問題を，今までに出会ったことがなく，それぞれの原因が特別であると考えます．このように考える場合は，それぞれの問題が特例なので，彼らがアクションを取ることはないので，無害ですみます．しかし，マネージャーの中には，すべての問題に組織的な原因があるとみなし，たった1チームのフィードバックと状況にもとづいて，ひどい決定をくだす人もいます．根本原因を見つけることは難しいことなのです．

現地現物の実践には，たくさんの練習を必要とします．また，プロダクトを創造するクリエイティブな仕事を細部にわたって理解するには，偏見のない広い心と，好奇心が必要です．

### 5.1.6 ガイド：教師および学習者としてのマネージャー

私たちが,「問題があり，よく目にする」と考える2つの共通するマネージャーのスタイルは以下のようなものです．

- **おバカなマネージャー**—マネージャーになった途端に学習を止めてしまう人がいます．彼らは，プロフェッショナルの本を読んだり，講習に参加したり，娯楽以外の映画を見たりしません．すべての作業時間を，レポートやパフォーマンス評価などの管理作業に費やす，役に立たない自動化可能な管理ドローンになっています．
- **プロフェッショナルマネージャー**—学習をやめるのではなく，人気のあるマネジメントの書籍[*9]だけを読んでいるマネージャーのことです．彼らはプロダクトを開発する実際の作業にはまったく関わっていません．実際の仕事に関わり続けているのは,「プロのマネージャーは何でも管理できる．実際の仕事を理解する必要はない」という，深刻な思い違いからです．おバカなマネージャーの方が害が少ないので，まだましです．

**LeSS のマネージャー**は，すべてのことに対して生涯学習者です．彼らは，マネージャーになったときの現実だけでなく，最新のドメインと技術を確かなものにするために絶えず触れ続け，今日の現実を理解しようとします．明らかに，この理解は現地現物に必要なだけではないのですが...

LeSS のマネージャーは，リーン思考のプラクティスである「教師としてのマネージャー」を実践します．このプラクティスは，マネージャーは最高の技術者やドメイ

*9 私たちは空港の本とよんでいますが，空港でどれが人気のマネジメント本かを見れば，多くの組織がどのような事を課題だといっているのかのトレンドがわかります．

ンの専門家でなければならないということではありません．かわりに，業界動向と最新の技術スキルの両方の理解をコーチとして向上させるために使います．

マネージャーとして最新の状態を保つためのアイデア

- 時々チームのバグを修正する
- プロダクトを使い，テストをする
- コメントしなくてもコードレビューに参加する
- ユーザーを訪問または観察する
- (おそらく捨てることになるが) コードのリファクタリングをする
- 最新の業界紙を読む
- 仕事をしているチームメンバーとペアで作業をする
- 何かを自動化する
- コミュニティに参加する

**国の文化**——一部の国では,「教師としてのマネージャー」の実践ははるかに難しく，他の国よりも多くの努力が必要です．当然エンジニアリングを重視し，知識のあるマネージャーの伝統をもっている国もありますが，そうでない国のマネージャーは,「自分のキャリアの中でその段階は通過した」という文化のため，技術に関わり続けることはほとんどありません．

### 5.1.7　ガイド：ドメインと技術力の両方

チームは，技術スキルとドメイン理解の間で適切なバランスが必要です．優れた技術力をもっているがドメイン知識が不足しているチーム，またはその逆のチームをよく見かけます．これは「プログラミング作業のアウトソーシング」の歴史をもつ組織ではより顕著です[*10][LeSS での顧客価値による組織づくり (4.1 節)].

LeSS のマネージャは，能力向上の取り組みをどこに集中するかを決めるために，チームのスキルを定期的に評価する必要があります．よくある間違いは，マネージャが自分自身のもっているスキルを過大評価し，他人のスキルを過小評価することです．その罠に落ちないでください．

*10　ともにアジアに住み，インドのクレーグ，中国とシンガポールのバス，現場とコードを見続けて過ごした長い時間の結果,「プログラミングをオフショアリングする」という考え方は本当に間違っていると考えています．うまくいくのを見たことがありません．私たちが会ったプログラミングをオフショアリングすることを主張する人は，現実を見るために現場で時間を過ごしてはいません．

LeSS Huge の導入において，多くの開発拠点が存在することがよくあります．この場合，開発拠点はある面では強さをもち，他の面では弱いことが一般的です．この観点から拠点を評価し，それに応じてアクションを取ります．

どのようなアクションをとるのか? 不均衡は，ある面における学習への投資の欠如によって，しばしば発生します．これは，一般的にその面を過小評価することが原因です．たとえば，私たちが協力していた拠点の 1 つは，優れたドメイン知識がありましたが,「プログラミングは誰でもできる」という文化のため，技術的なスキルの低さは驚くほどでした．

アクション例をあげましょう [ ガイド コミュニティ(13.1.5 項)].

- この不均衡に対する認識を高め，マネージャー，スクラムマスター，チームで話し合う
- トレーニングとコーチングを計画する
- チーム間の共有を促し，事例を共有する
- 学習のためにコミュニティを奨励する
- 不均衡を減らす仕事をチームに選択させる

> 優れたプロダクトは，ユーザーと直接連携しユーザーの真の問題を解決する，技術とドメイン知識のバランスのとれたチームによってのみ作成されます．

### 5.1.8 ガイド：少ない目標と LeSS のメトリクス

LeSS の導入に関わるマネジメントの共通の質問は,「何を測定すべきか?」という魅力的で説得力のある間違った質問です．なぜ間違っているのでしょうか? メトリクスが本質的に良し悪しを決めつけているのです．適切なメトリクスを見つけ，適切な目標を設定すれば，良い結果が生まれる．それは真実ではありません．

メトリクス自体は重要ではありません．(1) メトリクスを取る目的と (2) それを設定する人の方が，はるかに重要です．

私たちが一番好きな例を 1 つ紹介しましょう．それはテストカバレッジです．テストカバレッジは，良いメトリクス? それとも悪いメトリクス? ばかげた質問です．テストカバレッジが組織の目標として設定されていたり，さらに悪いことに個人の達成目標として設定されている場合は，間違いなく有害です．確かに，極端に重複してい

たり，機能していない測定項目を見たことがあります．そのなかでも私たちのお気に入りは，チェックなしのテストコードです．このテストは失敗することがありません．これは賢いやり方です! 最大のテストカバレッジを達成し，メンテナンスの労力は最小です．どうです? マネジメントの夢を最小限の労力で達成しつつ，従業員の目標も達成していませんか?

また一方で，チームがテストの自動化を改善し，テストのカバレッジを測定して，より多くのことを学びたいとすれば，それは素晴らしいことです．洞察，改善，モチベーション，オーナーシップをもたらす可能性があります．しかし，メトリクスが重要だったわけではありません．

メトリクスは便利なツールですが，以下のような間違いは避けてください．

- 目的を明確にしない目標設定
- チームの目標として設定
- コントロールするための測定
- 理由を知らずに何かを測定
- 測定するために他に利用価値のないものをつくる

一般に，

> 目標ではなく，目的に注目してください．
> 目的をもたない目標は，コマンド・コントロールでもなく独裁です．

メトリクスを使用する際には，彼ら自身でメトリクスを設定するようにしてもらいましょう．これにより，メトリクスとその目的を正しく理解し，独断的な目標を達成するための無駄な作業を排除します．

### 5.1.9　ガイド：マネジメントに関する推奨書籍リスト

LeSS のマネージャは，自分たちのドメインと技術について継続的に学習する必要があります．また，経営陣の考えを最新の状態に保つ必要があります．学ぶべきことがたくさんあるので，私たちが重要と考える推奨書籍を提案します[*11]．

---

*11　(訳注) 邦訳があるものはその書名を記した．巻末の推薦図書と重複しないものについては情報(出版社，年号など) を補った．

- ピーター・センゲ,『学習する組織』. これは, 学習する組織の構築とシステム思考に関する真の古典です. LeSS のマネージャにとって, 絶対に必要と考えています.
- Michael Balle と Freddy Balle, *Lean Manager* および *Lead with Respect*(Lean Enterprise Inst. Inc., 2014). これらの本は両方ともビジネス小説形式であり, 従来の管理からリーンマネジメントへと飛躍する必要のあるリーンマネジメントを学んでいる (Andy) を追っています. 特に, *Lean Manager* はおそらく現地現物の実践について最もよく説明しています.
- 大野 耐一,『大野耐一の現場経営』. 大野耐一は, トヨタ生産システムの創作者であり, 彼の職場管理は, リーン思考とリーンマネジメントの古典です. 彼の問題へのアプローチと現地現物に集中する方法は, 驚くべきものです.
- ゲイリー・ハメル,『経営の未来』. マネージャーは必要ですか? ゲイリー・ハメルはそう思っていますが, 未来の経営のスタイルは確実に変わるでしょう. どのようなるのか, この古典で探索してください.
- ジェフリー・フェファー, ロバート・サットン『事実にもとづいた経営』. 状況に縛られないベストプラクティスというのは有害な錯覚ですが, それは他者から新しいアイデアを学ぶことができないという意味ではありません. しかし, 空港の本に書いてあった最新の経営の流行だけにもとづいた考えが多すぎます. フェファーとサットンは, 確かな研究による証拠にもとづいて, 地に足のついた経営上の決定を促します.
- Frederic Laloux, *Reinventing Organizations* (Nelson Parker, 2016). 本当にマネージャーが必要ですか? フレデリック・ラルーは, 従来のマネジメントを放棄した現在の企業を調査しています. そのような企業は, 自己管理の原則にもとづいて (しばしば, マネージャーという役割はまったくなく) 完全に組織化されています. 当分あなたの組織で同じことをする必要はありませんが, 本書では将来の企業の可能性のある考え方や構造を探っています.

# 6 スクラムマスター

良いスクラムマスターは，複数のチームを担当できます．素晴らしいスクラムマスターは1つのチームだけを担当します．

—マイケル・ジェイムス

## 1チームスクラム

スクラムマスターは，組織に対してスクラムを教え，コーチし，それが終わることはありません．スクラムマスターはスクラムの理論を習得し，深いスクラムの理解によって，最も価値の高いプロダクトを生み出すために最大限貢献できる方法を全員で見つけられるように導きます．

スクラムマスターという役割は，誤解されたり，あまり機能しないことがよくあります．なぜなら，この新しい役割を既存の役割に当てはめようとするからです．既存の役割に当てはめることはできません．スクラムマスターは，チームのマスターではありませんし,「アジャイル」なプロジェクトマネージャーでもチームリーダーでもありません．

スクラムマスターは，スクラム自体が上手く機能しているかどうかを確かめる2つの「メタフィードバックループ」の1つです[*1]．組織の完璧なビジョンに向かっていくために，レトロスペクティブと改善を助け，支援するための役割です．スクラムマスターは，人々が成功するための環境をつくります．

## 6.1 LeSSのスクラムマスター

スクラムマスターは新しい役割であり，スクラム導入時には，その役割が理解されていないことが多いです．よくあるのは,「余った人」をスクラムマスターにすることです．そのような人たちが適しているように見えるかもしれませんが，正しいスキル，モチベーション，スクラムの知識が欠けてることが多いです．彼らは，役割を何か他

*1　もう1つのメタフィードバックループはレトロスペクティブです．

のものに変化させて，それがスクラムマスターとして組織内に受け入れられます．その後どうなるかは，スクラムマスターならわかるはずですよね? (彼らの行動は，スクラムの導入を妨げるものになることがあります.) そして，アンチスクラムマスターになってしまいます．

LeSS においても，スクラムマスターの役割は，LeSS マスターではなく，スクラムマスターとよばれます．

スクラムをスケールするときの，スクラムマスターに関連する原理・原則は次のとおりです．

**システム思考とプロダクト全体思考**—グループが大きいほど，全体を見るのが難しくなります．スクラムマスターは，視野を広げてシステム全体を見ることを支援します．つまり，プロダクトグループ全体の相互作用，遅延，原因，潜在能力を見るようにします．またスクラムマスターはすべての人が，プロダクト全体に注目するように注意もします．統合されていない個々のチームのアウトプットは顧客価値を創造しないのです．

**大規模スクラムはスクラム**—LeSS のスクラムマスターは複雑で大規模な問題に直面したとき，"複雑で大規模な" 方法により解決することを防ぐ必要があります．かわりに，スクラムの精神に立ち戻り，チームが自分たちで阻害要因を解決できるように，シンプルな方法を見つける必要があります．スクラムマスターは実験によって，大規模に適応するシンプルなソリューションを探す必要があります．

**透明性**—スクラムマスターは透明性の番人です．しかし，大部分の大規模なプロダクト開発は，いつもモヤに包まれています．モヤを晴らす (透明性をつくる) ことは，組織政治の世界では，難しく，報われない仕事です．

## LeSS ルール

> スクラムマスターは LeSS 導入がうまく機能していることに責任を持ちます．注力する対象は，チーム，プロダクトオーナー，組織，技術的手法の改善であり，各スクラムマスターは 1 チームだけの改善にとどまることなく，組織全体の改善を行う必要があります．
>
> スクラムマスターは専任で専従の役割です．
>
> 1 人のスクラムマスターは 1–3 チームを担当できます．

### 6.1.1　ガイド：スクラムマスターが重視すること

マイケル・ジェームスによるスクラムマスターのチェックリストは，スクラムマスターのための優れたツールです．スクラムマスターが重視すべき 4 つの領域を明らかにしています．

- チーム
- プロダクトオーナー
- 組織
- 開発プラクティス

これらの重点領域からは，チームに重点を置きすぎてしまうという，スクラムマスター共通の問題も見えてきます．LeSS の導入において，スクラムマスターは教育と内省の重要な役割を果たすため，チームに重点を置きすぎていると表面的な LeSS の導入となってしまいます．原因の 1 つは，チームメンバーの中からスクラムマスターを兼任することが多いためです．LeSS では，スクラムマスターは 1–3 チームを担当する専任で専従の役割です．なぜなら，良い LeSS の導入をおこなうためには不可欠な役割であり，すべての領域を重視する必要があります．( ルール スクラムマスターは専任で専従の役割です.)

4 つの重点領域は，特に図 6.1 に示すように，典型的なスクラムマスターが時間の経過とともにどこに重点を置くかを表し，LeSS におけるスクラムマスターの役割を理解するのに役立ちます．

このグラフとその背後にある理由をしらべてみましょう．

#### a.　組織に重点を置く

LeSS を導入するには，最初に構造的な変更が必要になります．したがって，当初は組織への重点が高くなります．いったん基本的な構造が整ったら，組織の改善の重要性は低くなり，成果をあげるチームに重点は移ります．組織を変える最善の方法は，成果をあげることです．出荷可能な価値のあるプロダクトがそれです．成果と利益を見せることなしに，組織があなたとあなたのチームを信頼するでしょうか? [構造的変化の詳細については，☞ 顧客価値による組織化 (4 章)]

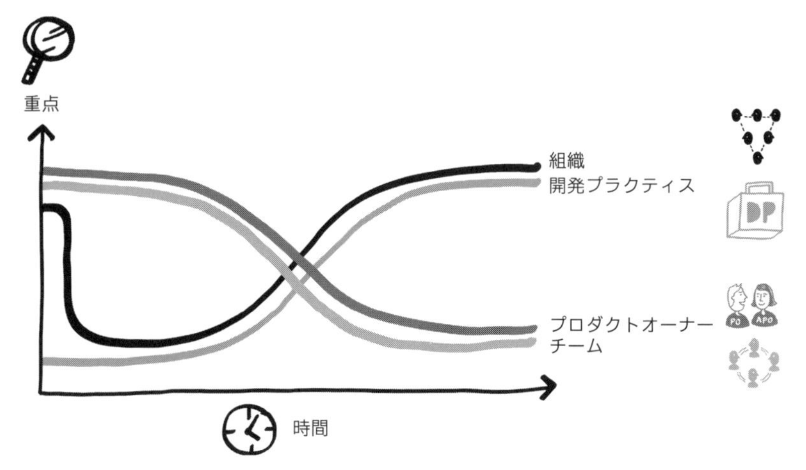


図 6.1 スクラムマスターが時間の経過とともに重点を置くこと

> 動作する出荷可能なソフトウェアをつくることで信頼性が向上します.

ここに重要な力学があります. 時間の経過とともに, 主要な制約がチーム内部から組織に移ります. 組織の構造とポリシーを改善していかないと, チームのパフォーマンスは向上していきません. そうなると, スクラムマスターは, 組織の改善により注力するようになります.

> 改善は継続的であり, 世界は変わり続けます. スクラムマスターの仕事は決して「完了」することはありません.

**b. チームに重点を置く**

スクラムマスターのチームに対する労力は始めは高いですが, 時間の経過とともに減らす必要があります. チームが形成されると, スクラムマスターは, 自己管理, チーム間の調整, 共有責任の強化など, チームの教育とコーチングに多くの労力を費やします. 時間が経つと, チームは自ら責任を引き受け, スクラムマスターに頼ることが少なくなります.

チームの成熟は, 多くのスクラムの導入において, 兼任のスクラムマスターを選択

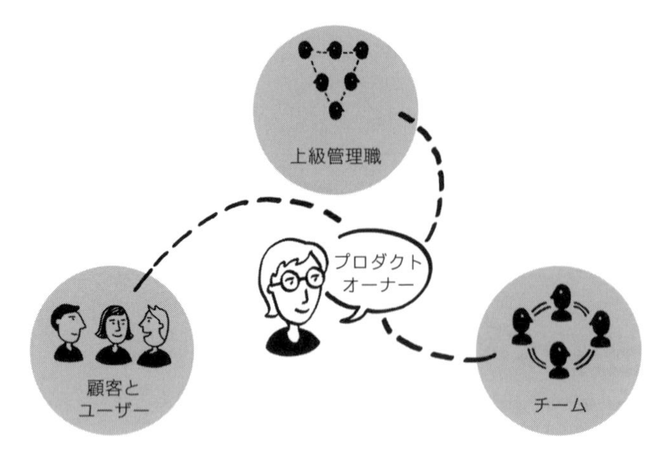


図 **6.2** プロダクトオーナーの関係性

する 1 つの理由です．しかし，LeSS ではスクラムマスターは兼任でできるような役割ではありません．スクラムマスターが担当する最初のチームが成熟したとき，他のチーム (実際には 3 チームまで) を担当することがあります．複数チームのスクラムマスターであるということは，自然とより大局的な見地で，組織とプロダクトオーナーに重点を移すことになります．

### c. プロダクトオーナーに重点を置く

当初，スクラムマスターは，プロダクトオーナーをコーチングするために，プロダクトオーナーに重点を置きます．コーチングには，プロダクトバックログの最も良い使い方や，チームとのやり取りの円滑化，そしてプロダクトオーナーのレトロスペクティブ支援などの教育が含まれています．

プロダクトオーナーには，図 6.2 に示すような関係性があります [プロダクトオーナーの関係性については，☞ プロダクトオーナー (8 章)]．

プロダクトオーナーとチームの関係性にのみ注力しないでください．プロダクトオーナーと他の関係性にも，スクラムマスターの支援が必要です．それは，以下のようなものです．

- **プロダクトオーナーと顧客**　スクラムマスターは，プロダクトオーナーが実際のユーザーや顧客との距離を縮めるのを支援します．プロダクトオーナーがプロダクトの方向性を検証するためには，フィードバックが必要です．プロダクトオーナーが適切なプロダクトオーナーではないということも起こり得ます．そうした場合，スクラムマスターは，ユーザーや顧客に近い優れたプロダクトオーナーを組織が見つけられるように支援する必要があります．

- **プロダクトオーナーと上級管理職**　スクラムマスターは，プロダクトオーナーが上級管理職と協力して開発状況を可視化し，プロダクトの効果を最適化するために，支援する必要があります．
- **プロダクトオーナーとチーム**　スクラムマスターは，信頼，対等，協力の関係性を構築するのを助けます．歴史的に，この関係性は不透明，責任追求，不信に満ちているので，これは難しい仕事になります．

時間の経過とともに，プロダクトオーナーが，LeSS の組織内に慣れてくると，スクラムマスターのプロダクトオーナーに対する注力は少なくなるはずです．

#### d.　開発プラクティスに重点を置く

最初，スクラムマスターは，一緒に何かを創り出すうまく働くチームをつくることで精一杯ですが，時間の経過とともに，チームとプロダクトオーナーへの注力は減り，スクラムマスターはチームの開発プラクティス改善の支援が増えます．

スクラムマスターとして，一流のモダンな開発プラクティスを把握し，チームへの導入を促進します．LeSS の導入では，一般に古くてやっかいなレガシーコードがたくさんある巨大なコードベースが伴います．そのようなコードベースにテスト駆動開発，継続的デプロイ，自動受け入れテストなどのモダンなプラクティスを適用することは困難です．チームをさらに改善するための開発プラクティスの実践はますます難しく，スクラムマスターの開発プラクティスへの注力は高いままになります．

### 6.1.2　ガイド：スクラムマスターの 5 つのツール

LeSS 固有のガイドにさらに深く入っていく前に，スクラムマスターがどのように仕事をするかを明確にするため，スクラムマスターのツールを説明します．私たちはこのスクラムマスターの 5 つのツールが好きです．

- **質問する**　スクラムマスターとして，誰もがレトロスペクティブを改善するのを助けるために，あなたは鏡となります．これを実践するための強力な方法の 1 つは，たくさんのオープン・クエスチョンをすることです．しかし，謙虚であること，そして，あなたの仕事は答えを与えることではなく，自分自身で答を見つけ出すのを助けることであるのを思い出してください [ ガイド スクラムマスターへの推奨書籍 (6.1.7 項)].

- **教育する**　スクラムのマスターとして，スクラムを深く理解し，なぜスクラムがそうなっているのかを，チームが理解するのを助ける必要があります．教育はこれを行う 1 つの方法です．ですが注意してください．熱心にやりすぎると，人々は興味を失い学ぶことを止めてしまいます．熱狂的になるのを避け，“なぜ” を教えることに集中し，オープンな心を保ち，注意深くアクティブリスニングを行いましょう．
- **ファシリテーション**　チームに LeSS イベントのやり方を見せるとともに，ファシリテーションすることによって生産的な会話を促します．対立を見えるようにして，透明性を実現し，チームが解決するのを助けます．しかし，覚えておいてください．あなたがやりたいことはチーム自身が最大の責任を負うことです． 10 回目のスプリントで，スプリントプランニングをファシリテーションしなければならないなら，スクラムマスターとしては失敗です [ ガイド スクラムマスターへの推奨書籍 (6.1.7 項)].
- **積極的に何もしない**　人々が責任を取るための場をつくる必要があります．“スクラムマスターが自分でやらない” のは，良いスタートです．チームに問題があるときは，まずサポートなしでチーム自身で解決できるかどうかを観察してみてください．これが成長する場をつくります．
- **割り込む**　チームはチーム自身で学ぶ必要がありますが，彼らの手に負えなくなったときには，取り返しのつかない損害を避けるために割り込みます．

一般的に実践され奨励されているスクラムマスターツールのいくつかは，このリストには載せていません．どうしてでしょう? なぜ避けた方が良いのかを見てみましょう．

**チーム代表を避ける**—LeSS では，いくつかの活動にチーム代表が必要ですが，それはスクラムマスターではありません．チームの代表者は誰でしょうか? スクラムマスターでないならチームに任されます．LeSS では，スクラムマスターは専任の役割であるため，チームのメンバーではありません．チームメンバーではないため，チームを代表することは，良くいってもおかしなことです．

**チームのために決定することを避ける**—チームは自分たちで決定を行います．複数のチームは一緒に彼ら自身の決定を行います．チームのために決定するのではなく，彼ら自身で決定を行えるように，ファシリテーションしてください．

**提案を与えることに慎重になる**—チームに対するあなたの提案が，常に提案として受け止められるとは限りません．それは決定する権限をもっていないと感じている若いチームには，特に当てはまります．

**障害を取り除くことに慎重になる**—私たちは，あらゆる行動の言い訳として使用される「障害を取り除く」を見てきました．ほとんどの日常的な障害は，チームによって取り除かれる必要があります．スクラムマスターは，障害の組織的な原因を取り除き，チームが成功する環境をつくり出すことに重点を置いています．これは障害を取り除くより，はるかに難しいことです．

### 6.1.3 ガイド：巨大なグループのファシリテーション

生産的で，効果的で，そして楽しいミーティングを行うことは簡単ではありません．人が多い場合には，特にそうです．しかし，会議は退屈である必要はありません．大規模なグループの会議をファシリテーションすることは，あなたが獲得すべき必須のスキルです．オープンスペースやワールドカフェなどのテクニックについて学んでください．

私たちがファシリテーションで，よく使ういくつかのテクニックを紹介します．

**分散させる**—中央の 1 点にすべての注目を集めるとミーティングが遅くなります．可能な限り小さなグループに分割して，並行して動いてください．共有と調整のために,「統合」を行う必要があります．

**ホワイトボードとフリップチャートを手配する**—たくさん用意します．考えを書いたり，描いたりすると，ディスカッションは，ずっと生産的になります．

**テーブルなどの備品を避ける**—会社の取締役会を行うような会議室のテーブルを囲んだ退屈なミーティングの経験はありませんか? テーブルを片付けましょう．すぐに活動的なミーティングに変化します!

**コンピューターを避ける**—コンピューターは活動的なミーティングを殺す最善の方法の 1 つです．会議を中央に集中させ，コンピュータを制御する人がボトルネックになります．コンピューターを使用しなければならない場合は，複数のコンピューターを使用し，コンピューターを中心にしないでください．

**ボランティア (有志) を活用する**—ディスカッションに参加することを強制しないでください．ボランティアと一緒にトピックをリスト化し，分散させ，興味のあるトピックに参加してもらいましょう [ボランティア (有志) を活用する ☞ 導入 (3 章)]．

**明確な目標をもつ**—なぜここにいるか? 目標は何か? から始めましょう．

**レトロスペクティブ**—将来のミーティングを改善するために最後にレトロスペクティ

ブを行います．

### 6.1.4　ガイド：学習と複数のスキル習得を促進する

継続的な改善の本質は継続的な学習です．特にソフトウェアプロダクトのように，機械を使わず，人だけが生産する場合はそうなります．残念ながら，多くの人は自分の仕事や生活の一部として新しいスキルを学ぶことは考えていないようです．

組織的学習の欠如は，LeSS を導入する際の大きな障害となります．スクラムマスターとして，学びたい，一分野の専門家から複数分野の専門家になりたいと思われる環境をつくる必要があります*2．

学習を促進するためのいくつかのアイデア

- 模範となり，新しいスキルを学ぶ
- チームと学んだことを共有する
- 本をあちこちに置いておく
- 誰もが産まれたときはスキルは無く，新しいスキルを学ぶことができることは証明されていることを，チームに思い出させる
- アジャイル，スクラム，LeSS に限らず，記事を共有する
- ライトニングトークや「読書会」でのディスカッションなどの小さい学習セッションを奨励する
- スプリントで学習を計画する権限があることをチームに思い出させる
- レトロスペクティブで既存のスキルを分析することを提案する

### 6.1.5　ガイド：コミュニティ活動

コミュニティとは，関心事や話題を共有し，仲間とのディスカッションや対話を通じて，情熱をもって知識を深めたり，行動を起こしたりする，チームから集まったボランティアのグループです．コミュニティへの参加は完全に自発的に行われます [ガイド コミュニティ(13.1.5 項)]．

コミュニティは，学習，調整，継続的な改善に欠かせない，チーム間の非公式なネッ

*2　全員がジェネラリストになり，すべてを知ることを提案しているわけではありません．このテーマについて詳しくは，オンラインの記事 “Specialization and Generalization in Teams” (チームの専門化と一般化) を参照してください．

トワークをつくります．スクラムマスターとして，コミュニティ活動(健全で持続可能なコミュニティとなるように，コミュニティをコーチします)を行う必要があります．LeSS コミュニティとスクラムマスターコミュニティの 2 つのコミュニティでは，特に活発なスクラムマスターの参加が必要です．

### a. LeSS のコミュニティ

スクラムマスターは，LeSS も含め，あらゆる関連することを，チームを横断して学習することを促進します．チームは同じ状況で働いているため，同じような障害に遭遇しやすく，お互いに多くのことを学ぶことができます．スクラムマスターは一緒に，コミュニティをつくることができます．コミュニティのいくつかのアイデアを紹介します．

**LeSS ディスカッショングループ**—ディスカッションや経験の共有を行うプロダクトグループまたは企業全体の LeSS ディスカッショングループをつくりましょう．

**内部的な LeSS の集まり**—経験を共有するために集まる場をつくりましょう．LeSS と同じように自己組織化に依存するため，集まる場をつくる際には，オープンスペースを使いましょう [ ガイド オープンスペース (13.1.10 項)]．

**LeSS ビール**—たくさんのビールを用意して，パブでのミーティングを計画します．

**ブログ，Wiki，ニュースレターで物語を共有する**—あなたのチームに関する物語を書くか，チームに書いてもらってください．

**他のチームを観察する**—チームを他のチームに招待しましょう．他のチームとの異なる働き方について，どうして，なぜと，話し合いましょう．

### b. スクラムマスターコミュニティ

LeSS のスクラムマスターは，フラストレーションがよく溜まります．フラストレーションが溜まっているスクラムマスターは，あなた 1 人ではありません! 他のスクラムマスターに働きかけ，コミュニティをつくりましょう．他のスクラムマスターがあなたをコーチすることだってできます．スクラムマスターコミュニティのいくつかのアイデアを紹介します．

**スクラムマスター専用メーリングリスト**—LeSS のメーリングリストに似ていますが，基本的なことを超えた議論ができるように，LeSS を十分に理解している優秀なスクラムマスターのみを招待してください．

**他のスクラムマスターを観察する**—他のスクラムマスターを招待して，あなたを観察するように依頼してください．その後，観察した結果について，オープンに会話を行い，ふりかえり，改善のアイデアを見つけ出してください．

**他のスクラムマスターとペアリング**—ペアでミーティングのファシリテーションを行う，ペアでチームを観察する，ペアでチームをコーチする．

**研究グループ**—すべての人に本の同じ章を読んでもらい，その後，ディスカッションするために集まりましょう．毎週1つの章を読んでもらいましょう．集まるのはランチタイムが良いかもしれません．

### 6.1.6　ガイド：スクラムマスターのサバイバルガイド

組織は，ディスクレシア・ゾンビ，ダミーマネージャー，コンテキストスイッチ吸血鬼，Undone 開発者，アンチスクラムマスターで賑わう危険な場所です．パニックに陥らないでください! この危険な場所で，生き残るためのヒントをいくつか紹介します．

#### a.　非難をアクションに変える

残念ながら，何かがうまくいかないときは，非難は一般的な反応です．チームや開発拠点が増えるほど，悪くなります．非難は責任を取らないことが許されるならば気楽です．結局のところ，それは明らかに他のチームによって引き起こされています!

スクラムマスターとして，あなたは非難ゲームに参加してはいけません．かわりに非難から，彼らにできる建設的アクションに変えるのを助けてください．どのように行うのでしょうか? それには，次の2つの質問をします．

- 私たちの環境で，X を変えるためには何ができますか?
- 何もできないのであれば，今は変わらないことを受け入れましょう．私たちが，X の影響を避けるか減らすために，何ができますか?

たとえば，

チーム：「環境にアクセスするには，管理者権限が必要なため，テストできません」

スクラムマスター：「わかりました．そのアクセス権を得るために“何ができますか”?」

チーム：「組織の方針なので，アクセス権は得られません」

スクラムマスター：「わかりました．それでは，この組織の方針によるコストを見える化して，変更できるようにするには，“何ができるでしょうか”? もしくは，管理者のアクセス権をもらえないことを受け入れる場合，どうすればアクセス権なしにテストができますか?」

### b. チーム間の調整役にならない

従来の組織には，チーム間で作業を調整する調整役 (プロジェクトマネージャー) がいます．LeSS では，複数チーム間の調整はチームの責任になります [☞ 調整と統合 (13 章)].

多くのチームは調整役がいることに慣れているため，スクラムマスターがこの役割を果たすことを期待しています．調整役をしないでください．このようにチームを支援してください．

- 調整がチームの責任であること，そしてその理由を思い出させる
- チームに他のチームを引き合わせる
- 調整の仕組みについて合意するのを支援する

しかし，スクラムマスターが調整を行わないでください [調整の仕組みの詳細については，☞ 調整と統合 (13 章)].

### c. 変更をつくり出すチーム

チームが成功するための環境をつくるのに必要な組織の変更は難しく，すべてのチームにとっても同様です．そこで，他のスクラムマスターと一緒に働きましょう．一緒に働くことで，より強くなります．

現時点で最もインパクトのある変化について話し合い，話し合った結果を論理的に説明しましょう．あなたができるすべての関連する情報を収集し，(シニア) マネージャーに提案してください．すぐにそれが受け入れられることを期待しないでください．しかし，それが議論の出発点となります．そして思い出してください．忍耐です．

### d. マネージャーと連携する

マネージャーとスクラムマスターの責任は似ています．どちらも最高のプロダクトをつくるための環境をつくります．スクラムマスターはチームの近くで働いている間，マネージャーは，しばしば，さらなる組織的な作業が課されています．しかし，変化をもたらすには，図 6.3 に示すように，お互いに協力しなければなりません [マネージャーの責任 ☞ マネジメント (5 章)].

現在の問題の認識を共有するため，定例の週 1 回のディスカッションから始めましょう．定例では，最も重要なものを 1 つ選び，それについて取り組み，次に重要なものに取り組むといった具合です．

図 **6.3**　異なる役割から見たプロダクトと組織への注目点

たまに，マネージャーがスクラムマスターになり，マネージャーとの連携が簡単な場合もあります．しかしこれは，しばしばチームの自己管理に問題を引き起こします．いくつかの組織では，チームのマネージャーを別のチームのスクラムマスターにすることで，これを解決しています．この方法は，たまに機能します．ですが，私たちはそのやり方をお勧めしません．なぜなら 2 つの理由があります．(1) いくつかの階層的な環境では，マネージャと非マネージャーのギャップが非常に大きいため，チームがマネージャー兼スクラムマスターを信頼することはほとんど不可能であり，(2) 一部のマネージャーは,「他の組織の仕事」(その価値は決して明確にはわかりません) で手一杯で，常勤のスクラムマスターとしての役割を果たすことができません．

### e.　正気を保つ

LeSS のスクラムマスターとして，組織を変更する必要がありますが，権限はもっていません．これは良いことです．人々は行っていることが正しいと信じているため，変化することを納得させる必要があります．しかし，組織の変化に影響を与えるのは簡単なことではありません．あなたがどれほど頑張っても，反対の方向に変化します．どうやって生き残ればよいのか，という疑問が湧いてきます．組織内で生き残り，正気を保つには，次のような特性が必要です．

- **忍耐と低い期待**　ほとんどの組織はゆっくりと変化します．あなたは目標を低く設定する方がよいでしょう．(あなたの目標ではありません! ) あなたは何年も取り組んでいることを思い出してください．そして，小さな変化を祝福しましょう．
- **永続性**　あなたの変更提案がすぐに採用されることは期待できませんが，何十回，何百回 (しばしば同じ人に) 説明することを期待します．
- **勇気**　勇気なくては何も変わりません．より上位の経営陣に話をしたり，居心地の良い場所から出て提案をすることを恐れてはなりません.

- **ユーモアのセンス** あなたは人々に何かを変えるよう説得するために1年間働いてきました. 彼らはやりました. でも悪い方に. どうしたら良いでしょうか? それを真剣に受け止め, そして重大に受け止めないでください. 笑いましょう. それは生き残る唯一の方法です.
- **寛容と謙虚** あなたは勇気をもって, 永続的に, 忍耐強く変化を提案しなければなりません. 愚かな決定で, あなたの仕事が台無しになったときは笑いましょう. そして, すべては寛容で謙虚なやり方で進めなければなりません. さもなければ, あなたにとって新たな学びは得られないでしょう. あなたは間違っていて, 彼らは正しいのかもしれません.

忍耐についてふれたでしょうか?

### 6.1.7 ガイド：スクラムマスターへの推奨書籍

私たちはスクラムマスターがスクラムの専門家であることを期待しています. しかし, スクラムマスターはスクラムをマスターしましたか? マスターとは, 学ぶべきことはもうないということを意味します. しかし, 私たちはLeSSの導入に長い間携わってきましたが, LeSSについて, まだ学んでいます. スクラムマスターは自分自身を継続的に改善する必要があります. 読書は1つの方法であり, 以下の本を読むことをお勧めします[*3].

- J. リチャード・ハックマン,『ハーバードで学ぶ「デキるチーム」5つの条件—チームリーダーの「常識」』.
  ハックマンの『ハーバードで学ぶ「デキるチーム」5つの条件』は, 30年を超えるチーム研究の要約であり, おそらく自己管理チームを構築する上で最高の本です.
- ロジャー・シュワーツ,『ファシリテーター完全教本 最強のプロが教える理論・技術・実践のすべて』.
  ファシリテーションには多くのことがあり, この本はあなたのファシリテーションスキルを向上する優れたテキストです.
- ヘンリー・キムジーハウスほか,『コーチング・バイブル 本質的な変化を呼び起こすコミュニケーション』.

---

*3 (訳注) 巻末の推薦図書参照.

コーチングについては学ぶべきことがたくさんあり，この本は良い出発点の 1 つです．

- パトリック・レンシオーニ,『あなたのチームは，機能してますか?』
どのようにチームが機能しているか (またはしていないか) についての素敵な寓話．
- エドガー・H・シャイン,『問いかける技術 確かな人間関係と優れた組織をつくる』．シャインは組織開発および組織へのコーチングで 50 年の経験があります．彼の経験からくる結論の 1 つがこれです．私たちは，話すことを少なく，質問を多くする必要があります．

### 6.1.8　ガイド：特に注意を払う領域

特に注意が必要で，しばしば痛みを伴う領域があります．

- **機能不全のプロダクトオーナーとチームの関係**　プロダクトオーナーとチームの間には，歴史的な不信感があります．原因は，プロダクトオーナーからのコミットメントの強制であり，これは開発の混乱を招く行為です [ ☞ プロダクトオーナー (8 章)]．
- **機能不全のチームとプロダクトオーナーの関係**　実際に毎スプリントで機能を「Done」することは，多くのチームにとって難しいようです．1 つの理由は，チームが遠い先の納期についてのみ心配することに慣れており，スプリントを気にしないということです．プロダクトオーナーは，チームにとって「良い人」で，終わっていない作業を「受け入れる」ことにより，それを悪化させ，それによりさらにいっそうチームは無頓着になります．
- **私たち 対 彼ら**　自身で行動することなくお互い指摘し合う，対立するグループの出現は，誰にとっても損失です．例：チーム 対 プロダクトオーナー，チーム 対 マネージャー，ある拠点 対 別の拠点．
- **何も変わらないスクラムの導入**　「私たちは LeSS を導入したいと思っていますが，何も変えたくありません」 愚かなことですが，よくあります．組織は大規模なリネームゲームをするのが大好きです．彼らは古いアイデアに新しいラベルをつけます．ジャジャーン! 彼らは LeSS を導入しました．素晴らしい，次は何をしましょうか?
- **チームアシスタントとしてのスクラムマスター，またはアンチスクラムマスター**
ミーティングを予約して，コーヒーを手配するチームアシスタントにならないでください．役割を与えられただけで，気にも止めないアンチスクラムマスターにもならないでください．

- **リモートスクラムマスター**　スクラムマスターは自分のチームと同じ拠点にいるようにしてください．スクラムマスターは，チームの実際の作業を直接見聞きして，チームと組織を支援する方法を見つける必要があります．
- **プロジェクトマネージャーとしてのスクラムマスター**　これはすでに言及されていますが，繰り返す価値があるようです．スクラムマスターはプロジェクトマネージャー**ではありません**．プロジェクトマネージャーは，作業のスケジューリング，進行状況の追跡，調整，計画されたスケジュールにもとづいてプロジェクトを復帰させることによってプロジェクトを管理します．スクラムマスターは，プロジェクトマネージャーの業務は**何も行いませんし**，プロジェクトの責任を**負いません**．スクラムマスターは，プロジェクトの連絡窓口でもチームの連絡窓口でも**ありません**．そのかわりに，彼らが重視するのは偉大なチームを構築し，健全な組織環境をつくり，教育することです．

## 6.2 LeSS Huge

LeSS Huge のスクラムマスターの役割は，スクラムと本質的に同じであり，LeSS Huge には，スクラムマスターに関連する追加のルールはありません．

### 6.2.1 ガイド：要求エリアのサイロ化を避ける

LeSS Huge の最もよくある問題は，要求エリア間の協力がなされないことです．この問題は，組織構造，拠点組織，要求エリアがそれぞれ独立しているときに最もよく起こります．スクラムマスターとして，これを避ける手助けをする必要があります [ ☞ 顧客価値による組織化 (4 章)]．

ヒント

- プロダクトオーナーチームを支援し，改善のフィードバックを与えるスクラムマスターを 1 人選びます [プロダクトオーナーチーム ☞ プロダクトオーナー (8 章)]．
- 1 人のスクラムマスターが，異なる要求エリアに属する 2 つのチームを受け持ちます．
- 要求エリアをまたがって，前に述べた LeSS コミュニティイベント (内部の集まりなど) を企画します.

- 少なくとも 2 つの要求エリアにまたがって，複数エリアレトロスペクティブおよび/または複数エリアレビューを企画します.

# 第II部

# LeSSのプロダクト

# 7 プロダクト

マニュアルが必要なプロダクトは壊れているよ．
—イーロン・マスク

## 1チームスクラム

初期のスクラムには，混乱がありました．

初期のスクラムに関する記述の多くは，スクラムを複雑なプロジェクトを管理するためのフレームワークとして紹介しています．スクラムの考案者の一人であるケン・シュエイバーは，『スクラム入門—アジャイルプロジェクトマネジメント』で，こう書き出しています．「スクラムは，複雑なプロジェクトを管理するための，理解しにくい逆説的なプロセスです」 スクラムは常にプロジェクトではなく，プロダクトについてのものなので，この一文は奇妙に感じられます．スクラムにはプロダクトバックログがありプロダクトオーナーがいますが，プロジェクト計画はありませんし，プロジェクトマネージャーもいません．

幸いにも，『スクラムガイド』には「スクラムは，複雑なプロダクトを開発・維持するためのフレームワークである」と現在では書かれており，プロジェクトの文言は (各スプリントはミニプロジェクトのようなもの，という記述を除き) 削除され，この混乱は解決されました．それはとても重要なことです．後ほどこの章でもふれますが，

> 作業をプロジェクトではなくプロダクトとして管理することは，プロダクト開発における組織構造，意思決定，および行動を変えます．

あなたのプロダクトは何でしょうか? 『スクラムガイド』では，プロダクトが何を意味しているのか，プロダクトのスコープが何であるかについては言及していません．おそらく，それはプロダクトが明確だからでしょう．しかし大規模な開発では，プロダクトの定義が明確であることはめったにありません．また，プロダクトの定義は，あなたが行う最も重要な意思決定の 1 つになります [ ☞ ガイド：はじめに (3.1.2 項)]．

## 7.1 LeSSのプロダクト

なぜプロダクトの定義が重要なのでしょうか? プロダクトの定義は，プロダクトバックログのレベルとサイズを決め，顧客は誰か，適切なプロダクトオーナーは誰かを決定するために必要なものです．

また，考えているよりもLeSS Hugeになることが多いです．より広いプロダクトの定義になると，プロダクトに関わるチームが増え，LeSSの導入はやがてLeSS Hugeになっていきます．

スケーリングする場合，プロダクトの定義に関する原理・原則には次のようなものがあります．

**プロダクト全体思考**—いうまでもなく，プロダクトの定義が異なれば，注目するべき内容も異なります．どのようにすれば，幅広い視点を補いつつ，プロダクトの定義ができるでしょうか？

**システム思考と，完璧を目指しての継続的改善**—プロダクトの定義が変わると，視野が広くなったり，狭くなったりします．広いプロダクトの定義は良いものと仮定して，システム全体にどのような良い影響をもたらすのでしょうか? また，プロダクトの定義が柔軟な場合，それは継続的改善に役立つのでしょうか?

**顧客中心**—どのようなプロダクトの定義であれ，顧客中心でなければなりません．プロダクトの定義を広げれば，より顧客中心になるのでしょうか? プロダクトの定義を広げる方向はあっていますか?

**少なくすることでもっと多く**—プロダクトを広く定義すると，最初に予想していたよりもLeSS Hugeになっていきます．これは複雑にしているだけでしょうか，それとも“少なくすることでもっと多く”，につながっていくでしょうか?

### LeSSルール

> プロダクトの定義は現実的な範囲で，広く，エンドユーザーまたは顧客中心であるべきです．時間の経過とともにプロダクトの定義は広がるかもしれませんが，広がっていくことは望ましいことです．

### 7.1.1 ガイド：あなたのプロダクトは何ですか?

プロダクトオーナーはプロダクトバックログに優先順位を付け，チームはプロダクト全体思考をもってインクリメンタルにプロダクトをつくります．でも，プロダクトとは何なのでしょうか? チームのアウトプットを指すのでしょうか? それとも，あなたの所属する部署でつくったものはどんなものでもプロダクトになるのでしょうか? あるいは，コンポーネントやフレームワーク，プラットフォームといったものなのでしょうか? この問いは重要なのでしょうか?

これは重要なことです．プロダクトの定義が，プロダクトバックログのスコープを定めさせ，良いプロダクトオーナーをつくりだします．LeSS 導入時に，組織変更の規模が予想でき，誰を巻き込む必要があるかを決定します.「あなたのプロダクトは何ですか?」という質問は，簡単に聞こえるかもしれませんが，そんなことはありません．とても重要な選択になります．

プロダクトの定義を狭くする選択もできます．20 のチームによって開発されたコンポーネントの「プロダクト」があったとします．そのプロダクトには顧客中心ではないプロダクトオーナーがいて，プロダクトバックログには技術的な項目が並んでいます．これはマズイです．そのプロダクトは売れないでしょう．顧客中心ではありませんし，顧客価値を提供していません．使えない技術的にクールなものをつくることになりがちです．

また，プロダクトの定義を広くする選択もできます．定義を広くすると，顧客中心に向かいます．しかし，プロダクトの定義があまりに広すぎると，親しくない部門やそれどころか外の企業まで含めることになるかもしれないため，非現実的です．また，明確かつ魅力的なプロダクトビジョンを示すことが難しくなります．

では，どのようなプロダクトの定義を “選択” すると良いのでしょうか?

LeSS では広いプロダクトの定義が好ましいとしてます．それは次に示すようなことにつながるからです．

- 顧客中心でかつ，きめ細かな優先順位付け (開発とプロダクトの良い全体観) を可能にする
- フィーチャーチームによる依存関係の解決
- 顧客と一緒に考える—要求された「要件」よりも実際の問題と影響に集中する
- 機能の重複回避
- シンプルな組織づくり

**顧客中心で，より良い優先順位付けを可能にする**—プロダクトの定義が狭いと，分割された小さなプロダクトバックログがたくさんできます．あなたは，どのようにしてそれらを跨って優先順位を付けることができますか? 全体観がないとき，優先順位に不整合があることをどのように把握しますか? その結果は，良くてアイテムレベルではなく複数のバックログ間で行われる，大きなバッチを粗く優先順位付けする程度でしょう．たいていは，低価値のアイテムをすごく生産的に継続的デリバリーする，ある人のお気に入りチームを売り込む政治ゲームが起きます．一方，プロダクトの定義を広くすると，すべてのアイテムが同じバックログにあるので，きめ細かい優先順位付けが可能になり，開発とプロダクトにおける全体観が向上します．

**依存関係の解決**—プロダクトの定義が狭いと，“分けられた”プロダクト間に依存関係が生まれます．いくつかの「アプリケーションプロダクト」を載せたプラットフォームプロダクトを考えてみましょう．それらの間の依存関係は，たくさんの追加計画をする調整役を置いて管理されます．これらのいわゆるプロダクトは，実際には大きなプロダクトのコンポーネントでしかなく，依存関係を扱うテクニックはコンポーネントチームの組織で使われるものと同じです．しかし，この依存関係を別の方法で解決することができます．プロダクトの定義が広いと，この「依存関係」は同じプロダクト内に閉じます．プラットフォームとアプリケーションにまたがるエンドカスタマー中心の機能をフィーチャーチームに依頼することで，依存関係は解決できます．こうして，追加の役割と複雑さを避けます．

**顧客と一緒に考える**—プロダクトの定義が狭いと，実際の顧客の問題に対する実施可能な解決策を現在のプロダクトの範囲に限定してしまいます．たとえば，XML でデータをエクスポートできることを顧客が要求したとします．理由は別の「アプリケーションプロダクト」がデータをインポートできるようにするためです．プロダクトの定義がアプリケーション群の 1 つであった場合，つまり狭かった場合，要件 (ソリューション) はプロダクトのスコープに限定されているため，要求されたとおりに実装されるでしょう．しかし，プロダクトの定義が広ければ，チームの創造性の範囲が広がり，チームはユーザーが達成したいことに対するよりよい解決策を探ることができます．先のデータのエクスポートのケースでは，チームはアプリケーションをつなぐ方法を見つけ，ユーザーによる手動のエクスポートとインポートを不要にするかもしれません．

**プロダクトの機能の重複を回避する**—プロダクトの定義が狭いと，類似のプロダクトやプロダクトの亜種ができる可能性があります．これらは最後には，別々のコードリポジトリをもつ，またはもつことになる別々の部門になります． 似たようなもしくは同じ機能が複数のプロダクトに必要とされたとき，次のいずれかを採用することになります．(1) 最初のプロダクトの機能を別プロダクトへ移植．追加の調整とコードの明確化が必要とされがちで，ほとんどはうまく機能しません．(2) 別のプロダクト向けに同じ機能を再実装．(3) 新しい内部「コンポーネントプロダクト」を作成して機能を移動しますが，これは関連する全組織の複雑さがついてきます．

しかし，プロダクトの定義が広いと，1 つのプロダクトバックログを通じて，プロダクトの亜種は一体のものとして管理されます．1 つの共有コードリポジトリがつくられ，同じ機能を複数回再実装することが避けられます．また，より簡単な組織になります．

**シンプルな組織づくり**—プロダクトの定義が狭いと,「プロダクト」間にまたがる作業と意思決定をするための追加の組織構造がつくられます．たとえば，“依存関係の解決” のセクションで “調整役” について話しました．別の例は，プロジェクト (またはプログラム) ポートフォリオマネジメントです．それは大きなバッチ単位での要求を優先順位付けすることにつながります．狭い定義のプロダクトから発生した作業に対して，何らかの形で優先順位を付けて予算を調達しなければなりません．伝統的に，この解決方法はプロジェクトポートフォリオマネジメントというものです．要求の大きなバッチ，つまりプロジェクトやプログラムを定期的に優先順位付けしてまとめて予算を調達します．“ポートフォリオマネジメントの必要性は，狭いプロダクトの定義によってつくられる複雑さの結果である” ことに注意してください．

対照的に，プロダクトの定義が広いと，すべての作業が同じプロダクトバックログに入り，すべての優先順位付けが 1 つのプロダクトバックログを通じて行われるようになります．時代遅れのプロジェクトポートフォリオマネジメントの必要性がなくなり，組織はよりシンプル方向に向かいます[*1]．

> LeSS は，広いプロダクトの定義によって組織の複雑さを減らし，不必要に複雑な組織ソリューションをなくし，より簡単な方法で解決します．

### a. プロダクトの定義を狭める制限力

したがって，プロダクトの定義は広い方が良いのです．しかし，極限まで広げると，世界で 1 つのプロダクトバックログしかできないことになってしまいます．何がプロ

*1 企業レベルのプロダクトポートフォリオマネジメントは，どの市場に参入したいかを決定するものです．おそらく巨大な企業には残るでしょう．

ダクトの定義を制限するのでしょうか? 端的にいうと，共通性と構造です．

**共通性**—バックログのアイテムには，同じプロダクトに属する共通の理由が必要です．3 つの重要な共通性が，プロダクトの定義を制限します．

- **ビジョン**　共通のプロダクトビジョンは，人に動機を与え，境界の中での創造性を促します．プロダクトの定義が広すぎると，ビジョンは「なにかする」というような一般的なものになり，人は気に掛けなくなります．したがって，すべてのアイテムが共通の意味のあるビジョンに向かうようにすることを勧めます．
- **顧客または市場**　複数の関連した小さめのプロダクトが，同じ顧客や市場を相手にしていることがあります．それらのプロダクトすべてを含んだプロダクトの定義をもつことで，優先順位付けを容易にしたり，チームがまだ顧客の役に立ててない問題を見つけることを促したりします．しかし，全潜在顧客を含む位にプロダクトの定義が広いと，集中すべき問題を理解できなくなります．だから，すべてのアイテムは，明確で，かつ普段から関連のある顧客のためのものの方が良いのです．
- **ドメイン**　同じドメインのプロダクトは，たいていの場合，かなり似た機能 (または実装) をもち，同じドメイン知識を必要とします．よって，プロダクトの定義を広げると，機能の重複を避け，きめ細かい優先順位付けが可能になります．しかし，プロダクトの定義が複数のドメインに広がり過ぎると，どのドメインにも特化できず，チームは何も構築できずに新しいことを永遠に学ぶことになってしまいます．したがって，すべてのアイテムは，1 つまたは少数の明確なカスタマードメイン内のものである必要があります．

共通性に関する質問をすると，プロダクトの定義を狭めることにも，広げることにもなります．

**既存の構造**—これもまた，プロダクトの定義が広がる可能性を制限します．あるバックログで作業する複数のチームは同じスプリント内で作業し，彼らの作業を調整し，統合し，1 つの統合されたプロダクトのインクリメントをデリバリーします．LeSS の導入時に組織構造を変更する必要がありますが，既存の組織が広がりを制限します．**会社**と**部署**という 2 つの既存構造は，プロダクトの定義の広がりを制限する可能性があります．

- **会社**　プロダクトの一部は，別の会社によってつくられているかもしれません．これはプロダクトの定義を制限する可能性があります．制限がうまれる複数の企業構造の，よくある 3 タイプを以下に示します．

- **雇われチームまたは外部委託開発**—他の会社のチームはこのプロダクトのためにのみ働きます．よって，彼らは同じバックログで同じスプリントで働かなければなりません．それが原因で，あなたのプロダクトの定義を長期間制限することは避けましょう．また，別の会社に 1 つのコンポーネントを渡すのも避けましょう．それによって，コンポーネントチームと付随するすべての問題を生じさせることになります．
- **カスタマイズされたコンポーネント**—他の会社が彼らの汎用プロダクトをカスタマイズしたものがあなたのプロダクトのコンポーネントになります．おそらく，彼らは複数の顧客をもつので，同じバックログで働くことはできません．少なくとも，あなたのコードベースに彼らのプロダクトやカスタマイズしたものを継続的にインテグレーションするようにしましょう．
- **汎用コンポーネント**—あなたの会社が大きなプロダクトの一部になる汎用コンポーネントをつくる，もしくは別の会社でつくられた汎用コンポーネントを使っている，どちらにせよ，コンポーネントをつくるチームは同じプロダクトバックログ，同じスプリントでは働きません．

- **部署**　LeSS の導入には，通常，組織構造の変更を伴います．しかし，既存の部署の構造は変化の規模に影響を与え，プロダクトの定義を制限する可能性があります．たとえば，アプリケーション A がプラットフォーム X 上で動くとします．さらにプラットフォーム X は内部で構築されたもので，その上で動作するアプリケーションは少ないとします．もし，プロダクト A とプラットフォーム X が組織的に近いなら，LeSS 導入時にそれらを統合すべきです．今は A も X も独立したプロダクトではないですが，より広いプロダクトの定義の一部ではあります．しかし，もし共通のマネージャーが組織の 5 階層上の CEO であったなら，その部署統合は CEO レベルの決定が要求されるでしょう．それは非現実的で，LeSS の導入はスタートから止められるでしょう．だから，A と X の狭いプロダクトの定義を一時的につくるか，続けるかして，時間とともに広げていくようにします．

前の項は，次の重要な点について述べています．プロダクトの定義は時間とともに変わる可能性があるということです．このことについて，後の別のガイドで説明します [ ガイド プロダクトの定義を広げる (7.1.3 項)].

### 7.1.2　ガイド：あなたのプロダクトを定義する

現在のあなたのプロダクトの定義と潜在的な将来の拡大を決めることは，重要な導入ステップです．通常，初期に継続的な議論を行うことで決められますが，時にはより焦点を当てたワークショップを行うこともあります．

私たちは，最初に“広げる”力を探り，それから“制限する”力を探るアプローチを取ります．以下のステップに従います．

#### a.　ステップ1：プロダクトの定義を可能な限り広げる

あなたの現在のプロダクトだと思っているものなら何でも良いので取り上げて，プロダクトの定義を広げる質問をしてください．

- **「私たちのプロダクトは何ですか?」と尋ねると，顧客は何と答えますか?**　この質問は，技術的な内部プロダクトを排除し，顧客志向を高めます．
- **共通のコンポーネントや，現在のプロダクト間で同じ機能はありますか?**　この質問によってプロダクトの共通点を見つけられれば，1つのものとして扱えるかもしれません．
- **私たちのプロダクトは何かの一部ですか? プロダクトが最終的な顧客のために解決する問題は何ですか?**　この質問は，あなたのプロダクトが属するより大きなプロダクトやシステムを探します．

#### b.　ステップ2：プロダクトの定義を実践的な内容に抑える

次の質問をして，制限する力を探ります．

- **プロダクトにはどのようなビジョンがありますか? 顧客は誰ですか? プロダクトの顧客ドメインは何ですか?**　これらの質問は，プロダクト内に存在すべき共通性を探るものです．
- **私たちの会社の中では，何を開発をしていますか? どのくらいの構造変化なら実践できますか?**　これらの質問は，プロダクトの定義における組織構造の境界を探るものです．

#### c.　ステップ3：最初のプロダクトの定義を決定する

広いプロダクトの定義 (ステップ1の結果) と実践可能なプロダクトの定義 (ステップ2の結果) を比較して，将来の良いプロダクトの定義が何かを探ります．達成するためにはどんな変化が必要でしょうか?

これらのステップの結果は，最初のプロダクトの定義であり，将来，プロダクトの定義を広げるためのアイデアになります.

### d. プロダクトの定義の例

プロダクトの定義の例を 3 つ示します．注意:これらの例は，それ自体で本にすることができるほどなので，簡略化して書いています.

**(i) 金融取引**　金融取引グループは，多くの場合，金融商品の種類 (証券，デリバティブなど) によって組織化され，さらにフロントオフィス (取引の決定) とバックオフィス (取引の事務処理) に分けられます．そして，それぞれに独自のビジネス部門と開発支援部門があります.

取引ライフサイクルを簡略化すると，価格設定，取引把握，評価，補足，そして決済です．各ステップには，“金融派生商品の価格設定” コンポーネントや “証券決済” コンポーネントなどのコンポーネント (または「アプリケーション」) があります．おそらく，プロダクト全体において，コンポーネント間での機能の重複が 50%以上はあるでしょう.

従来の組織構造はコンポーネントチームなので，証券決済コンポーネントがプロダクトであると考えるでしょう．しかし，本当でしょうか? プロダクトの定義を “広げる” 質問と “制限する” 質問をしながら考えていきましょう.

- **「私たちのプロダクトは何ですか?」と質問したとき，最終的な顧客は何と答えますか?**　おそらく,「完全な取引ソリューション」か「完全な証券取引ソリューション」でしょう.
- **共有できるコンポーネントまたは現在のプロダクトを横断する機能はありますか?** はい．参照データやマーケットデータなどは，潜在的には共有されていますが，現在は決済，証券取引把握などで，分断され，高い (ただし，隠された) 割合で重複があります.
- **私たちのプロダクトは何かの一部ですか?**　証券決済がプロダクトだとするなら，それは，証券取引の一部である証券バックオフィスの一部であり，証券取引はより大きな金融取引の一部でしょう．さらに進めると，金融取引プロダクトは，いくつかのプロダクトおよび取引所を含む金融取引システムの一部です.

これらの広げる質問の答は次のことを示します．“顧客が証券取引できるもの” としてプロダクトを定義するということです．証券やデリバティブ，フロントからバックオフィス，潜在的にさらに拡大するでしょう．これを制限する質問 (主要な質問だけに絞ります) はどのようなものでしょうか?

- **私たちの会社の中では，何を開発をしていますか?**　私たちの取引システムの開発はすべて社内で行われていますが，証券取引のシステムは外部にあります．これにより，プロダクトの定義が確実に制限されます．
- **どの程度の組織変更が現実的ですか?**　証券とデリバティブは異なる独立採算のグループに属し，フロントエンドのトレーダーは 1 つの金融商品に特化しています．これらのグループの取締役は，CEO にいわれない限り，全社的なテクノロジーの効率をあまり気にしません．したがって，金融商品の種類を広げることはまだ現実的ではありません．フロントオフィス/バックフィス内の技術部門は，たとえば，幅広くフロントからバックまで含む証券取引プロダクトなど，より広いプロダクトに含まれるコンポーネントをもっています．しかし，部門として独立した権限をもつ取締役は，自分の組織を守るために必死に戦うでしょうし，組織の上層部は，まだ誰も組織統合しようとはしていません．フロントオフィスとバックオフィスの統合は現時点では，政治的に現実的ではありません．

結論として，制限する質問の回答のほとんどは，外部証券取引を含まない 1 つの総合的な証券取引プロダクトを支持しています．しかし，最後の質問—どのくらいの組織構造の変化が現実的か—は，プロダクトの範囲を狭める政治的な制限を示しています．したがって，プロダクトの定義の現実的な出発点は，(1) フロントオフィス向けの商品取引システム，(2) 証券取引バックオフィス，(3) デリバティブ取引のフロントオフィス，(4) デリバティブ取引バックオフィスの 4 プロダクトになるでしょう．

将来，期待できる次のステップは，証券のフロントオフィスとバックオフィスを 1 つの証券取引プロダクトに統合すること，そして同様に，1 つのデリバティブ取引プロダクトに統合することです．

**(ii) テレコム：基地局**　基地局は，みなさんの電話と通信して，電話をインターネットに接続するテレコムネットワークの一部です．通常，数千人が基地局の開発に関わります．通信ネットワークの各世代 (2G-GSM，3G-WCDMA，4G-LTE，5G) の基地局は，それぞれ異なっていて，異なるハードウェア上で動作する異なる機能をもっています．また，各世代には，市場別に異なる技術をもつサブバリエーションが存在することがあります．たとえば，LTE の場合，TDD-LTE および FDD-LTE のサブバリエーションがあります．テレコムグループは，このサブバリエーションに従って組織されることがよくあります．

1 つの基地局のバリエーションは，プラットフォーム，アプリケーション，その他，いくつかの主要なコンポーネントからなります．プラットフォームは複数のバリエーションで共有され，伝統的にアプリケーションとは別の部門で管理されています．

最初は，プロダクトの定義は簡単に思えますが，広げる質問と制限する質問でプロダクトの定義をしらべてみると，簡単とはほど遠いことがわかります．最も重要な質問のうち，いくつかだけをしらべます．

- **「私たちのプロダクトは何ですか?」と質問したとき，最終的な顧客は何と答えますか?**　最終的な顧客を AT & T のようなテレコム事業者であるとした場合，彼らは TD-LTE 基地局のような，ある特定の基地局のバリエーションを答えるでしょう．
- **共有コンポーネント，または現在のプロダクトを横断する同じ機能はありますか?**　はい．各バリエーションの機能は似ており，共通プラットフォームのコンポーネントを共有しています．これはまさに 1 つのプロダクトであることを示しています．
- **プロダクトが解決する，最終的な顧客の問題は何ですか?**　テレコムネットワーク内の電話機や他のコンポーネントのサポートなしに，単一の基地局だけで価値や役立つ機能を提供することはできません．実際，基地局は大規模なネットワークの単なるコンポーネントです．拡大されたプロダクトはテレコムネットワーク全体になるべきだということを示しています．

広げる質問によって，テレコムネットワーク全体がプロダクトだという定義につながっていきます．それはテレコムに関わるすべての人にとって，とても奇妙なことでしょう．制限する質問を使って，“理由” を探ってみます．

- **私たちの会社の中では，何を開発をしていますか?**　テレコムネットワークは，潜在的に多くのベンダーが関わっているため，1 つのプロダクトとして扱うには無理があります．しかし，基地局の全バリエーションは 1 つの会社内にあるため，プロダクトを (すべてのバリエーションをカバーする) 基地局として定義してみる価値はあるでしょう．
- **どれくらいの組織構造の変化が現実的ですか?**　異なる基地局には，独自の部門と，共通の起源をもちながら途中で別れたコードリポジトリがそれぞれ存在します．部門を統合することは，短期的には，政治的に達成することが難しく，コードリポジトリの統合は膨大な作業が必要になります．基地局間で共有されているプラットフォームのコンポーネントにも独自の部門があり，組織は1つの基地局内にプラットフォームを含めることに最初のうちは抵抗します．このようなことが，プロダクトの定義を著しく制限しています．

結論はどうなるのでしょう？残念ながら，最初のプロダクトの定義は，基地局の1つのバリエーションでなければならず，プラットフォームのコンポーネントに悩ましい外部依存があり，内部コンポーネントチームが影響を受けます．時間の経過とともに，プロダクトの定義にはプラットフォームを含め，より多くのバリエーションをカバーできるように拡張していく必要があります．

**(iii) オンラインバンキング**　この例は短くしていますが，重要な結論があるため含めました．

ある銀行グループは当初，オンラインバンキングを自社のプロダクトだと考えていました．しかし，広げる質問を使って検討したとき，彼らはすぐにオンラインバンキング自体がプロダクトではなく，実際のプロダクト (中核となる銀行サービス) への1つのチャネルであることに気づきました．オンラインバンキングが，実際にはどのようなコンポーネントであるかがが明らかになると,「プロダクト」や，プログラムマネジメント，プロジェクトポートフォリオマネジメント間の同期など，多くの不必要な複雑さの根本的原因であることに気付きました．

残念ながら，制限する力によって，実際のプロダクトの中でグループを統合することの政治的困難が明らかになったため，彼らの最初のプロダクトの定義は，依然として単にオンラインバンキングとなりました．しかしながら，この場合は，プロダクトの定義を広げるべきなのは，オンラインバンキングではありません．中核となる銀行サービスプロダクトがオンラインバンキングを含めるように拡張していく必要があります．

### 7.1.3　ガイド：プロダクトの定義を広げる

先のガイドで，プロダクトの定義は選択するものであることがわかりました．そして，制限する力によって，最初のプロダクトの定義は完璧ではない状態になるうることを見てきました．このことは，継続的改善のためのツールとして，プロダクトの定義を利用することにつながります．

プロダクトが生き続けている間，組織は絶えず次のように自問しなければなりません.「プロダクトの定義の拡張を制限するものはなんだろう?」と. その答えは, 将来の組織改善に対するアクションを与えてくれます. この意味において, プロダクトの定義は Done の定義と似た役割を果たします. ただ, プロダクトの定義は, 組織へのインパクトが大きく, 目標, P/L, 政治が異なる部門を巻き込むため, 拡張が難しくなりがちです [ ☞ Done の定義 (10 章)].

### 7.1.4 ガイド：プロジェクトやプログラムよりもプロダクト

プロジェクトマネジメントの普及とともに, ほとんどの企業は, すべての仕事はプロジェクトやプログラムを中心に組織されるべきだと思い込んでいるようです. でも, プロジェクトを定義しているのは何でしょう? プロジェクトには, 明確な開始日と, おそらく間に合う明確な終了日と, いちおうの固定されたスコープがあります. 決定, 進捗管理, 予算策定は, 短期的なプロジェクトの目標にもとづいています. プロジェクトはリリースで終了します. プロジェクトが完了すれば完了です.

**(i) プロダクトはそういうものではありません!** 一方, プロダクトには, だいたい決まった開始日, 不明確な終了日, 不明確で変化するスコープを備えた明確な目的があります. プロダクトはあなたが予想するよりも長く続きます. 1 つのプロダクトには, 複数のリリースがあって, それは単に顧客にプロダクトを出荷するタイミングです. プロダクトには, 大衆向けのソフトウェアやオンラインサービスのプロダクトのようなわかりやすいプロダクトだけでなく, 証券取引システムのような想像しにくい内部プロダクトなど, ほとんどすべてのソフトウェア開発が含まれます. プロダクトはプロジェクトよりも長生きします.

人はプロジェクトに非常に慣れているので, 企業における多くのプロジェクトの使い方が, プロダクトを構築し拡張することであることに気づいていません. それは間違いです! プロジェクトとしてプロダクトを管理するのは, 重大な欠点があります. (1) 短期的な視点にもとづいた長期的対短期的のトレードオフの決断, (2) 頻繁に発生する空想的な予算プロセス, (3) プロジェクトの開始と終了のオーバーヘッド, (4) 一時的なチームまたは一時的な従業員.

> プロダクトをプロジェクトやプログラムを使って管理してはいけません!

LeSS では, プロダクトはプロダクトとして管理する方が良いと考えます. それはプロダクトが生存している間，1 人のプロダクトオーナーが 1 つのプロダクトバックログを管理することを意味します．これにより，(1) 短期/長期のトレードオフに対する適切な視点，(2) 特定の機能よりもプロダクトの将来の価値にもとづく資金調達，(3) プロジェクトとプログラム構造，関連するオーバーヘッドの除去，(4) 安定した長期のチームといった利点があります．

プロジェクトとプロダクトの違い，それがもたらす組織に対する影響について，多くを語ることができます．それ自体で，きっと本にする価値があります．

## 7.2　Less Huge

より広いプロダクトの定義を選択すると，多くの人が予想するよりも多くの，LeSS Huge の事例につながっていきます．もとの狭いプロダクトの定義が顧客中心であった場合，その小さなプロダクトは，大きなプロダクトの定義の要求エリアになる可能性があります．たとえば，前述の証券取引プロダクトでは，おそらく証券と金融派生商品が要求エリアになるでしょう．

# 8 プロダクトオーナー

個人的に私は常に学ぶ準備ができている．人に教わるのは好きではないのだが．
—ウィンストン・チャーチル

## 1 チームスクラム

プロダクトオーナーは 1 人で，顧客にとって素晴らしいプロダクトのビジョンに責任があって，その影響 (ROI など) を最適化します．プロダクトオーナーとして，あなたはプロダクトバックログを継続的に育て，学習および変化に対する適応にもとづいてアイテムを追加，削除，再優先順位付け (並べ替え) します．また，上位マネジメント，チーム，顧客に対して，プロダクトバックログが見える状態にしておくことで，透明性を保ちます．あなたはアイテムが明確になるように，チームや顧客と協働します．新しいスプリントに提示するアイテムは，プロダクトオーナーが適応的に決めますが，どのくらい選択するかはチームが決めます．そして，プロダクトオーナーだけがチームに仕事を依頼することができます．スクラムマスターは，プロダクトオーナーに役割と責任についてコーチします．

## 8.1 LeSS のプロダクトオーナー

スケーリングする場合のプロダクトオーナーに関する原理・原則を示します．

**プロダクト全体思考**—大規模なプロダクト開発では，人々が自分の担当に没頭する場が簡単につくられてしまいます．1 つのプロダクトバックログをもつ 1 人のプロダクトオーナーが，プロダクト全体思考を支えます．

**リーン思考：無理の回避**—多くのチームに 1 人しかプロダクトオーナーがいない場合，どうにかやれる程度の仕事量を維持するには，どうすればよいでしょうか? この章のガイドの多くは，要求や仕様の詳細確認作業の大部分をチームに委譲したり，チームを顧客/ユーザーと直接結び付けたりするなど，この課題を扱うものです．

**大規模スクラムはスクラム：システム思考**—真のスクラムは，契約ゲームの終わりを暗に意味しています．契約ゲームとは，固定スコープと固定期間の内部「契約」を最初にビジネス側と開発側との間で合意し，契約を履行するためのプロジェクトを開発側が実行するという従来型のモデルです．はっきりさせますが，スクラムは内部契約を履行するための効率的なメカニズムではありません．スクラムは顧客との協調と適応へのパラダイムシフトです．すべてのスプリントで出荷し，意思決定権限をもつビジネス側の人がプロダクトオーナーになります．従来の大規模開発では，契約ゲームが組織設計に組み込まれており，内部契約に責任をもつプログラムマネジメントオフィスや無数の関連する役職，方針，プロセスがあります．この環境に LeSS が導入されるとき，LeSS で現在のモデルを置き換えるのではなく，現在のモデルに LeSS を適合させるという誤った見方をされることがあります．そして結局，プロダクトオーナーの役割は，プログラムマネージャーやプロジェクトマネージャーが果たすと誤解されます．

**少なくすることでもっと多く**—LeSS では，プロダクトオーナーの役割をたった 1 人で効果的にスケールすることが可能です．役割，役職，そして複雑さはより少なくするべきです．

### LeSS ルール

> プロダクトオーナーが 1 人，プロダクトバックログが 1 つあり，出荷可能なプロダクト全体を運用します．
> プロダクトオーナーだけでプロダクトバックログリファインメントをするべきではありません．複数チームが顧客やユーザー，ステークホルダーと直接コミュニケーションをとり，プロダクトオーナーをサポートします．
> すべての優先順位付けはプロダクトオーナーに確認をとりますが，要求や仕様の詳細確認は極力チーム間や顧客，ユーザーまたはステークホルダーと直接行います．

### 8.1.1　ガイド：誰がプロダクトオーナーになるべきか?

LeSS を導入するグループは，どこでプロダクトオーナーを見つけるべきでしょうか?

### a. ステップ 1：自分たちの開発タイプを知る

プロダクトオーナーを見つける場所は，開発のタイプによって違います．図 8.1 に主なケースをまとめてあります．

**プロダクト開発**—外部の顧客または市場向けです．

**内製 (プロダクト) 開発**—社内の 1 つ以上のグループ向けです．開発グループは，IT，技術，またはシステム開発とよばれます．

**プロジェクト開発**—通常は 1 つの外部顧客向けです．開発は，ある種のプロジェクトとして組織され，契約されます．固定スコープ/期限/コストでの契約が必須であるとは限りません．通常，開発会社はアウトソーシング業者またはシステムインテグレーターです．クライアント企業内には，対価を支払う顧客とユーザーの両方がいますが，ユーザーは顧客と同じ部門にいるとは限りません ( ☞ agilecontracts.com)．

### b. ステップ 2：プロダクトオーナーを探す

**プロダクト開発**—企業には，(1) プロダクトの主導権がある事業部門 (たとえば，リテールバンキング) または，(2) プロダクトマネジメント部門のどちらかがあります．従来型のプロダクトマネジメントは，顧客や競合他社の分析，プロダクトビジョン，ざっくりとした機能を選択すること，優先順位付け，プロダクトのロードマップなどに責任をもちます．彼らは，従来型の開発グループの仕事の管理はしません．かわりに開発マネージャーが，チーム間の調整などを行い，内部的な大きなバッチのスコープと期限の「約束」を満たす責任を (明確に) 負います．

LeSS を導入するグループのプロダクトオーナーは，どこで見つけるべきでしょうか? プロダクトマネジメント部門がある場合は“プロダクトマネージャー”が良いでしょう．その他の方法では，“プロダクトの主導権をもつビジネス部門の人”が良いでしょう．

**内製 (プロダクト) 開発**—LeSS における良いプロダクトオーナーは，(1) システムを利用するグループに所属し，(2) システムがサポートする実業務に密に関係し，深い経験をもちます．彼らは本当のユーザーに非常に近い存在です．そして，彼らがプロダクトオーナーになったときに重みがあり，独立した，プロダクトに関しての意思決定の権限が必要になります．

**(アウトソーシング) プロジェクトの開発**—大事なことは，プロダクトオーナーがシステムを利用する企業に所属しており，内製開発と同様に，実務に関わり，深い経験があって，ユーザーに近いということです．

内製開発とプロジェクト開発に共通するバリエーションは，システムが多部門で使

図 **8.1**　開発タイプと PO の所属

用される場合です．その場合，実務経験が豊富で，主要なユーザー部門に所属し，プロダクトオーナーの役割を担うことに興味があり，政治に精通している志願者をプロダクトオーナーとするのが良いでしょう．

最後に，すべてのケースにおいて，優れたプロダクトオーナーは，プロダクトへの情熱，政治的知識，そしてカリスマ性をもっています．それなら，心配ありません!

#### c. ステップ 3：プロダクトオーナーに権限と責任を与える

プロダクトオーナーは，仕事のスコープと期限の契約を果たす従来型のプロジェクトマネージャーやプログラムマネージャー，もしくは対象領域の専門家に対する新しい名称ではありません．それどころか，プロダクトオーナーとしてあなたは，重大なビジネス上の意思決定，コンテンツの選択と変更，リリース日，優先順位，ビジョンなどについて，独立した権限をもちます．もちろん，ステークホルダーと協力しますが，本当のプロダクトオーナーには最終的な意思決定の権限があります．

#### d. 複数拠点のヒント：チームより顧客に近づく

世界規模の大衆市場向けの場合はさておき，プロダクトオーナーがチームよりも顧客やユーザーに物理的に近いことは重要です．プロダクトオーナーとして，顧客よりもチームとの同一ロケーションを優先しないでください．チームの内側に集中してしまい，顧客やユーザーへの観点を失うことになるでしょう．

遠隔チームとは複数拠点ミーティング (スプリントプランニング $1, 2, \cdots$) が行われことになるでしょう．素晴らしいビデオコラボレーションツールを使えば，このような会議は比較的，効果的にできます．私たちはそういうものを何度も見てきました．

### 8.1.2 ガイド：一時的な仮のプロダクトオーナーと早めに，または適当に始める

通常，LeSS の導入は開発グループ内で行われます.「まず，素晴らしいビジネス側のプロダクトオーナーを見つけてから，導入を始めよう.」と，グループが決定した場合，次のような潜在的な問題があります．

- **遅い開始**—変化を始めないビジネス側の人々は忙しく，何か大がかりことに関わるよう依頼されていて，何の得があるのかも理解できないし，プロダクトオーナーとしてどのように行動すればよいのかわかりません．だから，候補者を見つけて準備

するのには時間がかかります．

- **混乱した開始**—グループが最初の (または 2 回目の) スプリントを開始すると，ちょっとしたごちゃごちゃした事から列車の脱線のような大事件まで，様々なことが起こり得ます．問題が山のように晒されるかもしれません．最良の場合は，初心者のビジネス側のプロダクトオーナーが，起こっていることを理解し，我慢します．しかし最悪の場合，プロダクトオーナーは混乱でしかないと考えます．「LeSS はすべてを悪化させるし，何もできあがらない初期段階で，なぜ私が関わらなければいけないのかわからない」と考えるでしょう．

よって，この状況での選択肢の 1 つは，一時的な仮のプロダクトオーナーと一緒に LeSS の導入を早く始めることです．一時的な仮のプロダクトオーナーは，起きていることを理解し，プロダクトオーナー役を務めることができますが，ビジネス側の人でありませんし，専門的なビジネス知識はなく，ROI の責任もありません．主な障害が解消されるまで，何回かスプリントを終え，(ここからが重要!) このグループがスプリントごとに，本当に「完成」した出荷可能なインクリメント (または近いもの) を出荷できるようにすることです．なぜ，これが重要なのでしょうか? 開発者がビジネスグループに出向いて，本当のプロダクトオーナーの参加を要請するときに，明確なビジネス上の利益をもたらす，引き付けられる新しい可能性を示すことができます．それは魅力的な話です!

一時的なプロダクトオーナーは正式ではないことを，皆が理解していることは非常に重要です．そして，できるだけ早く交代させましょう．文字通り**仮のプロダクトオーナー**という名前を使うとよいです．

### 8.1.3　ガイド：ユーザー/顧客は誰?

顧客とは，商品を購入，取得，選択したり，商取引に関する意思決定に深く関わっている人のことをいいます．

ユーザーはもう少し複雑です．特に組織のサイロがある大規模開発では，開発者は誰がユーザーなのかを知ることが困難です．ユーザーとは，(いつもそうではありませんが) 通常はプロダクトを実際に使っている人を指します．この人達は，支払いをする顧客または上位の決裁者といつも同じとは限りません．ユーザーは誰で，どこにいるのでしょうか? さらにいうと，誰がニーズや要求を出し，誰が機能を検証し，フィードバックしてくれるのでしょうか?

表 8.1

| タイプ | サブタイプ | 要求元は誰でしょうか?* | 誰が検証してフィードバックしますか? |
|---|---|---|---|
| プロダクト開発 | イノベーション中心で，新技術に大きな影響を受けたり，規格を重視するプロダクト. | 実際のユーザーやユーザーのかわりをする人からは要求が出ません．プロダクトマネージャー (プロダクトオーナーを含む) やチームメンバーなど内部から要求が出てきます. | 擬似ユーザー：ユーザー候補，内部のボランティア，および以前の関連プロダクトのユーザー. |
| プロダクト開発 | 顧客の要求駆動．大衆市場向け. | プロダクトマネージャー，マーケター，チームメンバー，顧客または市場の専門家などのユーザーの代理．ユーザー候補者や既存ユーザーの注目グループを使います. | 要求元 |
| プロダクト開発 | 顧客の要求駆動．たとえば 50 程度の限られた数の顧客向け. | 複数の顧客組織の実際に使っているユーザー. | 要求元 |
| 内製開発 | 一般的 | 内部の実際に使うユーザー | 要求元 |
| 内製開発 | 例：規制 | 政策立案者や規制当局のような特殊な変更の要求元 | 要求元 |
| プロジェクト開発 | | 対価を支払う顧客の実際に使うユーザー | 要求元 |

* これは説明のためのものです．完全でも，詳細でもありません.

これらほとんどの場合で，要求を明確にするため，開発者と真の要求元の直接の協働を劇的に増やすことが LeSS の目標です[*1]．しかし，それは現状の役職やプロセスを変えようとする，マインドセットとふるまいの大転換です．よって，プロダクトオーナーは，積極的に古い構造を置き換え，開発者とユーザーのコネクターとしてふるまう必要があります.

### 8.1.4 ガイド：明確化より優先順位付け

スクラムにおいて，プロダクトオーナーに関する，2 つの重要な情報のフローがあります．(1) プロダクトを進化させる方向を適応的に決定し，その決定をプロダクトバックログの優先順位付けに反映させること，(2) ユーザーのニーズやアイテムの詳細

*1　全体を通して，"ユーザー" は実際に使う人々やそれに準ずる人々という意味を好んで使います.

を発見したり，明確にしたりすることです．1 つ目の流れ (方向性と優先順位付け) では，利益の源泉，戦略的顧客，ビジネスリスクなどに関する情報が求められ，分析されます．2 つ目の流れ (詳細化と明確化) の目的は，詳細なふるまいとアイテム，ユーザーエクスペリエンスなどを明確にすることです．

プロダクトオーナーとして，あなたは方向性や優先順位付けを考慮することに重きを置き，可能な限り詳細の発見をチームに任せます．あなたはチームとユーザーの間に立つ役割ではなく，チームとユーザーを繋げる役割となり，チームがユーザーと直接対話することを奨励し，助けます．要するに，あなたはチームに委任された詳細な明確化よりも，主に優先順位付けに注力します [ガイド 明確化より優先順位付け (8.1.4 項)].

### 8.1.5　ガイド：やってはいけないこと

「えっ! 1 人のプロダクトオーナーが，6 つのチーム，たくさんの要求，数え切れないほどのステークホルダーと一緒に，プロダクトに関する仕事を上手くやるなんてできるの?」と心配になるかもしれません．

LeSS のプロダクトオーナーは，簡単に過負荷になってしまいます．プロダクトオーナーは，プロダクトのビジョンを達成するために開発を 1 人で舵取りし，次のすべてを含め，多くのことに関わります．

- 方向性と優先順位付け—次に進化する場所の決定
- ビジョン，進化，テクノロジーの導入—長期的視点をもつ
- 関係と政治—誰もが (十分に) 幸せになる
- 判断と予測—市場と競合他社の評価

これらは責任の中核で，プロダクトオーナーは重視すべきです．しかし，時間を吸い取る，次のような時間吸血鬼もあります．

- 明確化—アイテムが意味する詳細の把握
- 管理作業—報告とメトリクスの追跡
- 部門間調整—製造，販売などの部門間の関係
- 市場，技術，競合についての学習

そのようなことは委任すべきで，チームに委任するのが望ましいです．また，プロダクトオーナーは次のタスクを行うべきではありません．

- 依存関係の調整またはチーム間の調整
- チームの仕事の予測と計画
- 見積り
- 一般的にいってしまえば，人々の間の情報の運搬

### 8.1.6 ガイド：プロダクトオーナーのヘルパー

先のガイドをもとにしてプロダクトオーナーの仕事を共有しましょう．でも誰と?

**チーム**—まず最初に，チームを利用します．開発とプロダクトマネジメント作業の間の壁を壊し，チームをビジネスに徐々に引き込みます．仕事を共有するだけでなく，関与を深めて全体を見ることができるようになります．市場調査を行う方法を学ぶよう，チームに依頼することを誰か検討していたのでしょうか? 試してみてください! これを計画するには，プロダクトバックログにアイテム (「市場調査」など) を単純に追加してください．また，前述のとおり，アイテムの明確化やユーザーとの会議はチームに委任します．

**プロダクトマネージャー**—プロダクトオーナーがプロダクトマネジメントグループのメンバーである場合，他のプロダクトマネージャーに助けを求めることができます．

**リリースマネージャー/コーディネーター**—大規模なプロダクトには，顧客サポートの準備，営業支援，製造など，実際に出荷するための無数の部門別タスクがあります．従来の大きなグループでは，よくリリースマネージャーとよばれる人が調整を担当します．LeSS の導入において部門間調整タスクを含む Undone ワークが残っている場合に，プロダクトオーナーがそれをやってはいけません．小さな作業であれば，通常のチームメンバーが行うべきです．しかし，通信機器の出荷などの大きな作業であれば，既存のリリースマネージャーがフルタイムの役割を果たすことになるでしょう．少なくとも完璧な Done の定義ができるまでは．また，リリースマネージャーはプロダクトオーナーとチームを支援する側で，その逆ではありません (ステップ 2：各スプリントでどの活動を行うことができるかを発見する [10.1.1 項の (2)])．

ヘルパーが，(通信機器出荷の部門間コーディネーターのような) フルタイムの仕事をしていて非常に忙しい場合，ヘルパーは「プロダクトオーナーチーム」の一員です．つまり,「プロダクトオーナーチーム」の中心的意味は，LeSS Huge フレームワーク用語の，プロダクトオーナーと全エリアプロダクトオーナーです [プロダクトオーナーチーム (8.2.1 項)]．

> 注意!「プロダクトオーナーチーム」には，アナリスト，仕様書作成者，UI/UX デザイナー，アーキテクトはいません．彼らがいると現状の問題と組織構造が，新しいラベルを付けて維持されてしまいます．専門家は通常のフィーチャーチームに参加します．

### 8.1.7　ガイド：5 つの関係

プロダクトオーナーは，図 8.2 に示したような大規模な開発グループに存在する 5 つの主要な関係を理解する必要があります．

LeSS を導入する多くのグループは，プロダクトオーナーとチームの関係をすばやく理解しますが，成功するプロダクトオーナーになるために重要であるにもかかわらず，その他の関係を正しく認識できていません．そこで，すべての関係を詳しく説明していきます．

#### a.　プロダクトオーナーとチーム

従来型のグループ：強いサイロ型．プロダクトマネージャーやビジネスマネージャー (一方はプロダクトオーナーでしょう) が，開発者と一緒に働いたことのない (あるい

図 8.2　プロダクトオーナーの 5 つの関係性

は見たことがない) グループと一緒に仕事をしたことがあります．その時には，両者が協力する際に，お互いに信頼や理解がありませんでした．開発者というものは，機能をつくることに誇りと喜びを抱いていることを知りましょう．目的意識を持ち，実際にユーザーと直接つながっていれば，彼らは一層の努力をします．

チームはプロダクトと市場のビジョン，そして次に何を作成するのかを "プロダクトオーナーから" 知る必要があります．"プロダクトオーナーへ" は，チームが必要としていることや，どのようにチームを助けられるかの情報が流れている必要があります．

ヒント

- **ともに当事者になる**—"プロダクトオーナー" の肩書は 1 人がもっていますが，優れたビジネスにおいては，組織構造と文化が全員に本質的なオーナーシップの感覚をもたせ，自分たちのプロダクトだと感じられることを促進します．プロダクトオーナーは，オーバーオール・プロダクトバックログリファインメントやスプリントレビューの間，チームから情報を求めたり，ビジネス指向のタスクの助けを求めたりすることによって，当事者意識を育てます [ ガイド オーバーオール PBR (11.1.2 項)]．
- **対等の関係**—チームが組織階層の力関係によって，直接的または間接的にプロダクトオーナーに指示を仰ぐようなら，チームとプロダクトオーナーが対等に共同作業ができるように，組織構造を変更する必要があります．プロダクトオーナーは仕事をさせる日雇い労働者のようにチームを扱わず，協力関係を育みます [ ガイド LeSS の組織構造 (4.1.5 項)]．
- **チームに助けを求める**—もしかしたら，プロダクトオーナーは厳しいプロダクトマネジメント作業に負担を感じているかもしれません．大勢の賢い人たち (チーム) がいます．チームに頼めば助けてくれるでしょう．
- **信頼を構築する**—信頼の基盤は透明性です．プロダクトオーナーの行動とプロダクトのバックログで透明性を示します．仕事の目的と優先順位の背景にある動機を説明してください．そして異議を唱えることを許してあげて下さい．直面しているプレッシャーをチームにそのまま押し付けるのではなく，そのプレッシャーを説明してください．また，チームが必要としている支援が何かを聞いて下さい．そうすると，チームに仕事を押しつけようとするよりも，はるかに信頼と信用を生み出すでしょう [ ガイド Y 理論によるマネジメント (5.1.2 項)]．
- **助けましょう，次の場合を除いて**—求められたときチームを助け，問題を解決し，そして信頼を築きます．しかし，LeSS において，チームの責任だとしている調整作業をプロダクトオーナーに依頼するとどうなるでしょうか?(新しいチームでよく見られます)．そのときは，スクラムマスターの助けを借り，プロダクトオーナーは理由を説明し，断らなければなりません [LeSS での調整と統合 (13.1 節)].

- **マイクロマネジメントはしない**—スプリント中，チームは自分達の目標に向かって自己管理しています．プロダクトオーナーは進捗状況を追跡したり，人にタスクを割り当てたりはしませんが，支援を申し出てもよいです．
- **ふりかえる**—プロダクトオーナーにとって，オーバーオール・レトロスペクティブを任意参加のイベントとしてはいけません．参加して，どのようにすれば関係が改善できるかを，他の人達から学んでください．
- **チームの拠点を訪ねる**—時折，プロダクトオーナーは拠点を訪ね，スプリントのイベントにチームと一緒に参加します．対面の会議が有効であることに加えて，話す機会や知識と認識の一致を増やす機会になります．プロダクトオーナーがマイクロマネジメントをしていないなら，信用と信頼を高めることができます．プロダクトオーナーは，チームの状況がより把握できたり，できなかったりするでしょう．プロダクトオーナーが去った後，リモートチームとビデオ会議やメッセージ交換をすると，より良い関係になるでしょう．

### b.　プロダクトオーナーと顧客/ユーザー

古いグループ：強いサイロ型で，フィードバックは不足．私たちは，それまでユーザーと直接会ったことがない，新任プロダクトオーナーのいる大規模グループと仕事をしたことがあります．そこでは，深いフィードバックを得るサイクルを回してはいませんでした．LeSS のプロダクトオーナーとして，チームの学習にユーザーが関われるようにすることが重要です．これには，頻繁に出荷し，透明性と検証を担保することが求められます．

顧客とユーザーは，プロダクトオーナーから，いつ，どのように自分たちが (良い意味で) 影響を受けるかを知る必要があります．そして，優先順位の背景にある理由も知る必要があるでしょう．顧客とユーザーを巻き込み，何も隠さない透明な状態にしましょう．プロダクトオーナーは，ユーザーや顧客の本当の目的や課題が何であるか (また，その先を心に描き)，優先順位を付けるのに役立つ情報をともに学びましょう．

ヒント

- **教育する**—プロダクトオーナーとして，LeSS への変化が，なぜ，どのように顧客に利益をもたらすのか，そして彼らが関われる変化について，顧客/ユーザーに説明しなければなりません．新しいすべての要求は，古い要求者ネットワーク通じて直接開発グループに伝えるのではなく，最終的にはプロダクトオーナーに伝えることを含みます．このコミュニケーション方法を学べるよう，スクラムマスターに助けを求めましょう．

- **ユーザーと一緒に参加する**—スプリントレビューやプロダクトバックログリファインメントに，チームやプロダクトオーナーとともに，お金を払っている顧客と“実際に利用するユーザー”を加えて下さい．
- **少なくともスプリント単位で出荷する**—スプリントごと，またはそれよりも早く，価値のある機能を (それが現時点で不可能または不適切でない限り) 出荷してください．顧客がスプリントごとに新しいプロダクトのインクリメントを使う煩わしさは，チームと一緒に取り除いて下さい．
- **透明性を高める**—たとえば，プロダクトバックログと優先順位付けの理由を説明して下さい．変更が顧客に影響を及ぼす場合，彼らに速やかに伝えます．

### c. チームと顧客/ユーザー

大規模グループに所属する従来型の開発チームは，お金を支払う顧客やユーザーと関わることはほとんどありません．優れたプロダクトオーナーは，チームが顧客のために素晴らしいプロダクトをつくることに関心をもって欲しいと考えます．それには，共感 (そして直接のつながり) が必要です．チームは，間接的や散乱した情報ではなく，“顧客やユーザーから”機能に関するコンテキストと詳細な知識を得ることが必要です．理想的には，チームは顧客と直接会い，顧客の (表面的ではなく) 本質的な目標と問題を把握して，ソリューションを共同で作成します．

顧客に対して，チームは問題や目標を十分理解しているか，そして要求を十分に理解しているかを確認する必要があります．

残念なことに，LeSS のグループをコーチしているときでさえ，チームとユーザーの直接対話を避ける古い慣習が続いていることに気づくことがあります．ユーザーと明確化作業をするアナリストや UI/UX デザイナーがつくる偽の「プロダクトオーナーチーム」が存在することもあります．これは多くの受け渡しの問題を引き起こします．このようなチームが存在する理由は何でしょうか? 単一スキルの専門家は，自分の領域を守りたい，フィーチャーチームに参加するのが不安であると考えることに加え，時として，これまでのサイロ気質やスキル不足のため，チームが顧客との明確化作業に居心地悪さを感じる場合があるからです．また，部分最適の観点ですが，「1 人で仕様書を書く方が効率的」と信じている場合もあります．チームとユーザーの間のオープンな議論によって，スコープクリープを恐れているのかもしれません．プロダクトオーナーは仕様書作成の経験があり，仕様書作成を委譲することに慣れていない場合もあります．

LeSS の利点を最大化するには，このような回避行動を見抜くこと，チームとユーザーを積極的につなぐことが重要です．

### ヒント[*2]

- **コネクターになる**—プロダクトオーナーとして，あなたは顧客やユーザーがチームと直接関わるように働きかけをし，手配をします．プロダクトバックログリファインメントやスプリントレビュー (フィーチャーを使用したり，教育したりする)，ユーザビリティスタディ，現場での「フィールドスタディ」[*3]，インストールのために訪問，トレーニングなどの機会があります．
- **ビジネス活動を共有する**—ビジネス開発訪問，ビジネス分析，マーケティングなどに参加するよう，開発者を招待します．
- **顧客と話す方法を教える**—誰かがこんな風にいうかもしれません．「開発者に顧客と話をさせることはできません．彼らは馬鹿なことをいうでしょう」と．それはもっともな意見ですが，修正できる問題です．「顧客とのコミュニケーション入門」のようなミニコースを提供するか，依頼する必要があります．
- **顧客関係管理グループと組む**—たまに「顧客関係を管理する」ことが自分たちの権限であると信じているグループがあります．顧客と話す方法を教えることと，顧客関係管理グループと組むことは，チームと顧客を結びつけるためには，良い方法です．もし，それでは遅すぎるのであれば，「組織図が追いつくのを待つ」てはいけません．これまでの境界を無視し，プロダクトオーナーとしてチームと顧客をつなげてください．
- **中間の人たちを統合する**—従来型のビジネス部門は，中間のビジネスアナリスト，UX，変更管理など，要件を収集し要件定義書を書くサブグループを使っていました．これらの人たちは，中間のサブグループよりむしろ，フィーチャーチームのメン

---

*2　これらのヒントは，プロダクトオーナーがチームと顧客とのより良い関係を促進する方法に焦点を当てています．自律的なチームと顧客に関するヒントは，プロダクトバックログリファインメントと調整 (11 章) を参照してください．

*3　クレーグの最初の仕事は，保険会社のソフトウェア開発で，1970 年代でした．開発者は，ソフトウェアを使うユーザーの状況やニーズをもっとよく理解するために，彼らの職場でともに時間を過ごし仕事を手伝うことが，義務付けられていました．

バーとして，価値ある役割を担えます．スクラムマスターやサポートマネージャーとともに，それらの部門を廃止し，機能を分解し，よりシンプルな組織を作成することで，LeSS の組織設計が本当のフィーチャーチームになるように務めることがプロダクトオーナーとしての，あなたの仕事です．

### d. プロダクトオーナーと上級マネジメント

従来型のグループは，プロダクトの成功や失敗に，だれひとり，本当の説明責任や責任を負わない共通点があることに私たちは気付きました．プロダクトマネジメント部門は開発側によくある機能リストを渡します．1 年後，開発部門は，その大きすぎる機能リストをつくれず，営業側は非現実的な約束をしてしまいます．こうした状況は，上級マネジメントをひどくイライラさせます．

LeSS では，プロダクトオーナーが最終的な説明責任と責任をもつことを，プロダクトグループを超える上級マネジメント (ポートフォリオマネージャーや，経営幹部など) が，はっきりと疑いの余地のないようにするべきです．プロダクトオーナーは，上級マネジメントとの関係がうまくいっているときに，優れたプロダクトの出荷に集中するための必要な支援が受けられます．

プロダクトオーナーの責任として，上級マネジメントにプロダクトの開発状況を可視化することがあります．それにより上級マネジメントは，望むインパクト (ROI，マーケットシェアなど) を最適化するために，(おそらく暗黙的な) 要求に気が付くことができます．スクラムマスターの支援を受けたプロダクトオーナーが組織設計を改善するために協力し，プロダクトグループはビジネスアジリティを通じて競争優位性を発揮します．

上級マネジメントが，プロダクトオーナーにプロダクトの成功に対する説明責任や結果責任があることを認めていない場合，プロダクトオーナーには次の問題が発生します．

- プロダクトの難しい意思決定と，実行するための組織権限が与えられない
- カネ，チーム数の増減，拠点などのリソースにほとんど影響力をもたない

これらの問題は，“単一プロダクト” の会社に存在する場合もありますが，“複数のプロダクト” をもつ会社では，頻繁に発生する問題です．たとえば，5 つのプロダクトグループがあり，その 1 つだけが LeSS を導入したとします．プロダクトポートフォリオグループ (経営層など) は，従来型の 4 つのグループとは昔と変わらず関わります．プロダクトポートフォリオグループは，特定の従来のメトリクス，マイルストーン，レポートを期待していますが，LeSS グループから別のやり方 (プロダクトオーナーを通

じて“成果や導入”をコミュニケーションする) で関わるよう求められます．さらにこのようなケースでは，導入はおそらく上級マネジメントからではなく，LeSS グループ内で行われています．本質的に，上級マネジメントは，まったく異なる 2 つの組織の原則の間を切り替えるよう求められますが，それに気付いていないかもしれません．プロダクトオーナーは，当てはまるならこの力学を把握することが重要です．そして，起こりうる，または起りそうな間違った期待や混乱に対して積極的に緩和することが重要です．

ヒント

- **自己評価する**—プロダクトオーナーになろうと検討している人は，自己評価すると良いでしょう．プロダクトオーナーは，(1) 上級マネジメントと強く，確立された，尊敬される関係にあり，(2) 熱心で，変化に対する粘り強い支持者であり，(3) プロダクトと顧客に対して情熱をもっており，(4) 重要な意思決定をする権限をもっているまたは，もてる人であり，(5) オーナーシップをとろうとします．
- **まわりを教育し，役割を売り込む**—プロダクトオーナーは，おそらく会社の新しい役割です．プロダクトオーナーが自分自身とこの役割のメリットを売り込まなければ，まわりの人は決してプロダクトオーナーのことを理解することはできません．上級マネジメントを教育してください．プロダクトオーナーが (関係を強めるために) 上級マネジメントに教育を行うことが理想的ですが，スクラムマスターの助けが必要な場合もあるでしょう．
- **「プロダクトオーナーに」を伝える**—プロダクトオーナーは，上級マネジメントからプロダクトや状況についての要求を受ける頼りになる人になるべきです．プロダクトオーナーは，上級マネジメントとコミュニケーションを行い，関係を強固にするべきです．

### e.　プロダクトオーナーとスクラムマスター

他の関係は，プロダクトの「プロダクトオーナーシップ」に直接関係していますが，この関係は違います．プロダクトオーナーの知識とふるまいに関係しています．熟練したプロダクトオーナーがチームと一緒に継続的に改善活動をしている場合，グループは LeSS を用いて利益を最適化する可能性が高まります．それは楽しいはずです!

スクラムマスターは，プロダクトオーナーから懸念事項，疑問，障害を知る必要があります．そうすることで，スクラムマスターは，プロダクトオーナーを助けることができます．良いスクラムマスターは，親身になって話を聞き，困ったときに頼りになることができます．スクラムマスターは，プロダクトオーナーの学びのために，教育し，フィードバックを提供します．また，スクラムマスターはプロダクトオーナーに，チームへのコーチングを依頼してくることもあります．

ヒント

- **少しだけ**—プロダクトオーナーは，1人か2人のスクラムマスターと緊密に連携します．
- **生徒になる**—プロダクトオーナーは，スクラムマスターと研修に参加したり，おすすめの書籍を読んだり，ペアワークをしたり，LeSS のイベントでファシリテーターを務めているのを観察したりすることで，スクラムマスターからコンセプトを学びます．
- **じっくり考える**—プロダクトオーナーは，チームや他の人のふるまいに関するフィードバックを求め，彼らに状況をよく考えるように求めます．

### 8.1.8 ガイド：何よりも顧客との協調を

継続的に優先順位付けするということは，学習の影響を最適化するために，プロダクトバックログの既存および新規アイテムの優先順位を「常に」更新するということです．理想的には，初期の価値を提供し，透明性を高め，フィードバックを得るために少なくともスプリントごとに出荷してください．フィードバックは新しい優先順位に影響を与えます．

大規模で従来型のグループから LeSS に移行する人々にとって，以前は契約ゲームで開発を進めていたため，継続的な優先順位付けはマインドセットやふるまいの劇的な変化となることが多いです．そして，ときどき，まだ契約ゲームを行っています．

#### a. 契約ゲーム

従来型の (特に大きな) 開発グループでは，ビジネス部門やプロダクトマネジメントグループと開発グループで特定の日付とスコープ (時にはコストも) で内部的な「契約」[*4]をします．契約は開発グループに引き渡され,「契約をコミットする」ことを命じられ，約束通りに行う責任を負うことになります．

プロダクト開発の複雑さと変化しやすさが，スコープ，詳細，または確実な見積りを幻想にします．したがって，強制されたコミットメントに対応すると，ビジネスや

*4 この契約は商取引としての外部との契約ではなく，内部での取り決めです．

プロダクトマネジメントグループと開発グループ間で責任のなすり付け合いをするようになります．このゲームは，ゆっくりとですが，避けがたいプロダクトの品質低下と組織の能力低下を起こします．それは，どうやって引き起こされるのでしょうか?

要約すると[*5]，内部契約である強制コミットメントに対応するために，ゲームは一見，短期的な成功のために行われます．そのため，その場しのぎの対応や手っ取り早い手法で行われ，長期的な遅れや間接的な影響，そして負債が発生します．コミットメントを強制する人たちは，めったに2ゲーム目まで残らないため，これらの負債による遠い将来の結果を経験することは決してありません．その結果，次の契約ゲームが行われると，物事はさらに悪化し，負のスパイラルが始まります．最終的に，このプロダクトは最下位リーグに加わり,「途上国のレガシー開発」入りさせられます．

LeSSを導入することは，固定スコープの錯覚および契約ゲームを放棄し，スプリントで得た情報を使って，最大の価値を提供するようにプロダクト開発を指揮することを意味します．それは長期計画を意味せず，計画を現実と混同しないことを意味します．これは，計画に従うだけでなく，学び，変化に対応することを意味します．

### 8.1.9　ガイド：少なくともスプリントごとに出荷する

スプリントごとに市場(または社内ユーザー)へ正確に出荷することは，大規模なグループにとって，マインドセットとふるまいの大きな変化です．複雑なハードウェア開発が絡むなど，現時点ではスプリントごとに出荷するのは不可能な場合があることは理解しています．しかし，純粋なソフトウェアプロダクトでは，大きくても可能です．また，たとえば，マーケティングイベントに合わせて大きく派手な話題つくりを狙っているなど，スプリントごとに本当に出荷することができないまたは，適切でない場合があることも十分に理解しています．

しかし，できる限り，プロダクトオーナーとして，スプリントごとに出荷するか，もっと頻繁に出荷するかを決定する必要があります．その理由は，(1) 価値を早期に提供する，(2) 新しい機能の有効性についてフィードバックをもらい，将来のスプリントでより良く適応する，(3) 変化するビジネスニーズへの対応力の強化，(4) 頻繁な出荷を妨げる摩擦が痛いほど明らかになり，修正したくなることによる，開発グループ

---

*5　システムダイナミクスに関する魅力的な話題一式です．私たちは，*Practices for Scaling Lean & Agile Development* の“Product Management”と“Legacy Code”の章，*Scaling Lean & Agile Development: Thinking and Organizational Tools for Large-Scale Scrum* の“Systems Thinking”と“Organization”で探求しています．

の濃く深い改善，(5) 達成感や進捗している感覚によるチーム間の内部モチベーションの改善，(6) 具体的な結果によるステークホルダー間の信頼向上です．

変化に対する組織的な抵抗 (大規模なグループで高い) に比例した他の恩恵もあります．それは

| 出荷は，言葉よりも声が大きい． |
|---|

“スプリントごとに出荷” する強力ではっきりとわかる影響は，大規模なグループにおける変化に対する論争の多くを減らし，少なくすることでもっと多く出荷するための必要不可欠な状況にすぐになります．

いったんスプリントごとに出荷できるようになれば，顧客へ届ける価値のフローに向かって，さらに頻繁にまたは継続的に機能を届けることを探求できるようになります．

### 8.1.10 ガイド：良い人になるな

新しくつくられた LeSS グループがあったとしましょう．そのグループのすべてが新しい訳ではありません! 人はこれまでの良いとはいえない習慣に馴染んでいます．これらは容認され，長いリリースサイクルとサイロ型による古いシステムでは，顕在化されていませんでした．

そのため，新しい LeSS プロダクトグループは，スプリントの終わりにアイテムを「完成」できたことはほとんどありませんでした．チームがチームになることや “学ぶことを学ぶ” のに時間が掛かるのは理解できますし，予想されることではありますが，それで良いわけではありません．

プロダクトオーナーとして，あなたはチームへの期待設定において重要な役割を果たします．チームがあなたのところに来て，“一連のアイテムが半分しかできなかった” ことを伝えることがあったとします．熟練のプロダクトオーナーは共感するかもしれませんが，それを「受け入れる」ことはありません．良い人になってはいけません．かわりに，アイテムが**完成していない**ことをはっきりさせ，チームに作業の仕方を改善して，完成したアイテムを届けることを期待します．

これは，各スプリントで最初に計画したすべてのアイテムの完成を要求することを意味するのでは**ありません**．その要求は契約ゲームの機能障害 (透明性の低下，処罰を避けるためのバッファの増加，品質と学習の低下) への回帰を引き起こします．開

発のばらつきを管理するために，チームにスプリントのアイテムのスコープを減らし，開始することさえできないようにすることは許容されます．そうではなく，このガイドは，チームには能力がありながらも，真に「完成」であるエンドツーエンドの機能をつくる責任を負うことが何年もなかったため未完成のまま残ってしまうような，いいかげんで不完全な作業について言及しています．

私たちは，あまり良くないプラクティスやサイロ型のマインドセットが原因で完成していないアイテムを受け入れる「良い人」なプロダクトオーナーをよく見ています．黙認は，永遠に働きの悪いチームをつくります．プロダクトオーナーとして，チームは改善し，Done の定義 (弱めてはいけない) を拡張する必要があることを理解している状態を保証すべきです．

メッセージが明確になったら，迅速かつ効果的に改善のための具体的な支援を提供することが組織にとって重要です．そうしないと，チームのモチベーションと信頼が本当に損なわれてしまいます [ ガイド LeSS の組織 (5.1.4 項)]．

### 8.1.11　ガイド：放棄しよう

「良い人になるな」とは，マイクロマネジメントを意味するものではありません．LeSS を効果的に導入できているときには，すべての作業を行い，他のチームと調整をし，自己管理型で同一ロケーションにいるフィーチャーチームがいます．そして，短いサイクルで完全なプロダクトを出荷する (または出荷できない) ことがもたらす高い透明性があります．だから，スプリント中に開発をコントロールしようとする習慣は放棄することができます．

多くのチームは自己管理に長けていませんが，その弱点は何をすべきかを伝えても解決はしません! チームには場所と時間，そして成長するのを助ける熟練したスクラムマスターが必要です．

LeSS グループをコントロールするプロダクトオーナーは軽快でシンプルです．たとえば，プロダクトオーナーとして，次のようにふるまいます．

(1) スプリント中にチームを点検したり，状況報告を要求したりはしません．他のマネージャーにもしません．チームにさせてください．顧客に集中し，将来のスプリントの準備をします．もちろん，チームが助けを求めているなら，助けます．
(2) スプリントレビューで，プロダクトを使い，起きたことから学びます．次のスプリントの目標を適応的に決定してください．

(3) オーバーオールレトロスペクティブでは，プロセスや環境，妨げになる，もしくは役に立ったふるまいについて調査し学びます．あなたのグループと，改善のための実験を適応的に決定します．

コントロールが弱い，または効果がないように感じる場合，お決まりの対策は，スプリントの短縮，もっと良い Done の定義による透明性の向上，出荷する頻度を増やす，です．

### 8.1.12 ガイド：Undone ワークに負けるな

簡単にいうと，Done の定義と出荷可能の違いは，**Undone ワーク**です．大きく古い習慣をもつグループに最初に LeSS が導入されたときは，よくみられます．このガイドのクイック・バージョンがあります．Undone ワークとその意味を説明している，「Done の定義」の章を読んでください [ステップ 2：どの活動をスプリントごとに Done にできるかを発見する (10.1.1 項の (1))]．

プロダクトオーナーとしてあなたは，あらゆる Undone ワークが明確に識別されるようにする必要があります．Undone ワークがどのように扱われているかを知るため，チームと一緒にそれを取り除くよう努力するためです．なぜなら，Undone ワークは遅延とリスクの表れだからです．

Undone ワークに対処する最善の方法は，Undone ワークをなにももたず，スプリントごとに出荷することです．

### 8.1.13 ガイド：LeSS のミーティング

私たちが LeSS を紹介するとき，次の質問を頻繁に受けます.「1 人のプロダクトオーナーが，すべてのチームとすべてのミーティングをどうやって管理するのですか?」幸いにも，その質問は誤解にもとづいたものです．1 人の LeSS のプロダクトオーナーは，各チームの種々のミーティングには参加しません．たとえば，スプリントプランニングミーティング 1 は共通のもの 1 つしかなく，すべてのチームのメンバーと一緒に行います (ミーティングの詳細を知るために，☞ 主な節のスプリント)．

2 週間スプリントを例としたとき，プロダクトオーナーが出席する LeSS のミーティングと，それに費やす平均的な時間はどのくらいでしょう?

(1) スプリントプランニング 1： 1 時間

(2) オーバーオール・プロダクトバックログリファインメントをする場合：1時間[*6]
(3) スプリントレビュー：2時間
(4) オーバーオール・レトロスペクティブ：1.5時間

したがって，ミーティングで一緒になる総時間は，新米プロダクトオーナーが想像するよりも少なく，実際には，おそらく2週間スプリントで6時間です．

もちろん，プロダクトオーナーがチームと話しをする必要がある場合は，ミーティングを待つ必要はありません．歩いていって，話すだけです![ ガイド ただ話す (13.1.1項)].

## 8.2　Less Huge

巨大なスケーリングの場合，プロダクトオーナーに関連する原理・原則に次の2つがあります．

**プロダクト全体思考**—詳細に溢れたエリアバックログは概要を把握するプロダクトオーナーの能力を弱らせます．一方，エリアプロダクトオーナーはエリア内の新しい方向性や詳細化に取り組むため，全体観を維持するのは困難です．

**顧客中心**—巨大な要求が複数のエリアにまたがる場合，一貫したユーザーエクスペリエンスや完全なエンドツーエンドのソリューションを実現するために，より多くの調整が必要です．

### プロダクトオーナーチーム

全体のプロダクトオーナーとエリアプロダクトオーナーが，LeSSの**プロダクトオーナーチーム**を結成します [LeSS Huge(4.2節)].

「プロダクトオーナーチーム」には，アナリスト，仕様書作成者，UI/UXデザイナー，アーキテクトはいません．彼らがいると現状の問題と組織構造が，新しいラベルを付けて維持されてしまいます．専門家は通常のフィーチャーチームに参加します．

*6　LeSSでの一般的なミーティングですがオプションです．11.1.1項の「ガイド：プロダクトのバックログリファインメントのタイプ」を参照．

### LeSS Huge ルール

各要求エリアにはエリアプロダクトオーナーが1人ずついます．

全体のプロダクトオーナーの役割はプロダクト全体の優先順位決めと，どのチームがどのエリアを対応するかを決めることとなります．そして，エリアプロダクトオーナーと密にコミュニケーションをとる必要があります．

エリアプロダクトオーナーは当該エリアのチームに対してプロダクトオーナーとしてふるまいます．

### 8.2.1 ガイド：LeSS Huge のプロダクトオーナー

LeSS Huge と小さい LeSS フレームワークにおけるプロダクトオーナーの役割は，ビジョンの定義や競合他社の理解など，重複がいくつかあります．しかし，かなり違ってもいます．

小さい LeSS フレームワークでは，プロダクトオーナーは，今後のスプリントのアイテムの選択，スプリントプランニング1でチームとミーティングするなどに時間を費やします．しかし，LeSS Huge のプロダクトオーナーは，そういったことをしません．現地現物のような特殊なケースを除いて．LeSS Huge のプロダクトオーナーが注目するものには，より大まかな，そして組織的な，次のようなタスクが含まれます．

- 「健康」や「FDD サポートのある LTE」など，プロダクト全体にわたる大まかなテーマと巨大な要求の特定と優先順位付け．しかし詳細に入る必要はありません[*7]．
- 要求エリアの変更につながるビジネスおよび技術トレンドの特定
- 要求エリアの追加/削除および拡大/縮小
- 要求エリアへのチームの割り当て
- エリアプロダクトオーナーを見つけること，育てること，支援すること
- 各要求エリア内の大まかな優先順位のテーマを検証し，適応すること
- 上級マネジメントとサイト戦略の決定

小さい LeSS フレームワークの5つの主要な関係の他に，LeSS Huge では，プロダクトオーナーとエリアプロダクトオーナーの6番目の関係が追加されます［ガイド 5つの関係 (8.1.7 項)］．

*7 私たちは，関心をもたないか，詳細が分からない，関り合いをもたないプロダクトオーナーを勧めませんが，巨大なプロダクトでは細かいところに入ることはできません．

### 8.2.2 ガイド：エリアプロダクトオーナー (APO)

小さな LeSS フレームワークで，プロダクトオーナーを見つけるための先のガイドと同じ基準で，エリアプロダクトオーナーを見つけて下さい．たとえばプロダクト開発では，要求エリアのエキスパートであるプロダクトマネージャーが適しています (☞ 8.1.1 項).

エリアプロダクトオーナーは，全体のプロダクトオーナーと同じ権限はもっていません．後者には，プロダクト全体の方向性，出荷時期の決定，要求エリアを徐々に終わらせたり，終了させたりすることに対する独立した権限があります．

しかし，プロダクトオーナーは，可能な限りそのエリアのエリアプロダクトオーナーにビジョンと優先順位付けの責任と権限を委譲すべきです．

**小さなエリアが「間違った」エリアプロダクトオーナーの原因となる**—通常の要求エリアには，4 つ以上のチームがあります[*8]．1 つまたは 2 つのチームで構成される小さなエリアの APO の役割に起きることは何でしょうか? その役割は，主要な市場エリアに向けて戦略的かつ利益に重視する人物ではなく，アイテム明確化役，ある種のアナリストまたは仕様書ライターに変わってしまいます．プロダクトオーナーは，少数の戦略重視の起業家 APO とコラボレーションするのではなく,「エリアプロダクトオーナー」のバッジを付けた多数のビジネスアナリストやプロジェクトマネージャーとコラボレーションすることになります．

**アジリティと雇用の安全性**—要求エリアは，昔ながらのグループよりも早いかもしれませんが，変化する巨大な機会を反映して，時間をかけてゆっくりと変化していく必要があります．(エリアプロダクトオーナーを含み) 減退するエリアの人々が自分たちの仕事に不安を感じているなら，抵抗と透明性の低下が組織のアジリティに影響を及ぼす可能性があります．当然，それは雇用の安全性の方針が必要です．

**一時的な仮のエリアプロダクトオーナー**—LeSS フレームワークのガイドとして "一時的な仮のプロダクトオーナー" があります．優れた真のエリアプロダクトオーナー (エキスパートプロダクトマネージャーなど) を見つけるには時間が掛かるかもしれません．したがって，新しい要求エリア開始の遅延を避けるために動くことはできますが，専門的なビジネスの洞察や責任をもたない代理の人で迅速に開始してください．そし

---

*8　特別なケースは，多くのチームになると強く予測されるエリアを最初に成長させる場合です．最初に霧を晴らし，後に新エリアにやって来る他のチームをコーチすることになる 1 つのリーディングチームと，導入が始まるでしょう．4.2.2 項の "ガイド: 要求エリアのダイナミクス" を参照してください．

て，その人をできるだけ早く交代させてください [ ガイド 一時的な仮のプロダクトオーナーと早めに，または適当に始める (8.1.2 項)].

### 8.2.3 ガイド：スクラムマスターの助けを借りる PO チーム

プロダクトオーナーチームは，LeSS Huge フレームワークの中で一緒に仕事をする方法を学ぶ必要があります．商用プロダクト開発では，彼らはすでに同じグループで働いていて関わり合うための規範をもつプロダクトマネージャーであるかもしれませんが，LeSS は彼らにとって新しいコンテキストです．内製開発の場合，彼らは一緒に働いていた可能性は低いでしょう．彼らはレトロスペクティブの習慣をつくり上げ，自分自身のために改善する必要があります．助けてもらえるボランティア (有志) のスクラムマスターを探しましょう．スクラムマスターは，プロダクトオーナーチームのミーティングに出席し，定期的なレトロスペクティブをファシリテートし，PO チームに彼らがどのように働いているかのフィードバックを提供する必要があります．

# 9 プロダクトバックログ

246 種類ものチーズがある国をどうやって治めるというのかね?
—シャルル・ド・ゴール

## 1 チームスクラム

優先順に並べられたアイテムからなる 1 つのプロダクトバックログは，プロダクトの要求の収納場所です．プロダクトオーナーは，プロダクトバックログの内容と順番に責任を負い，チームとステークホルダーに対してそれを可視化します．プロダクトバックログは各スプリントで学習したことをもとにアイテムが定期的に追加・削除され，(ROI を最大化するために) 順番が入れ替えられるため常に変更されます．プロダクトバックログの優先順位の高いアイテムほど，より洗練され実装の準備が整っています．優先順位の低いアイテムは，粗くあいまいです．スプリントごとのプロダクトバックログリファインメントを通じて，アイテムは分割され，明確化され，見積もられます．

『スクラムガイド』にはスケールするときの重要なルールが書かれてあります．それは，1 つのプロダクトで働く複数チームがあるとき，共有のプロダクトバックログは 1 つだけというルールです．

> (彼らが) 同じプロダクトの作業をすることがよくある．そうした場合，プロダクトの作業は 1 つのプロダクトバックログに記述する．

スクラムをスケールする場合にバックログをチームごとに分けてしまうと，全体にわたる透明性が低くなり，プロダクト全体思考が落ち，複雑性が増し，チームのアジリティを妨げます．

## 9.1 LeSS のプロダクトバックログ

LeSS を導入する際の，新しいプロダクトバックログを最初につくるガイダンスとして，3 章 (導入) を参照してください．

スケールする際のプロダクトバックログの原理・原則があります．

**大規模スクラムはスクラム**—1 つのプロダクトに多くのチームが取り組んでいたとしても，プロダクトバックログは 1 つだけです．

**プロダクト全体思考**—1 つの共通のバックログがプロダクト全体の集中と可視性を高め，全体を見て最適化します．

**顧客中心**—従来の大規模開発では，技術，コンポーネント，単一機能のタスクによって，作業 (と関連するチーム) を分解します．LeSS では，バックログアイテムはエンドツーエンドの顧客の目標に注目しています．

### LeSS ルール

> 出荷可能なプロダクト全体に対して，プロダクトバックログは 1 つ (そして 1 人のプロダクトオーナー) です．

## 9.1.1 ガイド：「依存関係の管理」ではなく，制約の最小化

良いプロダクトバックログはシンプルで，プロダクト開発作業の良い概要を示してくれるものです．しかし，依存関係を管理するためのツールとして利用され複雑になることがあります．そうである必要はありません [プロダクトの定義は，プロダクトの内側は何か，外側は何かということに影響します． ☞ プロダクト (7 章)]．

プロダクト開発において，LeSS では内部の依存関係と外部の依存関係を区別します．内部の依存関係は，プロダクトグループ内のチーム間のもの．外部の依存関係はプロダクトグループ外もしくは Undone 部門のようなプロダクトグループ内のフィーチャーチーム以外に対するものです．

### a. 内部の依存関係を取り払う

LeSS では，内部の依存関係を管理する必要はありません．4 章 (顧客価値による組織化) と，13 章 (調整と統合) に，詳細に記載しています．

> 共有コードを使用するフィーチャーチームには，内部の依存関係も依存関係の管理もありません．

> チームは共同作業をすることによって依存関係を解消することができ，他のチームのアウトプットに依存しません．

どのフィーチャーチームも，アイテムに対してコードベースをまたがって作業をすることができます．チームは継続的インテグレーション，コミュニティ，複数チームのワークショップ，作業の共有や交換などのアイデアを取り込み，彼ら自身の間で統合を管理します [LeSS での調整と統合 (13.1 節)]．

複数チームで統合管理をすることは複雑ではありません．しかし，以前は自分たち用のコードをもつコンポーネントチームがあったり，統合チームや大きな計画イベントなどの従来型の統合管理を行ったりしていたグループにとっては，それはとても大きなマインドセットの転換になります．

#### b. 外部の依存関係は管理せず，制約を最小限に抑える

アイテム A を完成させるには，外部のアーティファクトが (明らかに) 依存していると仮定します．一般的には，データフィードやサービス，インターフェースの変更，ハードウェアコンポーネント，ライブラリなどです．こういったことは大規模開発ではよくあることです．従来では，プロダクトオーナーが次の方法で依存関係に対処します．

(1) バックログのアイテム A に外部依存関係を追加する
(2) 外部の成果物と同期し，アイテム A を完成させることができる将来のどこかのスプリントを予測して計画する
(3) 計画されたスプリントをプロダクトバックログに追加する

大きなプロダクトでは，アイテム A だけではなく多くのアイテムに外部依存関係を追加することになります．その上，将来の広範囲のスプリントにわたって同期ポイントを予測する計画はやっかいで，時間も掛かります．その上，予測が外れると再度計画をしなくてはならず，時間をさらに無駄にします．

こんなことはやめましょう．外部依存関係を変更できないマイルストーンと見なすのではなく，壊すことができる制約"として捉え直します．次の原則があります．

(1) 依存関係に騙されて，予測にもとづく計画を立てないでください．将来の同期ポイントで「依存関係の管理」をしようとしないでください．苦痛を伴う予測計画

になるだけです.

(2) 依存関係は，柔軟性の低下と遅れの原因となる制約として見てください.

(3) 可能な限り，制約と戦い，最小化し，取り除いてください.

依存関係について考えてみましょう. 他に依存している場合は，無力であるということを示しています. しかし,「制約を最小化したり取り除く」ことは，行動や選択，権限委譲などがコントロールできるということを示しています. このことは，プロダクトバックログの内容と優先順位に影響を及ぼします.

#### c. 制約を取り除くためのアイデア

どのように制約を取り除いたり，最小化したりするのでしょうか? たとえば，アイテム A は，外部のグループ X が作業するプロダクト X のインターフェースの変更に依存しています. まずは，“アイテム A を完成させるための制約としてインターフェースの変更がある” というように捉え直します. その制約をどのように最小化したり，取り除いたりできるでしょうか? いくつかのアイデアを以下に示します.

- **「彼らの作業」をする**—デザインワークショップや毎日のコードレビューなどいくつかの品質保証技術と組み合わせて，プロダクト X のコードの変更をグループ X と合意をします. あるいは (グループ X に許可を求めずに) コードを書き，いくつかの品質チェックとの組み合わせて，それが動作していることを示し，そのコードを組み入れる許可を求めます.
- **「彼らの作業」をペアワークする**—グループ X に加わることを申し出て，一緒に作業します.
- **他のグループの変更が小さくなるようにアイテム A を単純化または分割する**—プロダクト X が段階的に必要になるように，インターフェース変更が小さく簡単な形で，アイテム A を小さなバリエーションに分割します. これは外部の変更の “バッチサイズを小さくしている” と見ることもできます. “小さなバッチとプロダクト全体での継続的インテグレーション” を組み合わせることで，制約を減らし，フィードバックを増やします.
- **アイテム A を (1) スタブ付きのアイテムと (2) 完全に統合するアイテムに分割する**—プロダクト X のスタブ (簡略化されたシミュレーション) 付きアイテムを実装します. そのインターフェースがプロダクト X で完成した時点で，スタブを取り外します.
- **アイテム A を (1) 代替インターフェースを利用するアイテムと (2) 最終的なイ**

ンターフェースを利用するアイテムに分割する—代替インターフェース (たとえば，手動など) でアイテムを実装します．最終的なインターフェイスが利用可能になったら，代替インターフェイスを削除します．
- **制約を説明する**—グループ X の優先順位に影響を与えるため，重要性，コスト，利益などを彼らと共有します．
- **制約を避ける**—少なくとも今のところは，アイテム A を他の既存のインターフェースで動くよう見直します．
- **別の方法で成果を達成する**—おそらく目的を実現するための別の解決策があります．

### d.　プロダクトバックログの変更例

選ばれたアイデアは，通常はバックログに反映されます．以下に 2 つのアイデアを示します．

**アイテムをより簡単なバリエーションに分割する**—たとえば，金融リスク管理のプロダクトが，取引処理のプロダクトからのデータを利用しているとします．金融リスク管理のアイテム A は，取引処理から 30 の新しいデータが必要で，すべてのデータを取り込むにはとても多くの作業があるとします．おそらくアイテム A は，ユーザーにとって意味のある以下のアイテムに分割することが可能です．

- アイテム A1：リスク分析において最も重要な 10 個のデータ
- アイテム A2：残りのデータ

**アイテム A を，(1) スタブ付きのアイテム，(2) 完全に統合するアイテムに分割する**—たとえば，アイテム A は，2 つの新しいアイテムに分割されます．

- スタブ付きアイテム A
- アイテム A を完成させる (または単に「アイテム A」とする)

「スタブ付きアイテム A」は，プロダクト X の未完成の部分に対して，あたかも完成したかのように (通常は単純な) ソフトウェアシミュレーションやスタブを用います．「アイテム A を完成させる」は，プロダクト X の作業も完成することを意味します．スタブは削除され，スタブ付きアイテムが完成した時に書かれた有効なテストを用いて，2 つのプロダクト全体で完全に統合されます．

### e.　他のグループ待ちの場合の優先順位付け

「アイテム A を完成させる」がグループ X の作業を待たなければならないような，望ましくない場合でも，同期ポイントを予測した計画を立てる必要はありません．

(1) 「スタブ付きアイテム A」の優先順位を上げ，素早く完成させます.「アイテム A を完成させる」の優先順位は低いままです．このアイテムを完成させるスプリントを予測する必要はありません．重要なことは,「アイテム A を完成させる」をできるだけ小さくして，スプリント内で簡単に達成できるようにすることです．
(2) プロダクトバックログに,「制約情報」の列を追加します．他のグループ待ちの一時的な制約があるアイテムに，完成予定日など重要な情報を記録しておきます．
(3) 結果やコスト，利益を，グループ X と共有し，彼らの優先順位付けに影響を与えます．
(4) その後，グループ X が制約となっている部分を完成させたと連絡してきたら，単に「アイテム A を完成させる」の優先順位を上げて，次のスプリントで完成できるようにします．それがアジリティというものです!

## 9.1.2　ガイド：少しかじる

巨大な要求が存在する大規模開発の世界では，多くのいわゆる大規模アジャイルの導入時でさえも，要求が実際にプロダクトバックログに入るまでに数ヶ月も掛かることがあります.「開発チームは，そのような大まかで大きな要求に対処することはできない」ためです．したがって，複数の分析グループやアーキテクチャグループ，またはシステムデザイングループが，巨大な要求を分析し，分解し，仕様書を作成し，フィージビリティ・スタディを実施するのです [ ガイド 巨大な要求を扱う (9.2.4 項)].

実装を開始する前に巨大なアイテムの大部分を熱心に分解して分析するのが，従来の考え方や行動です.「要求やその影響を十分に理解するまで，実装を開始することはできません... もし，後で重要なものが見つかったらどうなってしまうでしょう?」しかし，あなたがタイムトラベラーでない限り，後でいろいろ見つかるでしょう!

そして皮肉なことに，この過剰な初期投資のコストの 1 つは，たくさんの初期分析や推測による設計によって，その分だけ学習が遅れるコストです．

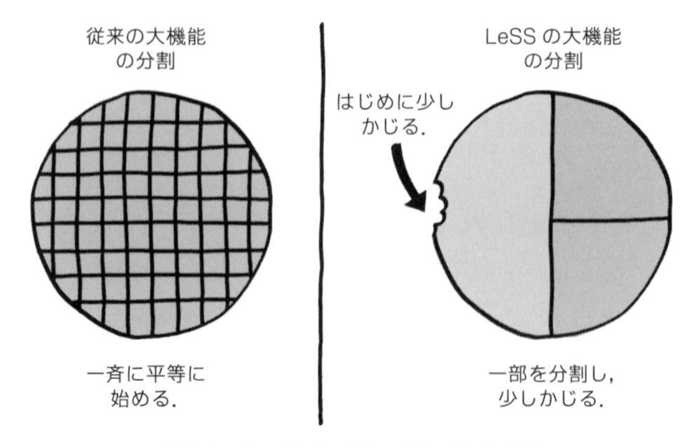


**図 9.1**　リーディングチームと少しかじる

なぜなら，図はクラッシュしないし，ドキュメントは動かないからです.

その上，グループは現在，隠れたリスクや欠陥，受け渡しのムダ，利益提供の遅れなどが，たくさん山のように積まれている作業中の山の中にいます．時には，巨大な石が転がり落ち，誰かを殺すでしょう.

そんな風にプロダクト開発を過ごしてはいけません．分析やシステム設計，仕様策定グループを別々にする必要はありません．早期に分析を開始するのではなく，早期に開発を始めてください.

やり方を手短かにいうと，ある 1 チームが巨大な要求をいくつかの大きな塊に分けます．それからその 1 つを少しかじり，よく噛み砕き，実装に落とします．大きなアイテムからほんの小さなアイテムを分け取り，リファインメントでその小さなアイテムの詳細を明らかにして進めるのです! [チーム PBR：小さく始める (2.2.4 項 (ii))].

なぜこのようなことをするのでしょうか?

- 早く始める! 早期に実装を完了させる最善の策は，実装を早く始めることです，すなわち，少しかじり，学び，適応する．アジリティと柔軟性の道は，WIP を制限し，強力なフィードバックループにより学習を増やすことです.
- 一口実装する予定のチームを大きなアイテムの分割や分析に巻き込みます．学習が増加し，受け渡しが減ります.
- 最初のチームは，最初から最後までやり通し，受け渡しやナレッジのロスを減らします.

- どれくらい噛むと最適な栄養になるのかを知るためフィードバックと学習を増やします. 満腹を感じるために全部かじる必要はありません. 小さい一口サイズを完全に実装したら, 次にもっとも美味しい一口を見つけてください.
- アイデアについて真剣に考え始めたとき,「おっと, それについて考えてなかった」となったことはありませんか? その瞬間を, 後ではなく早くする必要があります.

実装前に要求を「完全に理解する」のが習慣的な考え方です. 皮肉なことに, 早期の実装を避けることは, 理解を妨げていることになります. しかし, それは強く慣例になっている習慣であり, 実装をしない別の分析グループがあることで強化されています. より小さく頻繁にかじることで, この習慣を壊してください.「分析グループがない」ことは, 分析をしないことではなく, アイテムを実装するのと同じチームが, まさに分析をするということです.

### 9.1.3 ガイド：親の対処

小さく分割しなければならない大きなアイテムがあるのは, 大規模な開発では一般的です. アイテムが分割されている場合, 親または祖先などのもとのアイテムはどうなるでしょうか? たとえば, 取引決済を購入処理と売却処理に分けた場合, もとの取引決済はどうすればよいでしょうか? それには 2 つの方法があります. 取引決済を削除するか残すかです. トレードオフと適用範囲を見てみましょう.

#### a. 祖先を削除する

プロダクトバックログから祖先を削除することは, 細胞分裂 (細胞質分裂) するようなもので, 祖先は新しい複数のアイテムに置き換えられます (図 9.2). メリットの 1 つはシンプルさです. バックログの構造は単純なままでよく, 親と子をリンクさせるための余計な労力を必要としません. 2 つ目のメリットは

| 新しいアイテムは, 祖先から互いに独立して, 自然と優先順位が付けられます. |
|---|

従来の大規模な開発では, 大きな要求から派生したすべてのサブ要求は, 親と同じ優先順位をもち, 開発プロセスを通じて単一のバッチとして動きます. これにより, 価

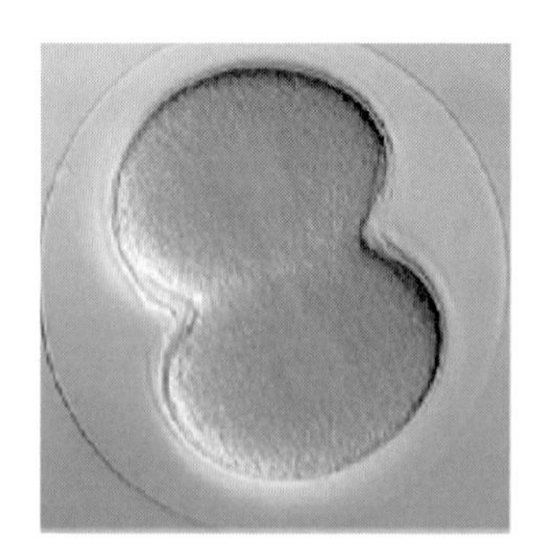

図 **9.2**

値の高いアイテムの完成の遅れやフィードバックの遅れ，リスク軽減の遅れなど，価値の低いアイテムに時間とお金が費やされます．これは問題です．

アジリティのためには，アイテムの独立性が重要です．新しいアイテムは他のアイテムや祖先から独立している必要があります．祖先を削除するという簡単な方法は，考え方や行動を転換することを保証するものではありませんが，独立したアイテムで順序を付けることで自然で理解しやすいバックログをつくります．例として,「取引決済」を分割する前のバックログの順序は，こうです．

(1) X
(2) 取引決済
(3) Y

祖先を分割して削除したあと，プロダクトオーナーは，次のように順序を定義します．

(1) 購入処理
(2) X
(3) Y
(4) 売却処理

購入処理と売却処理は，明らかに独立して順序を付けることができます．このように，最も価値のある部分を素早く完成させること，また，柔軟性やアジリティを高めることを支援します．これは素晴らしいことですが，マインドセットを大きく変えることが必要です．

このアプローチの欠点は，アイテムを洗練するときや，デリバリーのための関連アイテムのテーマを定義したいときに，役立つかもしれないコンテキストや関連情報が

表 9.1

| 順序 | アイテム | 注目すべき直接的/間接的祖先 |
|---|---|---|
| 1 | 購入処理 | 取引決済 |
| 2 | X | |
| 3 | Y | |
| 4 | 売却処理 | 取引決済 |

失われることです．

小さなバックログやすべての要求に精通しているドメインでは，祖先を削除することで問題が発生する可能性は低くなります．祖先を削除するのはシンプルなソリューションなため，シンプルな場合に適しています．

### b. 祖先を残す

祖先の情報を残したいのはどのような時でしょう．膨大な数のアイテムがあったり，複雑なものが多かったりする大きなプロダクトバックログでは，新しいサブアイテムと祖先との関係を覚えておく (または見つける) ことが難しくなります．祖先の情報は，どのように役立つのでしょうか?

- 理解や意思決定を助けるための全体像のコンテキストとして
- 新しいサブアイテムを出すときの名案の源泉として
- リリーステーマを特定するため
- LeSS Huge では，エリアバックログを別々のアーティファクトとして管理するため [ ガイド エリアバックログ (9.2.1 項)]

祖先の情報は，プロダクトバックログに「祖先」の列を追加して，そこに情報を記録します．表 9.1 に例を示します．

いくつかの指針があります．

- 祖先レベルの深い階層を避ける [ ガイド 3 レベルを上限とする (9.2.2 項)].
- 祖先の情報はオプションです．注目すべき場合だけ利用します．
- 記録する祖先は，直接の親である必要はありません．オリジナルの巨大なアイテムが子孫を大量に生み出している場合は，その遠い祖先を記録することができます．そうすることで，遠い子孫間のつながりが見えやすくなります．
- 例で挙げている表に注意してください．左から右の順序は，祖先 → アイテムではなく，アイテム → 祖先となります．これはマインドセットと，サブアイテムの独立性と優先順位の変更を反映しています．

### 9.1.4　ガイド：特別なアイテムの取扱い

プロダクトバックログには，顧客の機能に加えて，欠陥や改善，新しい取組み，特別な研究など他のアイテムも入れられます．

#### a.　欠陥のアイテム

スクラムの標準的なアドバイスに従うと，顧客が報告した欠陥はプロダクトバックログアイテムとして記録します．それは欠陥が 10 個以下 (そうであるべきですが) の場合には，そのように対応します．

**巨大なバグリスト**—714 個も欠陥がある場合は，そのアドバイスは忘れてください．すべての欠陥は，欠陥追跡ツールにすでに登録されていることでしょう．もしそれらの欠陥をプロダクトバックログに移動 (それ自体が大きく，間違えがちなタスク) した場合，ノイズで埋もれてしまいます．これは何年もの間，蓄積された欠陥をもつ大きなプロダクトの典型で，LeSS 導入時にだけ発生します．最初のプロダクトバックログを作成する際に，膨大な数のバグが存在する場合は，欠陥の数が十分に少なくなりプロダクトバックログに入れられるようになるまで，欠陥追跡ツールを使い続けます．その場合には，プロダクトバックログの上位に，「欠陥の数 $= N$」というアイテムを一時的に入れておき，問題を見えるようにしておきます．そして素早く欠陥をゼロまで減らしてください．見えないと忘れてしまうため，プロダクトバックログに入れられるようになり次第，できるだけ早くすべての欠陥をプロダクトバックログに記録します．人が欠陥を見て対応できるように，見えるようにしておきましょう．

**ゼロにする**—初期の段階において 714 個の欠陥をゼロにするにはどうすればよいでしょうか? 大まかにいうとリーン思考の「止めて直す」を適用し，欠陥に集中して取り組みます．バグリストを整理してノイズを取り除き，1 つないし複数のフィーチャーチームで欠陥をやっつけます．役割をローテーションすることになるかもしれません．また，グループで問題解決ワークショップを開催し，開発者に欠陥の再現を依頼したり，バクの修正の実験を試したりするかもしれません．

**緊急の新しい欠陥**—スプリントプランニングの段階で不具合がわかっている場合は，計画して修正してください．スプリント中に，素早い対応が必要な緊急の欠陥が発生した場合はどうでしょう? 1 つのアプローチは，通常のフィーチャーチームを緊急の欠陥に対応する責任をもつ即時対応チームとします．この責務はスプリントごとにローテーションします．即時対応チームが，緊急の欠陥による中断や変化を吸収することで，他のチームは集中し続けることができます．その他のメリットとして (「最速で解決できる」チームは中断されることと引き換えに) あまり良く知られていない分野について学習できるかもしれません．

### b. チームの改善アイテム

多くの改善アイテムはチームで行うことができますし，行われるべきです．改善アイテムの中には組織の改善もありますが，多くの場合，技術的または環境的な改善です．チームが行うべき改善アイテムは，通常，レトロスペクティブ (チームまたはシステムレベル) か，コミュニティ(アーキテクチャやテストなど) のミーティングから生まれます．

チームが行う改善アイテムはどこに記録するのでしょうか?

**大きな改善はプロダクトバックログに入れる**—特に彼らが大きな投資をしている場合はプロダクトバックログに入れます．これにはいくつかのメリットがあります．(1) チームの作業が可視化され，かつ 1 箇所に集まる．(2) プロダクトオーナーが投資を優先する大きな改善を決定することができる．(3) 継続的な改善は通常のワークフローで処理される．改善アイテムを記録する際の重要なヒントがあります．

> ビジネスへの利益とプロダクトオーナーの観点から，大きな改善アイテムを表現しましょう．

チームは主要なコンポーネントを書き直したいのでしょうか? そのメリットは何でしょうか?

**小さな改善はプロダクトバックログに入れない**—大規模なグループでは，すべてのチームから非常に多くの改善が集まります．それぞれの人たちがプロダクトバックログに小さな改善アイテムを追加してしまうと“ノイズで埋もれ”，主な目的である顧客機能に集中することが難しくなってしまいます．そして無数の小さな改善アイテムは，バックログの管理と優先順位付けの労力を増やし，自己管理，信頼，継続的改善の精神を失わせ，“ごく小さな改善のマイクロマネジメント”を引き起こします [ ガイド Y 理論によるマネジメント (5.1.2 項)]．

プロダクトバックログに入れるかわりに，たとえば，(1) 「X」より大きい改善アイテムのみを，プロダクトバックログに追加する．(2) チームは小さな改善 (プロダクトバックログにはない) に，スプリントごとに「20%」の時間を使用することができるなどポリシーを決めて合意をします．これにより，物事がシンプルになり，自己管理と信頼が促進されます．

### c. イノベーションや特別な研究のためのアイテム

大きなプロダクト開発では，次の一般的なケースを考慮してください．

- 代替のチップ[*1]またはサードパーティのソフトウェアコンポーネント．
- イノベーション
- 競合分析
- 将来の技術分析

これらは一般的にばらつきの多い大きなタスクです．プロダクトオーナーとチームが意思決定や優先順位付けを行うためには，さらに情報が必要です．LeSS ではどのように対応するのでしょうか?

- イノベーションや調査のアイテムをプロダクトバックログに追加する．
- 終わりのない活動にすべての時間を使い尽くしてしまわないように，スプリントで行える時間を制限する (たとえば,「最大 50 人時まで」)．
- 「研究チーム」ではなく，通常のフィーチャーチームで行う．
- 長時間調査するよりも，できる限り“少しかじる”を使う．
- プロダクトオーナーとチームの意思決定を助けるために，情報や提案の調査に注目する．
- スプリントレビューで次のステップのアドバイスをシェアする．
- イノベーションであれば，いくつかの実験的なプロダクトの機能を素早くつくることを目指す．実際のプロダクトを使用してフィードバックを受ける．

この手の特別な研究や調査は，定常的な分析や設計，アーキテクチャの構築ではありません．一方で“偽の研究”に注意してください．

> ビジネス分析や UX 分析，UI デザイン，アーキテクチャ分析や設計のような，定常的に繰り返す偽の「研究」アイテムをつくらないでください．

---

*1　(訳注) 販売中止になったマイコンの代替品．

**注意!**—チームとは別に大きな問題を解明するための特別なグループをつくってはいけません．特別なグループをつくるくらいなら，札束に火をつける方がまだましです．少なくとも暖かくはなるでしょうから．

### 9.1.5 ガイド：大規模プロダクトバックログ用のツール

「私たちはアジャイルではありません．アナリストはユースケースとシナリオをWordで書き，SharePointに保存し，情報がどこにあるのかを電子メールで伝えます」

「私たちは今はアジャイルです! プロダクトオーナーはエピックやストーリーを書き，Rallyのバックログに記録し，情報がどこにあるのかを通知で伝えます」

新しい言葉と新しいラベルが付けられた新しいツールを使うことで，何か意味のある変化があったと思い込んでいるだけです．

| ツールはアジャイルではありません．アジリティは，組織的なふるまいです． |
|---|

とても大規模で複数拠点のグループが，スプレッドシート(たとえばGoogleスプレッドシート)をプロダクトバックログとして使い，詳細はwikiへのリンクが貼ってあるだけのシンプルな管理に成功しているのを見たことがあります．実際，シンプルに管理した方がうまくいきます．

| スケールする際に，プロダクトバックログのツールは何を使いますか?<br>スプレッドシートやWikiよりも複雑なものを使う必要はありません． |
|---|

なぜでしょうか? いわゆる「アジャイル」ツールを使うことによって発生する問題があるためです．

- 深いシステムの問題ではなくツールに注目し，ふるまいやシステムを変えるという重要なことから逸れてしまうか避けてしまいます．ツールは実際の問題を解決するものではありません．
- これらのツールは，従来型の管理報告と制御行動を強化するレポート機能があり，それを助長させます．
- 「アジャイル」ツールは，アジャイルであることとは何の関係も無く，意味ある変化のない，見せかけの改善やアジャイル導入を広めます．

- 多くの場合，チームに融通の利かない専門用語やワークフローを押し付け，プロセスのオーナーシップを奪い改善を制限してしまいます．
- バックログにアクセスするためには，高価なアカウントを必要とするため，多くの人には見えないことが多いです．
- これらのツールはシンプルにするのではなく，複雑にすることが可能です．

もちろん，ツールの“複雑さを最大限に発揮する”とスプレッドシートでもこれら全ての問題が発生します．そうならないようにしてください．

### a.　進捗のトラッキング

**(i)　スプリントのトラッキング**　よく知られている「アジャイル」管理ツールのフロントページから，そのまま引用しています．

> 「チームの進捗状況が一目でわかる」,「進捗報告」,「あなたの [プロジェクト] 報告」,「50 以上の用意されたアジャイルメトリクスとレポート」，… いやになるほど

いわゆるアジャイル管理ツールは，個人やチームタスク，スプリントバックログやマネージャーへ「進捗状況」を表示するトラッキングとレポートの機能に注目しています．“人や自己管理チームを信頼する”アジャイルの原則とは対照的です．チームの研究者であるリチャード・ハックマンは,「自己管理チームでは，進捗状況をトラッキングする責任はチームに委ねられている」と説明しています．

そのため，マネージャーがチームのスプリント内の進捗状況をトラッキングする理由も責任もありません．これらのツールはレポートに最適化されており，成功すること，改善すること，よりよい価値の流れをつくること，またはチームがプロセスのオーナーシップを発揮し改善することを目的とはしていません．

スクラムでは，プロダクトバックログとスプリントバックログは分かれており，その目的は異なります．プロダクトバックログは顧客中心のアイテムを管理するためのものであり，スプリントバックログはスプリント中のタスクやチーム自身を管理するチームのためのものです．プロダクトオーナーのためでも，外部からトラッキングするためでもありません.『スクラムガイド』では，“スプリントバックログは開発チームのものである”，とシンプルに表しています．したがって，各チームは彼ら自身のスプリントバックログのツールを選択する必要がありますし，その選択を変更することができます．そしてチームは異なるツールを使用することもあります．したがって，

> プロダクトバックログとスプリントバックログは同じツールを使ってはいけません．

**ヒント** スプリントバックログはどんなツールでも可能ですが,「壁にカード」を使っているチームは矛盾なく，協力して，能動的に改善する本当のチームになる可能性が高まります．

**(ii) スプリント全体のトラッキング**　スプリントを横断して顧客中心のアイテムの全体進捗を理解することは意義がありますが，そのために特別な「アジャイル」ツールは必要ありません [ **ガイド** 良い人になるな (8.1.10 項)]．

完成したアイテムに注目すると，透明性とトラッキングの容易さは劇的に向上します．スプリントの終わりに，アイテムを完成または未完成とするだけです．「ほとんど完成」や「90%完成」とはせずに，プロダクトバックログの完成したアイテムのみをトラッキングします．そのため簡単なツールで事足ります．

進捗管理表を要求される場合は，まず，なぜそれが求められているのか確認して，取り除くことを検討してみてください．スプリントレビューに利害関係者は参加しないのでしょうか? いわゆるプロダクトオーナーは，新しい役職名がつけられたプログラムマネージャーまたはプロジェクトマネージャーのなのでしょうか? 進捗管理表が本当に必要な場合は，プロダクトバックログを記録する簡単なスプレッドシートのようなツールのグラフ機能を使ってください．

### 9.1.6 ガイド：アウトカムを多く，アウトプットを少なく

私達は，ある大規模なプロダクトグループと仕事をしたことがあります．そこで，シニアマネージャーが次のような発表をしました．「この 12ヶ月で，われわれは 130 万人時をプロダクトに費やしました．みなさん，本当によくやりました!」

なんてことでしょう! 「進捗」が，仕事量と成果物 (たとえば，完成したアイテム) の数によって測定されているのです．一般に普及しているベロシティ計測でさえも，フィーチャーの“アウトプットの労力”です．これは問題です．あらゆる活動と成果物はアウトカムとは，ほとんど，またはまったく関係がありません．誰かが「機能 A から Z を備えた新しいワークフロー管理ツール」を要求したとき，目標は何でしょう? これらの機能は平均サイクルタイムを 25%短縮させるのでしょうか?

特に大規模グループでは，“アウトカムよりもアウトプット”に焦点が当てられます．それは次のような理由からです．

- 測定するのが簡単なので，アウトプットを管理することに惹きつけられます．
- 伝統的な年間予算プロセスでは，コスト見積りした機能リスト (アウトカムではなくアウトプット) が要求されます．
- 大きなプロダクトバックログは，アウトカムと明確なつながりのない，何百もの機能リクエストのゴミ捨て場になっています．

LeSS の原理・原則の 1 つは，“少なくすることでもっと多く”ですが，このコンテキストでは次のようになります．

| アウトカムを多く，アウトプットを少なく． |
|---|

アウトカムに注目するためのテクニックには，どのようなものがあるでしょう?

### a. テクニック：ソリューションではなく，アウトカムや目標でアイテムを記述する

ノルウェーのある大規模な荷物配送サービスには，ウェブサイトのユーザビリティに関する苦情があり，新しいアイテムを次のように記述しました．

> すべての配送オプションの詳細を，1 ウェブページに表示する．

これは問題解決を前提とする“ソリューション指向”のアイテムです．素晴らしい解決策とは限りませんし，目的もはっきりしません．アウトカムや目標指向のアイテムにするには，次のように記述します．

> 配送業者は，上位 25%の配送オプションを 1 秒未満で見つけることができる．

アウトカム指向のアイテムは，チームにとってクリエイティブな挑戦で，より多くのオプションとアイデアを導き，モチベーションを高めます．

### b. テクニック：インパクトマッピング

**インパクトマッピング**[*2]は，協力的で，素早い，グループのための可視化テクニックです (図 9.3)．(1) アウトカム (例：取引ミスを減らす) を見極め，(2) 成功度合いを定義し，(3) アウトカムに影響を与える別のアイデアを生み出します．

*2 porotectimpactmapping.org または，書籍『IMPACT MAPPING—インパクトのあるソフトウェアを作る』を参照．

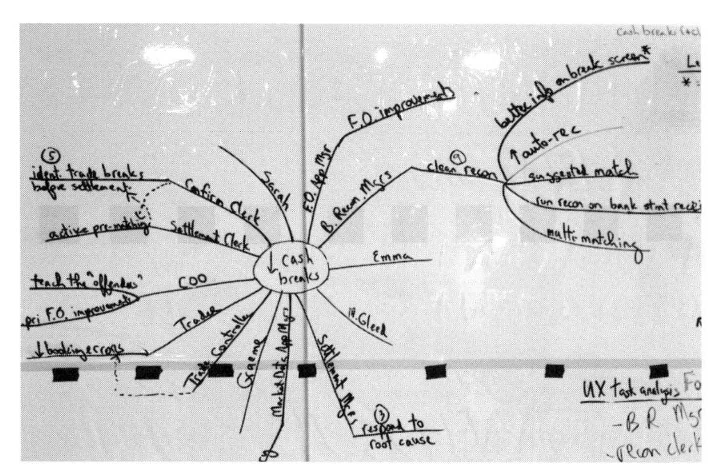


図 9.3 インパクトマッピングはアウトプットではなくアウトカムに焦点を当て，アウトカムを達成する別のインパクトが生まれることを促します.

インパクトマッピングは次のような役に立ちます. (1) アウトカムに焦点を当てたコラボレーションを促進します. (2) 複数の代替インパクトのアイデアに焦点を当てます. (3) インパクトをアウトカムに結び付けます.

## 9.2 Less Huge

大規模開発の場合の，プロダクトバックログに関する原理・原則には次のものがあります.

**プロダクト全体思考すなわち透明性**—プロダクトバックログがエリアバックログに分解されたとき，詳細に溺れることなく全体の目標と優先順位の見通しを保ち，焦点を当てるにはどのようにすればよいでしょうか?

### LeSS Huge ルール

> プロダクトバックログは1つ. すべてのアイテムは1つの要求エリアごとに属します.
>
> 要求エリアごとにエリアプロダクトバックログ (「エリアバックログ」) が1つ

ります．このバックログは概念上１つのプロダクトバックログのより詳細なビューです．

### 9.2.1　ガイド：エリアバックログ

まず，**要求エリア**はレビューのために，"顧客視点"で論理的にまとめたアイテムの大きなグループです．

キーポイントを示します．

各要求エリアは顧客視点でまとめたもので，技術視点でまとめたものではありません．

要求エリアは巨大なグループのためのスケーリングテクニックです．要求エリアは４チーム以上を対象としています．

概念的には，１つのプロダクトバックログに,「要求エリア」の属性が追加されます．各アイテムは，それぞれ１つの要求エリアのみに分類されます (表 9.2)．

**表 9.2**

| アイテム | 要求エリア |
|---|---|
| B | 新興国市場 |
| C | 取引処理 |
| D | 資産サービス |
| F | 新興国市場 |
| ⋮ | |

**表 9.3**

| アイテム | 要求エリア |
|---|---|
| B | 新興国市場 |
| F | 新興国市場 |

**エリアバックログ**は，概念上，"新興国市場"エリアなど要求エリアのための１つのプロダクトバックログのビューです (表 9.3)．

エリアプロダクトオーナー (APO) およびこのエリアに専念するチームにとっては，エリアバックログは通常のプロダクトバックログのように機能します．このとき，エリアバックログの最優先事項は，プロダクトバックログの最優先事項ではない可能性があります．これが発生した場合，プロダクトオーナーは，チームを他のエリアに移動させる正当な理由になるほどの優先順位の差なのかを判断します [プロダクトオーナーとエリアプロダクトオーナーの役割に関しては，☞ プロダクトオーナー (8 章)]．

要求エリアは 1，2 チームに対するものではなく，通常 4 チーム以上のものです．

エリアバックログの実現には，“ビューとアーティファクトを分ける” 2 つの方法があります．

### a. フィルタされたビューによるエリアバックログ

最もシンプルなエリアバックログを実現する方法は，1 つのプロダクトバックログにフィルタを利用してビューを作成することです．スプレッドシートで簡単につくることができます．要求エリアが少なく (たとえば 3 つ)[*3]，分割されたアイテムがあまり詳細すぎない場合には，ビューを利用します．あいまいなガイドラインですが，状況によって独立したアーティファクトに分けます．

まずは，シンプルなアプローチである，フィルタされたビューから始めましょう．

**エリア特有の優先順位付け**—エリアプロダクトオーナーは多かれ少なかれ独自にエリアバックログの優先順位付けを行います．したがって，各エリアごとに異なる 1 番目のアイテム，2 番目のアイテムなどがあります．たとえば，表 9.4．

**表 9.4**

| アイテム | 要求エリア | |
|---|---|---|
| B | 新興国市場 | 最初のエリア |
| F | 新興国市場 | |
| C | 取引処理 | |
| M | 取引処理 | |
| ⋮ | | |

### b. アーティファクトを分けることによるエリアバックログ

多くの要求エリア[*4]と無数の分割アイテムがある場合は，シンプルなビューのアプローチが難しくなってきます．全体のプロダクトバックログが，とてつもなく大きくて細かく，また，分割が起きると全要求エリアからの無数の詳細アイテムでいっぱいになると感じるでしょう．

*3 小さな **LeSS Huge** プロダクトグループともよばれます．
*4 巨大な **LeSS Huge** とよばれます!

**表 9.5**　分割される前のエリアバックログ

全体のプロダクトバックログ

| アイテム | エリア |
|---|---|
| B | 新興国市場 |
| C | 取引処理 |
| F | 新興国市場 |

新興国市場エリアバックログ

| アイテム | 祖先 |
|---|---|
| B | |
| F | |

**表 9.6**　B を分割した後のエリアバックログ．プロダクトバックログは変更されていない．

全体のプロダクトバックログ

| アイテム | エリア |
|---|---|
| B | 新興国市場 |
| C | 取引処理 |
| F | 新興国市場 |

新興国市場エリアバックログ

| アイテム | 祖先 |
|---|---|
| B-1 | B |
| B-2 | B |
| F | |

そのようなときには，アーティファクトをエリアバックログと全体のプロダクトバックログとに分ける (たとえばスプレッドシートを分ける) 方法もあります．後述しますが，シンプルなフィルタされたビューの方法とは違う欠点があります．

**(i) エリア特有の分割**　表 9.5 に示すようにバックログが始まるとします．新興国市場では，表 9.6 に示すように，B が B-1 と B-2 に分割されているとします．“アーティファクトを分ける” 方法では，“全体のプロダクトバックログ ” は変更されませんが，“新興国市場エリアのバックログ” は変化します．

**(ii) エリア特有の優先順位付け**　アーティファクトを分けることにより，プロダクトオーナーは，エリアプロダクトオーナーより上位レベルの粒度で作業することができます．しかし，エリアバックログの優先順位を決めるのは APO ですし，分割したアイテムの優先順位は，全体のプロダクトバックログの優先順位に従う必要はないため，プロダクトオーナーにとっての透明性は低下します．次の例 (表 9.7) では，B の一部は D よりも優先順位が高く，B の一部は D よりも優先順位が低くなっています．

たいていは優先順位の違いは大きくありませんので，実際には問題にはなりませんが，まれに問題になることがあります．たとえば表 9.8 のような場合です．

このシナリオでは，B の一部は優先順位が高い (B-1 と B-2) のに対して，B の他の一部 (B-3 と B-4) はそうではありません．この場合，エリアバックログには反映されますが，プロダクトオーナーには見えません．そのため誤解の原因となり，そして後の問題の原因となります．たとえば，エリアプロダクトオーナーの優先順位が反映されていないにも関わらず，プロダクトオーナーは，B のすべてのアイテムが完成するまで B は完成しないと結論付けるかもしれません．

優先順位の大きな違いを正しく反映させるためには，APO は，全体のプロダクトバックログに“分割戻し”をしたアイテムを戻す (問題を発生させないために，小さいものは無視します) 必要があります．“分割戻し”とは，小さくなったものから，新しく抽象化されたより大きなアイテムをつくることを意味します．例として，表 9.9 を見てください．

アイテム B1 と B2 は，1 つのアイテム BX として抽象化されているため，プロダクトオーナーが詳細なアイテムに溢れることなく，主要な優先順位の差異は全体のプロダクトバックログに正しく反映されます．

### c. フィルタされたビューと，アーティファクトを分けることによるメリットとデメリット

**フィルタされたビュー—メリット**：(1) シンプル，(2) 同期の問題がない，(3) 内容を維持するのが容易．**デメリット**：(1) 優先順位付けが難しい，(2) プロダクトオーナーはすべてのエリアの詳細が見えるので，最初は良さそうに見えるかもしれません

**表 9.7**

全体のプロダクトバックログ

| アイテム | エリア |
|---|---|
| B | 新興国市場 |
| C | 取引処理 |
| D | 新興国市場 |

新興国市場エリアバックログ

| アイテム | 祖先 |
|---|---|
| B-1 | B |
| D | |
| B-2 | B |

**表 9.8**

全体のプロダクトバックログ

| アイテム | エリア |
|---|---|
| B | 新興国市場 |
| C | 取引処理 |
| D | 新興国市場 |
| E | 新興国市場 |
| F | 新興国市場 |
| ⋮ | |

新興国市場エリアバックログ

| アイテム | 祖先 |
|---|---|
| B-1 | B |
| B-2 | B |
| D | |
| E | |
| F | |
| B-3 | B |
| B-4 | B |

**表 9.9**　いくつかのアイテムの分割戻し (抽象化)

| 全体のプロダクトバックログ | | | 新興国市場エリアバックログ | |
|---|---|---|---|---|
| アイテム | エリア | | アイテム | 祖先 |
| BX (B1 と B2 を抽象化) | 新興国市場 | ← | BX-1 (旧 B-1) | BX |
| C | 取引処理 | ↖ | BX-2 (旧 B-2) | BX |
| D | 新興国市場 | | D | |
| E | 新興国市場 | | E | |
| F | 新興国市場 | | F | |
| BY (B3 と B4 を抽象化) | 新興国市場 | ← | BY-3 (旧 B-3) | BY |
| | | ↖ | BY-4 (旧 B-4) | BY |

が，詳細に溺れ，エリアの優先順位付けしたくなる「マイクロマネジメント」の誘惑につながります．そして，PO と APO の責任の対立を生み出します．

**アーティファクトを分ける—メリット**：(1) オーバーオール・バックログは，高いレベルの粒度にとどまり，PO は詳細に溺れることはない，(2) APO はバックログの優先順位を容易に決められる，(3) PO と APO の責任を明確に分離することができる．**デメリット**：(1) 異なるバックログの同期が必要となる，(2) 全体のプロダクトバックログに見えない優先順位の差異が発生する．(3) APO はプロダクト全体思考よりも，担当エリアのサイロ的な心理をもつ機会を増やしてしまいます．

## 9.2.2　ガイド：最大 3 レベルまで

分割のガイドでは，"祖先" の列を使うことをおすすめしました．当然ながら，アーティファクトを分ける方法を使った，LeSS Huge の全体のプロダクトバックログにも適用できます．例を表 9.10 示します [ ガイド 分割 (11.1.6 項)].

**キーポイント**：2 つのレベルを作成します．

一貫して，取引処理エリアのバックログには祖先の列があります (表 9.11).

祖先 XA は祖先の情報を伝えるだけでなく，全体のプロダクトバックログとエリアバックログとのリンクも提供しています．

**キーポイント**：バックログ全体で合計 3 つのレベルを作成します．例でいうと，XA-1 から XA そして X となります．

より多くのレベルを作成することもできますが，最大 3 レベルまでにしてください．

分割したアイテムを多段にネストして記録するグループは，"顧客中心" の要求を定義しないという罠に陥るということに気づいたからです．そのかわりに，"技術的な活動やタスク”など，偽の要求を定義し始めます．そして利用しない情報を保持するため複雑さが増し，良いことはありません．

分割したアイテムのレベルを最大3つに保つことで，プロダクトバックログをシンプルにし，顧客に集中することができます．

### 9.2.3 ガイド：巨大な要求のための新しいエリア

“巨大な LeSS Huge ”プロダクトグループでよく見られる問題は，巨大な複数人年単位の要求を扱うことです．通常，LeSS Huge では，これらを要求エリアに追加し，チームによって分割していきます．要求が本当に大きいときは，新しいチームが必要になり，エリアが拡大していきます．やがて，要求エリアが大きすぎるため，要求エリアを分割する必要があります．

別の方法があります．巨大な要求が来たときに，推測で新しいエリアをつくることです．巨大な要求は，既存のエリアには入れず，そのかわりに4つ以上のチームが取り組むことになるのかをただちに見極めます．新しい要求エリアと1つのアイテムだけの新しいエリアバックログをつくります．それから，エリアのサイズに関するルールを一時的に破り，エリアが成長するのはわかっているが，エリアに1チームだけを移動させます．

これには次の理由があります．他のエリアに，巨大な要求をもたせ，徐々に分割していくと，巨大な要求から多くの分割したアイテムと他のアイテムとが混ざり合いエリアバックログが乱雑になります．一方，早期にエリアを作成すると，エリアプロダクトオーナーと初期のチームを，巨大な要求に注目させることができます．

時には推測が間違っていて，要求は最初に推測したよりも大したことはなく，エリアは2チームを超えて成長することがないと判明することがあります．その場合は，別のエリアと統合して，小さなエリアを残さないようにします．

**表 9.10**

| アイテム | 祖先 | エリア |
|---|---|---|
| XA | X | 取引処理 |
| XB | X | 取引処理 |
| ⋮ | | |

**表 9.11**

| アイテム | 祖先 |
|---|---|
| XA-1 | XA |
| XA-2 | XA |
| ⋮ | |

### 9.2.4　ガイド：巨大な要求を扱う

本章と“プロダクトバックロググリファインメント” (11 章) で，巨大な要求を扱うためのテクニックを紹介しています．また，“LeSS” (2 章) では規制に関する巨大な要求を対処しているグループの物語を紹介しました．このガイドでは，シナリオを例として用いて，“巨大な要求を対処するための共同作業のテクニック”を説明します．

#### a.　従来の扱い方

新しい話をする前に，状況を比較し際立たせるため，巨大なグループにおける従来の巨大な要求の扱い方がどんなものであるか，私たちの経験を共有します．

巨大な要求が，巨大な企業のどこかの部署または誰か (シニアアナリスト，プロダクトマネージャ，システムアナリスト，システムエンジニア) に渡ります．受け取った人は，数ヶ月かけて要求を分析し，100 ページの仕様書を書きます．そして，多くのアナリストやアーキテクトにそれを渡し，各人がその仕様の一部を取り出し，もっと詳細を書き上げ，それぞれがそのエリアで 100 ページの仕様を書き上げます．そしてついに，下流にいる開発グループがそれらの仕様書を受け取り，バックログアイテムを抽出し，プロダクトバックログをつくります．数々の情報の引き渡しと多くの情報の散乱や紛失を伴いながら，要求が企業に入った後，アイテムがバックログに入るまで約 6ヶ月から 2 年を要します (そう，私たちが見たことです)．

#### b.　LeSS の扱い方

巨大な要求が企業に届くとプロダクトオーナーはすぐにプロダクトバックログに入れます．プロダクトオーナーはその要求は数年規模だと考えました．プロダクトオーナーはその要求が重要または将来重要になると判断し，巨大な要求のための新しい要求エリアをつくり，この要求に詳しい適切なエリアプロダクトオーナーを探します．

エリアプロダクトオーナーは，1 つのアイテムだけのエリアバックログを作成します．図 9.4 を参照 [ ガイド 流動的な要求エリア (4.2.2 項)]．

プロダクトオーナーチームは，巨大な要求に関する経験と知識が一番豊富な既存のチームを探し，そのチームを新しいエリアに移動します． 新しいエリアでの最初のスプリントの前に，チームはプロダクトバックログリファインメントで，アイテムを一部分割して [ ガイド 分割 (11.1.6 項)] 少しかじります [ ガイド 少しかじる (9.1.2 項)]．図 9.5 を参照

最初のスプリントで，チームは少しかじったものを実装します．そして，プロダク

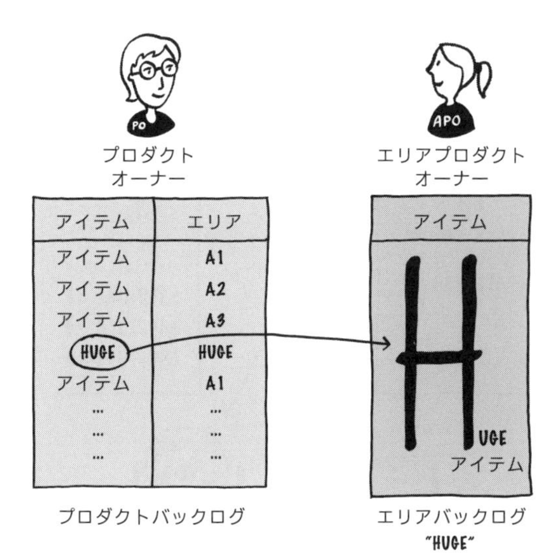


図 9.4 アイテムが 1 つしかない新しいエリア

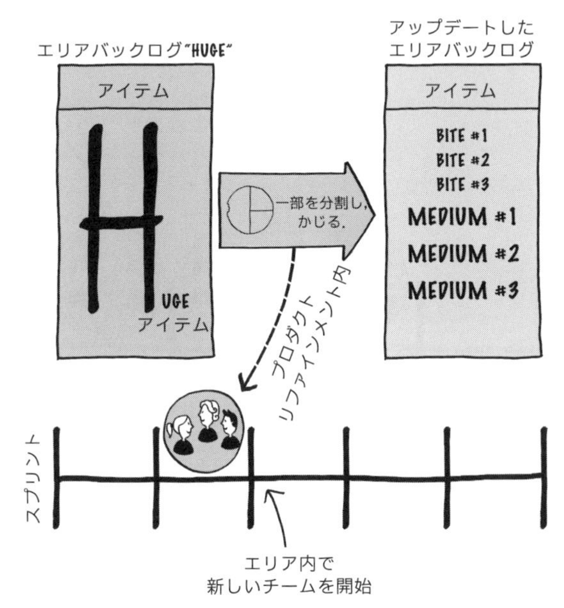


図 9.5 最初のスプリントの前に，プロダクトバックログリファインメントで一部を分割し，少しかじる．

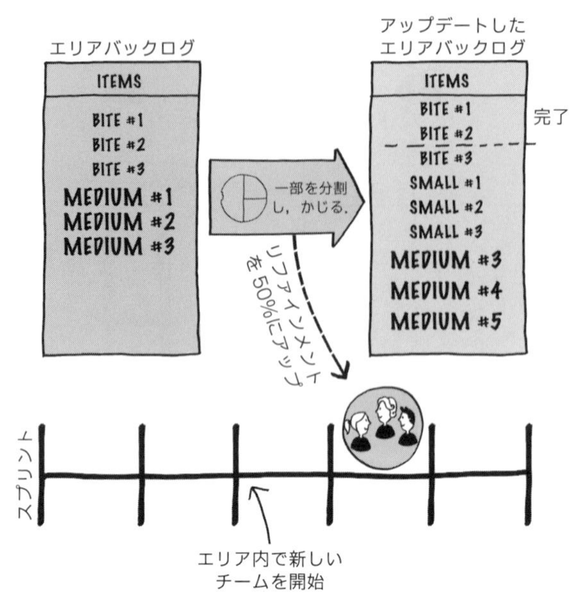


図 **9.6**　かじったものを実装し，プロダクトバックログリファインメントに 50%を使います.

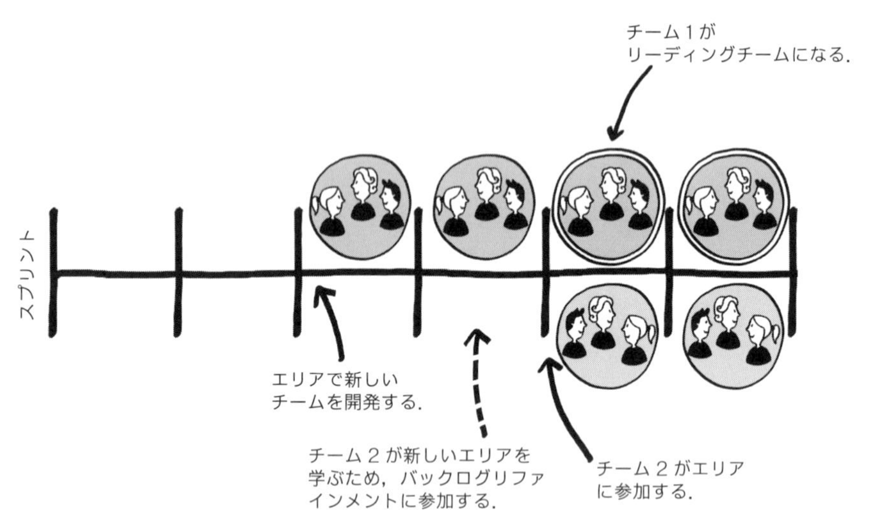


図 **9.7**　新しいチームはエリアに加わる前にプロダクトバックログリファインメントに参加します．最初のチームはリーディングチームになります.

トバックログリファインメントに最大50%の時間を使い，今後のスプリントのために，徐々にアイテムを分割します．図9.6を参照.

彼らは動くソフトウェアとして最初のひとかじりを完成させたことに注目してください．巨大要求がやってきてから1ヶ月以内に何かが完成しました．意味のある進捗があったのです.

チームはスプリントを重ね，デリバリーとフィードバックを通じて学びに注目します．そして分析と実装の霧を晴らしていきます.

霧が十分に晴れ，巨大な作業を分担して進めるために，プロダクトオーナーチームは徐々に他のチームをエリアに移動させることを決めます．新しいチームは，最初のチームの複数チームのプロダクトバックログリファインメントに参加し，巨大な要求の詳細を学びます [ ガイド 複数チーム PBR (11.1.3項)]．新しいチームが参加したら最初のチームは，新しいチームを教え，指導し，巨大な要求の全体像を維持すること，特にすべての一貫した統合に関わるリーディングチームという特別な役割を担います [ ガイド チームのリード (13.1.4項)]．最初のチームは巨大な要求が完成するまでこのエリアに残ります．そのため，情報の引き渡しはなく同じチームが巨大な要求を最初から最後まで見ることになります．図9.7を参照.

このシナリオにおけるテクニックをまとめると.

- 巨大な要求の新しい要求エリアをつくります
- すべてのチームは同じではありません．より経験のあるチームが始めます
- 一部を分割し，少しかじります
- かじったものを実装しつつ，最大50%をリファインメントに当てます
- 徐々に新しい要求エリアを大きくします
- チームの学習のため複数チーム PBR を行います
- 最初のチームはリーディングチームになり，メンタリングと全体像に関する責任をもちます

# 10 Doneの定義

それができないという人は，それをやっている人の邪魔をすべきではない．
—ジョージ・バーナード・ショー

## 1チームスクラム

私たちはタイプを終えたことを「完成」と定義して，かなりの混乱を引き起こしている開発者に出会ったことがあります．多くの開発者は,「ほとんど完成」病にかかっています.「ほとんど」が意味することは,「完成」までの進捗がまったくわからないこと，つまり，最終状態を定義していないということです．

スクラムは透明性を要求し，つくり出します．透明性を高めるための1つの手法は「完成」という意味を公式に定義することです．それがDoneの定義です．プロダクトの進捗状況は，アイテムが「完成」したか「完成」していないかで測定します．

完璧なDoneの定義は，プロダクトが新しく「完成」したアイテムと一緒にエンドユーザーに出荷可能になるようにチームはスプリント内ですべきすべてのことを含みます．スプリントごとまたはもっと頻繁にプロダクトを出荷することは，1チームのスクラムでは比較的簡単にできます．チームがまだ，完璧なDoneの定義を達成できない場合は，完璧なDoneの定義の一部を「完成」として定義します．Doneの定義が完璧になるまで改善し，スプリントごとまたはもっと頻繁に出荷できるようにするのが目標です．

Doneの定義[*1]は，すべてのプロダクトバックログアイテムごとにチームが行うと合意したアクティビティのリストです．すべてのアクティビティを終えるとそのアイテムは完成となります．

Doneの定義と受け入れ基準を混同しないでください．後者は出荷するために特定のアイテムが満たすべき条件です.「すべての受け入れ基準を満たす」ことは通常，Done

*1 Doneの定義を表現する方法として，(1) プロダクトバックログアイテムの状態，(2) アイテムを含むプロダクトインクリメントの状態の2つがあります．アイテムごとに表現されているDoneの定義は継続的デリバリーを促進します．

の定義に含まれます.

## 10.1 LeSS の Done

最近では，1 チームのプロダクトグループが完璧な Done の定義をもち，スプリント中に継続的に出荷することも可能かもしれません．しかし多くの大規模なプロダクトグループにとっては，完璧な Done の定義は数ヶ月の安定化期間を見積もっても不可能だと感じます．バスは 2 年以上前に書いたコードに対するボーナスを受け取って驚いたことを思い出しました．そのプロダクトは最終的に出荷されました．

スケールする際の Done の定義に関する原理・原則があります．

**透明性**—従来型の大規模グループでは，多くの場合，管理する仕組みとレポートの追加で可視性を実現しようとします．LeSS のグループには，明確で，共有された Done の定義と，少なくとも各スプリントの終わりには統合されたプロダクトがあります．これが本物の苦しくはっきりとした透明性をつくり出します．

**完璧を目指しての継続的改善**—改善すべきことは何でしょう? Done の定義を徐々に拡張することで，改善とその対策の方向付けができます．

### LeSS ルール

> プロダクト全体で全チーム共通の 1 つの Done の定義をもちます．
>
> 各チームは共通の Done の定義を拡張してより厳しい独自のものを定めても構いません．
>
> 究極の目標は Done の定義を拡張し，毎スプリント (あるいはより高い頻度で) 出荷可能なプロダクトをつくれるようになることです．

### 10.1.1 ガイド：Done の定義を作成する

ふつうはスプリントを始める前に最初のプロダクトバックログリファインメントで，最初の Done の定義を合意することが必要です [最初のプロダクトバックログリファインメント ☞ プロダクトバックログリファインメント (11 章)].

Done の定義を作成するには以下を試してください．

(1) 最終的な顧客に出荷するために必要なアクティビティを定義する．

(2) 現在，スプリントごとに完成できるアクティビティを洗い出す.
(3) Undone ワークの進め方を探る
(4) Done を拡張するための最初の改善するためのアクションを作成する.

これらの手順を詳細に見ていきましょう.

### (1) 最終的な顧客に出荷するために必要なアクティビティを定義する

重要な質問は「われわれのプロダクトを出荷するために現在必要なアクティビティは何か?」です．全員に思い出してもらいましょう.

- 出荷とは「開発部門から送り出す」ことではなく「最終的に顧客へ届ける」ことを意味しています．プロダクトを出荷するために必要なことすべてを，誰もが理解しなくてはなりません.
- 中間成果物や補助的なタスクの必要性を疑ってください．その仕様書は本当に必要ですか? 技術的なドキュメントすべてを更新する必要は本当にありますか? そのような成果物や補助的なタスクは，専門グループ間で受け渡しをする従来の仕事のやり方の遺物です.

このステップでは，全体像を把握するため，チームやプロダクトオーナーだけではなく様々な役割の人が必要です.「Done の定義」は組織の改善を推進する重要なツールなので，LeSS の導入に関わるマネージャーは参加する義務があります [ ☞ ガイド：Done の定義を育てる (10.1.2 項)]

チーム，プロダクトオーナー，その他のステークホルダーは必要なアクティビティをブレインストーミングし，付箋やマインドマップ，フリップチャートなどに書き出します．テストアクティビティは，通常ユニットテスト，システムテスト，システム検証など異なるテストレベルごとに分割します．このアクティビティのリストを出荷可能とよび，完璧な Done の定義になります.

私たちの経験上，リストは長くなることが多いですが，参加者はリストが想像より短いことに驚くことがあります．それはプロダクトを出荷するのに何が必要かを把握している人がほとんどいないからです.

結果として多くの場合は，プロダクトグループの完璧を目指しての組織ビジョンが込められます．ハードウェアとソフトウェアを伴う巨大なプロダクトグループでは，完璧な Done の定義を実現するのに数年から数十年の改善が必要になります．同じ場所で作業しているソフトウェアで小さいグループであれば，数スプリントで実現できる

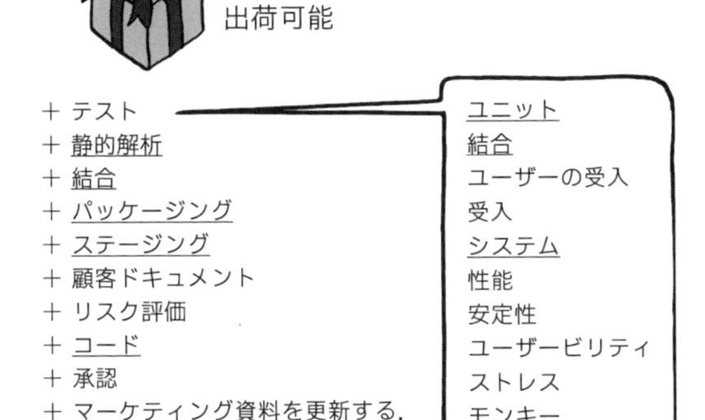


図 **10.1**　出荷可能と最初の Done の定義

かもしれません [ ☞ ガイド：完璧を目指しての組織ビジョン (3.1.5 項)].

### (2) 現在，スプリントごとに完成できるアクティビティを洗い出す

重要な質問は「現在の状況と能力を考えると，スプリントごとに完成できるアクティビティはどれか?」です．それが**最初の Done の定義**です．完成できるアクティビティが少ない場合，私たちはそれを "弱い"Done の定義とよび，出荷可能とほとんど同じであれば "強い"Done の定義とよんでいます．

Done の定義は，付箋をグルーピングするか，一部のアクティビティに下線を引いてつくります (図 10.1 参照).

Done の定義と潜在的に出荷可能の差分を **Undone ワーク**といいます．スプリントは Done の定義に従って計画されるので，Undone ワークは計画から除外されています．これらの用語は誤解を招くおそれがあるので，明確にします．

> Done の数式
>
> 出荷可能 ＝ Done の定義 ＋ Undone ワーク
>
> スプリントでの作業 ＝ プロダクトバックログアイテム × Done の定義

**出荷可能**—最終的な顧客にプロダクトを届けるまでに，すべてのアクティビティが実行されていなければなりません．このアクティビティのリストはチームのスキルや組織構造に依存するものではなく，プロダクトにのみ依存します．

**Done の定義**—チーム，プロダクトオーナー，マネージャー間で合意された，スプリント中に実行されるアクティビティです．Done の定義と出荷可能が同じ場合は完璧な Done の定義といいます．

**Undone ワーク**—Done の定義と出荷可能との差分です．Done の定義が完璧であれば Undone ワークは存在しません．完璧でない場合は，(1) どのように Undone ワークを扱うのか，(2) 将来的に Undone ワークを少なくするにはどのように改善したらよいかを，組織は決定しなければなりません．

**まだ完成していない，または終わっていないアイテム**—スプリント中に開始されたが完成していないプロダクトバックログアイテムは，Undone ワークと混同されることがよくあります.「まだ完成していない」は開始したがスプリント中に「完成」できなかったプロダクトバックログアイテムです．Undone ワークは計画すらされません．部分的に完成しても終わらなかったアイテムがある場合は，チームはこれを問題として捉え，レトロスペクティブで改善アクションを検討するべきです．

**開始できなかったアイテム**—スプリント中に計画されたが，開始されなかったプロダクトバックログアイテムは，プロダクトバックログに戻します．チームは理由を見つけ出し，レトロスペクティブで議論するべきです．

### (3) Undone ワークの進め方を探る

このステップでの重要な質問は「Undone ワークを誰がいつやるか?」です．Undone ワークを行う方法はいくつかありますが，最初に，シナリオを使って Undone ワークの影響を見てみましょう．

チームは 20 個のプロダクトバックログアイテムを Done の定義に従い完成させました (図 10.2)．しかし弱い Done の定義であるため，多くの Undone ワーク (たとえ

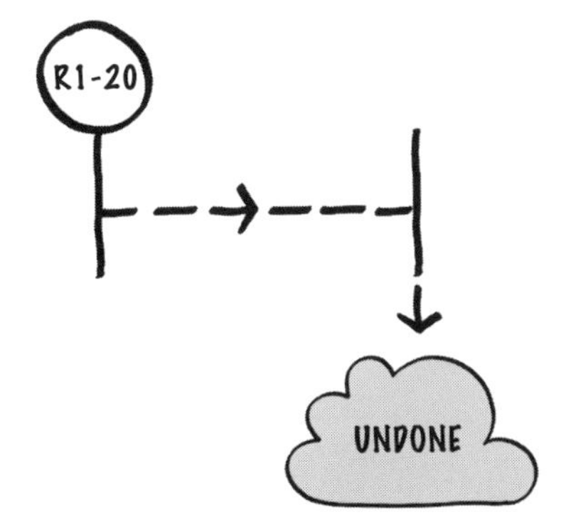


図 10.2 不完全な Done の定義によって生じた Undone ワーク

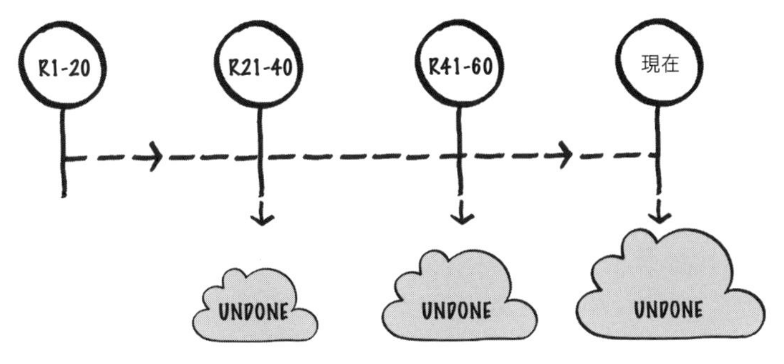


図 10.3 Undone ワークが積み重なる

ば，安定性テストや顧客向けのドキュメントなど) が残っています．チームはもう 2 スプリント作業を続けました．

チームは 3 スプリントで 60 個のプロダクトバックログアイテムを弱い Done の定義に従い完成させました (図 10.3)．Undone ワークが大量に増えていますが，進捗していると“誤った”感覚をもちます．プロダクトオーナーは，プロダクトの潜在需要に胸を躍らせ，プロダクトには十分な機能があると判断しました．プロダクトを出荷するのは今です．

しかし，プロダクトを出荷することはできません．チームは「完成」しているが，弱い Done の定義であったため膨大な量の Undone ワークを溜め込んでいます．Undone ワークが遅延と透明性の欠如の原因となり，主要なリスクを隠します．

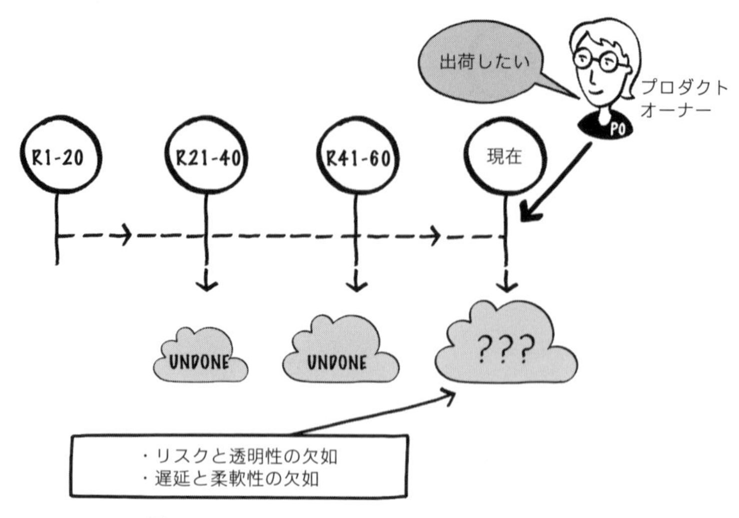


**図 10.4**　Undone ワークがリスクと遅延を引き起こす

**遅延**—Undone ワークはプロダクトオーナーにとって柔軟性の欠如を招きます．柔軟性のない，Undone ワークという仕掛かりの山のせいで，マーケットのニーズや変化にすぐに対応することができません．Undone ワークを終えるのにどれくらいかかるのか予測することは難しいという現実が，起きた痛みをさらに悪化させます．

**リスク**—Undone ワークは透明性の欠如を引き起こします．Undone ワークはリスクの認識を遅らせます．たとえば，パフォーマンステストが Undone として残っていると，パフォーマンスの悪いシステムであるリスクがリリースに近くなるまで隠されたままになります．リスクが現実になると，ほとんどの場合，ひどい目に遭います．

**Undone ワークの取扱い**　Undone ワークに対処するベストでかつ“唯一の良い方法”は，強い Done の定義を使って Undone ワークを発生させないことです．この方法がまだ不可能ならば，Undone ワークを取り扱う，一時的に必要な方法が 3 つあります．

**リリーススプリント**—リリースの前に，チームは新しいフィーチャーの作業をせずに Undone ワークを行うスプリントを，1 つまたはいくつか設けます．

リリーススプリントはひどいアイデアですが，チームが Done の定義を拡張するまでの必要悪になることがあります．リリーススプリントは，企業におけるデプロイの煩雑な手続きに対処する際に最もよく利用されます．デプロイの煩雑な手続きは早晩

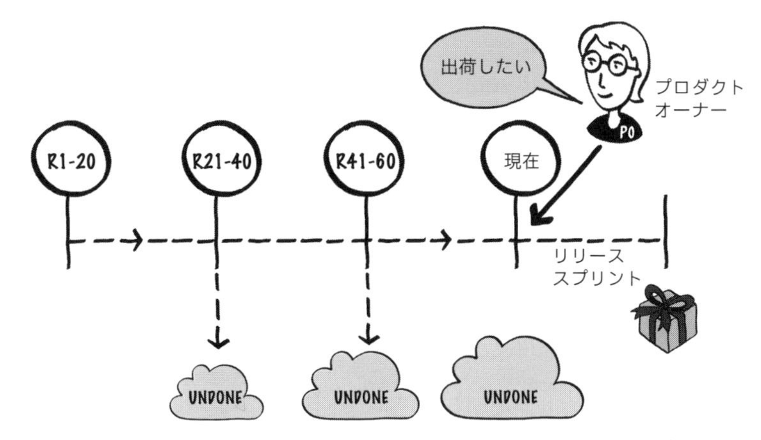


図 10.5　バッドアイデア：リリーススプリントで Undone ワークを行う

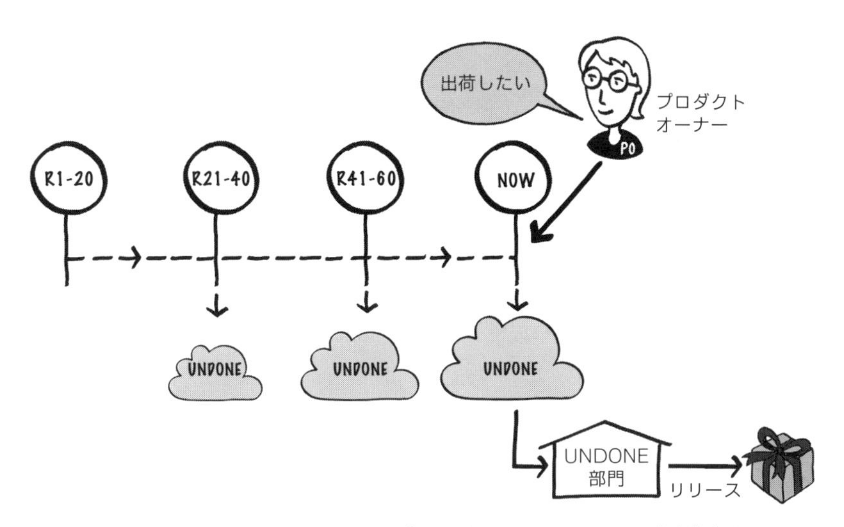


図 10.6　バッドアイデア：Undone 部門によって Undone ワークを実施する

解決する必要がありますが，時間がかかるかもしれません．

リリーススプリントでテストやバグの修正を行わないでください．リリーススプリントでテストやバグの修正を行う能力がチームにあるのであれば，通常のスプリントでもできるはずです．リリーススプリントでやることを増やすのではなく Done の定義を拡張してください．

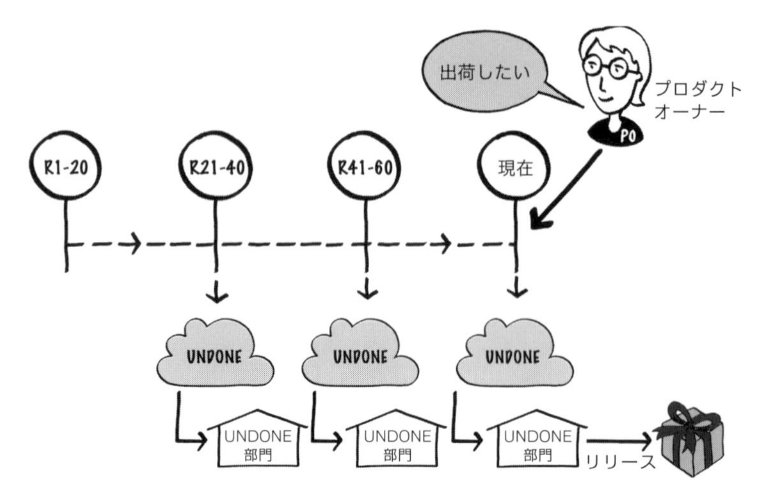


図 10.7　バッドアイデア：Undone ワークのパイプライン化

**Undone 部門が完成させる**—チームがリリースに必要なすべてのアイテムを「完成」させた後，Undone ワークを実施する専門部門が Undone ワークを行います．

ほとんどの Undone 部門は古い時代からの遺物であり，チームが Done の定義を拡張するまで一時的な応急処置をします．Undone 部門の最も一般的な利用方法は，自動化されていないテストや，チームが扱える範囲が限定されていて実行できないテストを行うことです．Undone 部門は従来型のプロジェクトマネジメント手法やカンバンで管理されていることがよくありますが，Undone 部門のスクラムである限り，それに意味はありません．

すべての LeSS 導入の目標は，チームがスプリントごと，またはもっと頻繁に出荷することです．そのためには，余計な受け渡し，遅延，中断，リスク，学習の減少を引き起こす原因となるすべての Undone 部門を取り除きましょう．専門的な機能グループの良さと考えられているものには，それだけの価値はありません．

**Undone 部門へのパイプライン**—各スプリントの終わりに，チームは Undone ワークを Undone 部門に渡し，Undone ワークが蓄積しないようにします．

パイプライン化は良いアイデアに見えるかもしれませんが，ひどい方法です．一般的に，扱える範囲の限られているチームにとっては短期間の応急処置です．Done の定義を拡張し，プロダクト全体に渡る真のフィーチャーチームになって，パイプラインを取り除いてください．パイプライン化は通常，(1) チームのスコープがまだコンポーネントであり，テストをチーム内で終わらせることが難しい場合，(2) テストが特別な装置を必要とし，チーム間で共有するのが難しい場合に利用されます．後者はチームが専門部門であるための言い訳ではないので，どのように複数のチームで装置を共有するかを考える必要はありません．

パイプライン化は上手く機能しません．Undone 部門は Undone ワークを実施する際にチームと作業する必要があります．それにより，次のスプリントでチームは割り込まれ，Undone 部門とチームの間で継続的に衝突する原因となります．

私たちの経験では，パイプライン化はいつも言い訳です．専門的な機能グループを解散しないことや，チームの扱う範囲を広げないことに対しての言い訳です．プロダクトグループが改善されるとパイプラインはなくなるはずです．

#### (4) Done を拡張するための最初の改善アクションを考える

このステップでの重要な質問は「何が Done の定義の拡張を妨げているのか?」です．Done の定義はプロダクトグループの現在のアジリティを定義し，Undone ワークは改善の機会を目立たせます．どのような改善ができるでしょうか?

次のような，よくある改善を考えてみましょう．

- **自動化**—多くの Undone ワークは従来型の手動作業であり，自動化する必要があります．
- **協調**—プロダクトグループは多くの場合，同じ問題を様々な方法で解決しています (たとえば，4 つの同じようなテスティングフレームワークなど)．すべてのチームが異なる技術を使った同じようなテストを維持することには意味がありません．そのため，すべてのチームは標準の方法に合意する必要があります．
- **環境**—環境によっては利用や共有が難しい環境があります (たとえば，テスト装置など)．利用方法を改善する必要があるかもしれませんし，共有をチーム内で合意しなければなりません．仮想環境を増やし環境への依存を減らすこともできます．
- **並列化**—時々，チームは順番に行わなければならない作業 (たとえば，すべてのコードが完了した後にテストを開始するなど) があると思い込んでいます．この思い込みは，しょっちゅう間違っています．作業は別々に終わらせられるよう並列化することができます．
- **クロスファンクショナル**—いくつかの Undone ワークは，まだチームにないスキルが必要です (たとえば，テクニカルライティングなど)．相互にトレーニングを行ったり，必要なスキルをもつ人を追加したりして，クロスファンクショナル度合いを高めます．Undone 部門からチームに人を移動するのは，よくある改善方法です．

Undone ワークを見直し，Done の定義を拡張するための改善をブレインストーミングしましょう．チームがこれらの改善に取り組む場合は，この改善アクションのアイテムをプロダクトバックログに追加します．

### 10.1.2　ガイド：Done の定義を育てる

Done の定義は多面的で，密接なモニタリングを必要とし，そして育てる必要があるものです．Done の定義の完璧な目標は，組織がスプリントごと，またはそれよりも頻繁にプロダクトを出荷できるようになることです．

役割が違うと，Done の定義を見る視点が違います．

**マネージャー**—Done の定義が不完全である間は，Done の定義は組織の変化をモニタリングし，管理する要なツールになります．Done の定義を拡張することで，組織の変更や戦略的決定を導きます．Done の定義の拡張は通常マネージャーの責任です．

たとえば 5 つの開発拠点で構成されるプロダクトグループを想像してください．そのうち 2 つにはテスト装置のコストが高いために専門的なシステム検証グループがあります．Done の定義を拡張するとすべての拠点でシステム検証のスキルを高め，システム検証グループをなくし，複数のロケーションでテスト装置を共有する方法を見つける必要があります．シンプルな変更とは程遠いですね．

マネージャーにはチームに Done の定義の拡張と改善の奨励が望まれます．チームが自分たちの Done の定義を拡張していれば，後でプロダクトの Done の定義を拡張しやすくなります．

特に現地現物からの洞察がない限り Done の定義を一方的に拡張しないでください．良い結果にはならないでしょう [ ガイド 現地現物 (5.1.5 項)]

**チーム**—すべてのスプリントは検証と適応の改善サイクルです．Done の定義はチームの作業方法の改善を見つけるための情報を提供します．すべてのチームはプロダクトレベルの Done の定義を超えるよう，自分たちの Done の定義を独自で拡張することができます．

たとえば，前述したシステム検証の例では，システム検証について学習したり，高価なテスト装置を共有する別の方法を探索したりすることで，1 つのチームが Done の定義を改善することができます．

**プロダクトオーナー**—弱い Done の定義はリスクと遅延の原因となりプロダクトオーナーが価値を最大化し出荷時期の決定をする妨げとなります．良いプロダクトオーナーは組織のアジリティを高めるために改善に投資します．

たとえば，前述したシステム検証の例では，プロダクトオーナーはシステム検証による遅延を経験し，おそらく不愉快な思いをしているでしょう．テスト装置に投資したり，Done の定義を改善するために必要なプロダクトバックログアイテムについてチームと議論したりすることによって，状況を改善することができます．

**スクラムマスター**—Done の定義を拡張しないのは改善していない兆候です．スクラムマスターは自己管理し継続的に改善するチームを構築する責任があります．スクラムマスターは組織の改善を支援します．

たとえば，前述したシステム検証の例では，チームが Done の定義を改善する方法について議論していないときに「チームがシステム検証のスキルを改善することを妨げているものは何ですか?」のように尋ねます．

Done の定義，そしてチームがいかに上手く Done の定義を達成できるかは，スクラム実行の健全性を評価するきわめて重要な情報です．

Done の定義の拡張は多くの場合，以下のように決定されます．

**マネジメントの議論と会議**—マネージャーが自分自身に問う重要な質問は「どうしたら Done の定義を拡張できるか?」です．組織のデリバリー能力を向上させるのはマネージャーの主な責務であり，Done の定義は重要なツールとなります．

**レトロスペクティブ**—チームレベル，オーバーオール・レトロスペクティブの両方で改善アイテムは出てきます．改善アイテムはチームメンバーの活動の改善や，成果と品質の向上，Done の定義の拡張に向けての作業の改善かもしれません．プロダクトレベルの Done の定義はすべてのチームで共有されますが，各チームが Done の定義を拡張することを推奨しています．

**コミュニティ**—コミュニティでの議論は，組織の動きやシステム的な課題を分析するのに最適な場です．この議論は Done の定義を拡張する方法を見つけ出すのによいです．特にスクラムマスターのコミュニティは，スクラムマスターはマネージャーと一緒に組織を変える責任があるため，発見された問題を確実に一緒に取り除く良い場となります [ ガイド コミュニティ(13.1.5 項)]．

組織の完璧な Done の定義の改善に終わりはありません．決して止まりません．さらなる改善は可能です．たとえば，

- スプリントを短くする．
- スプリント中に何度もリリースする．
- 出荷可能なものよりも先まで拡張した Done の定義には，市場の成功も含まれてます．この場合アイテムは顧客がどのように使うかを計測するまで終わりません．リーンスタートアップではこれを“有効な学習”とよびます．

## 10.2　Less Huge

Huge に特有のルールやガイドはありません．1 つの共有の Done の定義が，すべての要求エリアにまたがって，プロダクト全体に適用されます．

# 第III部

# LeSS スプリント

# 11 プロダクトバックログリファインメント

私は自分が言うすべてのことに必ずしも同意しているわけではない．
―マーシャル・マクルーハン

## 1 チームスクラム

まずは本書の章立てに注目してください．プロダクトバックログリファインメント(PBR) はスプリントプランニングの前になっています．しかし，PBR はスプリントプランニングの直前ではなく，通常は何回か前の「スプリントの途中」に行われます．PBR から動き始める要求の流れの観点から章立てをこのように構成しています．

スプリントプランニングで選ばれるプロダクトバックログアイテムは，そのスプリントで現実的に「完了」できるとチームが判断できるように，十分に小さく，チームが十分に理解している必要があります．したがって将来のスプリントの準備のために各スプリントで継続的に PBR することが必要です．PBR のアクティビティには，明確化と詳細化，分割，見積りがあります．経験的プロセス制御の精神に忠実な PBR をどう進めるかについてスクラムは説明していません．ただ，チームがスプリントでの作業の 10%以上費やさないことを提案しています．そして，通常はスプリント中に行われます．

アイテムのリファインメントは，プロダクトオーナーや「プロダクトオーナーチーム」，ビジネスアナリストやプロダクトマネージャー，UX/UI デザイナーが個別に行うものではありません．個別に行ってしまうと，受け渡し，在庫，仕掛かりなどの無駄が増えますし，チームの顧客とユーザーに対する共感と理解が乏しくなってしまいます．個別にするのではなく，分析や UX などの領域特化のサブグループが存在しないスクラムのように，チーム全体がこの作業をします．チームの一部 (「BA 専門家」または「UX エキスパート」など) だけが作業するのではありません．『スクラムガイド』(2013 年 7 月版) は次のように説明しています．

> PBR はプロダクトオーナーと開発チームが協力して行う継続的なプロセスである．テスティングやビジネス分析のような領域であっても，スクラムは開発チームのサブチームを認めていない．このルールに例外はない．

## 11.1　LeSS のプロダクトバックログリファインメント

スケールする場合，次の原理・原則がプロダクトバックログリファインメントに関係します．

**プロダクト全体思考**—個々のチームがそれぞれ異なるアイテムのリファインメントを行う (部分最適) と，ドメイン知識が制限され，アジリティが減り，調整が難しくなるでしょう．これに対処する方法が重要です．

**顧客中心**—従来型の組織では，いわゆる要求はサイロ化されたグループの技術的または機能的なタスクであることが多く，顧客の真の目標ではありません．したがってLeSS 導入中には，多くの開発者は顧客の要求全体，顧客の話す言葉，ドメイン知識には詳しくないでしょう．ましてや，彼らのもつ解決策を引き出すどころか，問題を解決するために彼らと一緒に作業することにも不慣れでしょう．

**リーン思考と待ち行列理論**—古い組織ではいくつかの機能グループ (ビジネスアナリストや UX アナリスト，UI デザイナー，プロダクトマネージャーなど) が要件の理解と定義に関わり，受け渡しをします．その結果，無駄と中間の成果物として仕掛中ドキュメントのキューがたくさん生まれます．しかし，それは局所的には効率的に見え，真のコストや問題とは把握されません．いわゆるスクラムやアジャイル導入が,「プロダクトオーナーチーム」や「ストーリー作成チーム」などのような新名称と一緒に，この力学が残ったまま行われます．これでは無駄やキューは残ったままです．

### LeSS のルール

> プロダクトバックログリファインメントは，将来そのチームが対応しそうなアイテムについてチームごとに行われます．複数チームや全体で PBR を行うのは，関連性が強いアイテムがあったりより広範なインプットと学び得る必要があるときに，共通理解を深め，互いに関連した PBI について協力する方法を探ったりするためです．
>
> プロダクトオーナーだけでプロダクトバックログリファインメントをするべき

ではありません．複数チームが顧客やユーザー，ステークホルダーと直接コミュニケーションをとり，プロダクトオーナーをサポートします．

すべての優先順位付けはプロダクトオーナーに確認をとりますが，要求や仕様の詳細確認は極力チーム間や顧客，ユーザーまたはステークホルダーと直接行います．

### 11.1.1 ガイド：プロダクトバックログリファインメントの種類

LeSS のプロダクトバックログリファインメント (PBR) はチームが近々実装するアイテムをユーザーとステークホルダーとで明確にし，大きなアイテムを分割し，アイテムの (再) 見積りを行うワークショップです．PBR のパターンは以下の条件によって決まります．

- アイテムは特定のチームに事前に割り当てしません．事前に割り当ててしまうとアジリティと学習を減らし，主要チームへの依存が増すからです．どのチームがどのアイテムを実装するかを決めずに，“チームのグループが一緒にアイテムのリファインメントを行う” ことが多くの場合望ましいです．知識を広げ，調整を促進し，アジリティを高めます．
- すべてのチームがすべてのアイテムをリファインメントすると，多くの労力を必要とし，退屈なリファインメントになるでしょう．自分たちがアイテムを実装しないことを知っている場合は，全員が説明に関心を持ち続けることも難しいです．

これらの条件は，異なる状況で異なる種類の PBR をすることでクリアします．PBR には次の 4 つの種類があります．

**オーバーオール PBR**—複数チーム PBR や単一チーム PBR に先立って開催されるプロダクト全体に注目した PBR．オーバーオール PBR は，どのチームがそのアイテムをリファインメントするのかを模索し，さらに学習と連携を高めます．

**複数チーム PBR**—2 つ以上のチームの全メンバーが，どのアイテムをどのチームが実装するかを決めずに一緒にリファインメントします．

**単一チーム PBR**—1 つのチームが自分たちが実装しそうなアイテムをリファインメントします．スクラムと同じです．

**最初の PBR**—LeSS を導入する際に 1 度だけ開催されます．最初の PBR では，全チームが一緒に最初のプロダクトバックログを作成し，最初のスプリントを始めるのに十分なアイテムをリファインメントします．

表 11.1

| | オーバーオール PBR | 複数チーム PBR | 単一チーム PBR | 最初の PBR |
|---|---|---|---|---|
| メンバー | 全チーム | 2 チーム以上 | 1 チーム | 全チーム |
| プロダクトオーナーは参加するか? | 必須 | 場合による | まれ | 必須 |
| 顧客・ユーザーは参加するか? | まれ | おそらく | おそらく | 必須 |
| どのチームがどのアイテムを実装するのか選択するか? | 選ぶ (チームのグループと一連のアイテムを選択する) | しない | すでに終わっている | しない |
| 明確化のレベル | 軽く | 詳細に | 詳細に | 詳細に |
| 長さ | やや短い | 半日–1 日 | 半日–1 日 | 少なくとも 2 日 |
| 典型的な周期 | 各スプリント | ほとんどのスプリント | ほとんどのスプリント | 1 度 |

表 11.1 に，これらのリファインメントをまとめました．

2–3 チームのプロダクトグループでは，プロダクトオーナー，ユーザー，全チームの全メンバーが一緒に，すべてのアイテムを詳細にする PBR を 1 回だけ開催することが一般的です．事実上オーバーオール PBR と複数チーム PBR を組み合わせて行っています．

3 チーム以上のプロダクトグループでは，通常，オーバーオール PBR に続いて，複数チーム PBR と単一チーム PBR を組み合わせて行います．単一チーム PBR は，特定のチームが特定のアイテムを実装することが確実でない限り行わないでください．“チームのグループでアイテムをリファインメントする”複数チーム PBR をお勧めします．図 11.1 は一般的な PBR のパターンを示しています．

### 11.1.2　ガイド：オーバーオール PBR

オーバーオール PBR では，より詳細なリファインメントを，(1) 理想的に，一連のアイテムを詳細化する複数チームがグループで行うか，(2) 単一チームで行うかを決めます．過去の仕事や最近の関心事から，どのチームがアイテムを詳細化するのがベストかが明らかな場合，オーバーオール PBR がスキップされることがあります．

オーバーオール PBR は「短くて軽い」ものです．たとえば，2 週間スプリントなら

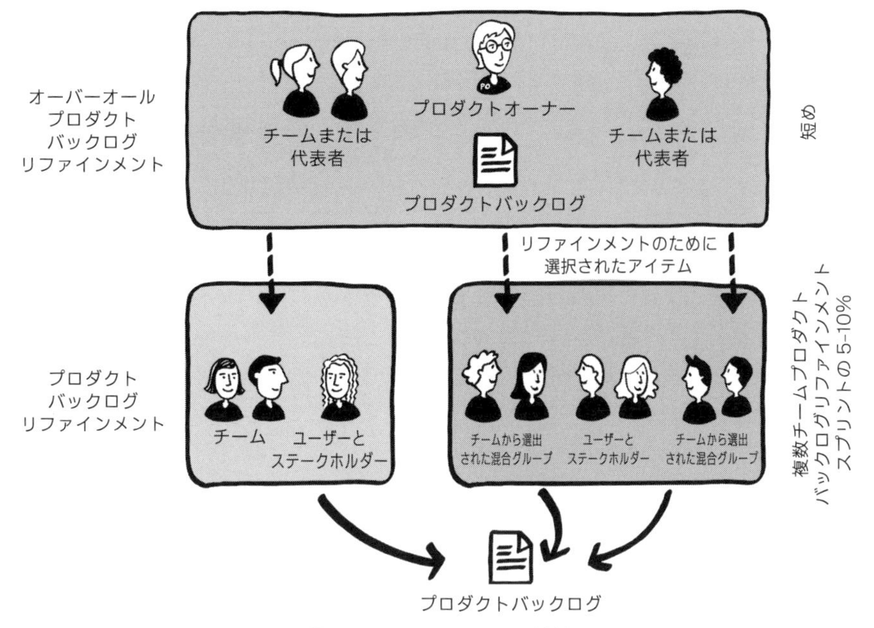


図 **11.1** LeSS の PBR の種類

1 時間で行います．プロダクトオーナー，全チームの代表者またはチーム全員が参加します．より大きなグループでは代表者を出すほうが現実的でしょう．次が基本のアクティビティです．

- プロダクトオーナーと方向性やビジョンについて議論する．
- リファインメントするアイテムについて議論する．
- 後の詳細なチーム PBR のためにチームとアイテムを決めます．
  - 「主要なチーム」のへの依存を低くし学習とアジリティを高るために「チーム A が [X, Y, Z] をやる」より，チームのグループで一連のアイテムをやる方が好ましく，複数チーム PBR にもつながります．
- 協力と調整の機会を促すため，強く関連するアイテムを特定します．これも複数チーム PBR につながります

オーバーオール PBR では，グループは次のようなことも行うでしょう．

- 大きなアイテムを分割し，議論と学習を引き出します
- アイテムを見積ります．それは同様に議論と学習，チーム全体の見積りの同期に役立ちます ( ガイド 大規模での見積もり (11.1.7 項).
- 詳細化するのではなく，アイテムを明確にします
  - たとえば，タイムボックス (10 分) や内容を絞り (2 つ) 明確にしていきます

**代表者は?**　LeSS において繰り返し行うアドバイスがあります．ミーティングに参加する代表者は徐々にローテーションしましょう．これによりチームメンバーの複数のスキルが強化され視点が広がります．また「特別な人」の弱点が減ります．

**アイテムを選ぶ人は?**　オーバーオール PBR で複数チームまたは単一チーム PBR にどのアイテムを引き継ぐかを (プロダクトオーナーではなく) チームに決めてもらいます．これにより自己組織化が促され，プロダクトオーナーの作業を減らします．先に言ったように,「チーム A が [X, Y, Z] をやる」より，チームのグループで一連のアイテムをやる方が好ましいです．

### 11.1.3　ガイド：複数チーム PBR

**複数チーム PBR** では，2 チーム以上のすべてのメンバーが，どのチームがどのアイテムを実装するかを決めずに一連のアイテムを一緒にリファインメントします．チームにアイテムを割当てることは将来のスプリントプランニングまで先延ばしされます．組織のアジリティ(変化への対応の容易さ) を高め，プロダクト全体に対する広い知識は自己組織的な調整を促進します．すべてのチームメンバーに加え，顧客/ユーザーおよび関係するステークホルダーは重要な参加者です．複数チーム PBR が終わると，通常は単一チーム PBR に置き換えられます．

当然，同じ部屋に集まって 2–3 チームがアイテムをリファインメントするだけでは魔法のように理解の共有が増すわけではありません．複数チームの PBR には，次のような「混ぜる」テクニックを使う必要があります．

(1) **チームを混ぜる**—各チームメンバーと一時的な混合グループをつくることから始めます．たとえば，2 つのチームを 2 つの混合グループに再編成します．
   - 次のすべての手順を実行した後，多様性と相互作用を高めるために，次のサイクルで新しい混合グループの作成を検討してください．

(2) **リファインメントのローテーション**—各混合グループが，同じ部屋の違う作業場

所で別の (または同じ!) アイテムを別々にリファインメントします．たとえば，異なるホワイトボード，テーブル，または異なるプロジェクタ周辺で行います．「30分」のタイムボックスの後に，すべてのグループが次の作業場所 (またはリファインメントされた関連アイテム) に移ります．その時，新しく入ってきたグループが現在のリファインメントの理解を助けるために，1–2 人は後に残ります．通常，グループがアイテムのリファインメントするのを助けられる顧客/ユーザーまたはその他のステークホルダーが残ります．

(3) **分散と統合のサイクル**—グループは別の (または同じ) アイテムをリファインメントするために部屋の別の場所で別々に作業します．そして，時間をかけて理解を共有したり質問をしたり他の調整の機会を探します．

複数チーム PBR をなぜするのでしょう?

- **組織のアジリティを高めます**
  複数チーム PBR は，一連のアイテムを実装できるチームの数を増やします．別の見方をすると，どのチームがどのアイテムを実装するかの決定を遅らせます．その結果，プロダクトオーナーは「チーム A だけが X を実装できる」という強い制約を受けずに市場の変化などに応じていろいろとアイテムの順序を変更することができます．アジリティを高めましょう!
- **プロダクト全体思考と知識を高めます**
  複数チーム PBR を行うチームは，(1) 多様なアイテムにふれ，(2) 他のチームの人や知識にふれることで，広範なドメイン知識を獲得します．これは全体に注目して，理解する，見る能力を高めます．
- **調整の促進**
  複数チーム PBR は，他のチームが知っていることや行っていることを詳細にチームに伝えます．これにより調整と作業を共有する能力が向上します．

### 11.1.4 ガイド：複数拠点での PBR

オーバーオールまたは複数チーム PBR は，複数拠点で行われることもあります．一般的に複数拠点のコツは，13.1.6 項 (ガイド チームをまたいだミーティング) にあります．このガイドは，PBR に関連するコツに注目します．

#### a. 分 割

大きなアイテムを分割するときに，ホワイトボードにツリー状の図を描くと役に立つことがあります．同様に，複数拠点のミーティングでは，共有して描けるマインドマップツール (ブラウザなど) を使います．異なる拠点の人々が，同時にマインドマップを見たり変更したりすることができます [ ガイド 分割 (11.1.6 項)].

#### b. 明確化

**実例による仕様**[*1](SbE) は，実例を議論することでアイテムを明確にし，学びを得る，グループのための素晴らしいテクニックです．LeSS では以前より SbE を奨励しています．複数拠点での PBR で SbE を行うには，共有できる“スプレッドシート (ブラウザなど)”を使用します． 多くの実例はテーブル形式が使われますし，全拠点で簡単に変更することができます.

#### c. 見積り

まず最初に，いわゆる「アジャイル」なプランニングツールは人々の注意をツールに向かわせてしまう傾向にあるため使うことは避けましょう．カードのような物理的なツールの方がより人を活気づかせ引き込みます [ ガイド 大規模での見積もり (11.1.7 項)]．次に，LeSS ではどんな見積り技法を使っても構いません．このヒントでは，とても人気のある「プランニングポーカー」を前提にしています [ ガイド 大きなプロダクトバックログのためのツール (9.1.5 項)].

**物理的なプランニングポーカーのカードや指をウェブカメラで撮る**—複数拠点でのミーティングではウェブカメラで見えるように数字を大きく書いた大きいカードを使います．拳と指のサインを使うバリエーションもあります.

**チャットで共有**—全員がチャットツールが使えるデバイスを用意します．モデレータが「番号を教えて」というと，全員が番号を入力します.

### 11.1.5 ガイド：最初の PBR

LeSS を導入しているプロダクトグループは，最初のスプリントの前にチームが十分に理解しているプロダクトバックログが必要です．LeSS における“最初の” PBR の

---

*1 書籍 *Bridging the Communication Gap*(Neuni Limited, 2009) や *Specification by Example*(Manning Publications, 2011) 参照

準備することを**最初の PBR** とよんでいます．余談ですが，このガイドは導入の章にあっても良かったのですが，一般的な PBR に関連するためここに書いています．

### a. それがなぜ大変なの?

LeSS を導入する既存のプロダクトグループは，こう質問するかもしれません.「それがなぜ大変なのですか? 私たちにはもうバックログがありますし，要求もわかっています.」と．しかし実際はこの想定は正しくありません．そして大変である理由は他にもあります．

- **既存のバックログは，LeSS のプロダクトバックログとして使えません．**
  LeSS の導入を始めたグループにコーチするとき,「既存のバックログがありますか?」と質問します．いつも答は「ええ．JIRA/Rally/... 一覧があります!」と．注意して下さい．私たちは JIRA にある既存の「バックログ」が 508 あるグループと仕事をしたことがあります．2 時間のアクティビティの後，508 個が 23 個の LeSS プロダクトバックログにまとめられました! 古い「アイテム」のほとんどは，単一機能をもつチーム (分析，設計，テストなど) が前提の機能タスクと，コンポーネントチームが前提のコンポーネントタスクなどだったからです．すべて古い組織の前提にもとづいていました．そういったタスクは LeSS の新しいフィーチャーチームの組織構造では意味をなしません．
- **新しい形のアイテムを理解していません．**
  上の点をもとにすると，アイテムは真に顧客中心でエンド・ツー・エンドで表現され，理解されている必要があります．しかし以前はサイロ型チームだったせいで，新しくなったアイテムでは新しく生まれるフィーチャーチームにとって必要な学習がたくさんあります．
- **限られた顧客中心視点の知識．**
  以前のアイテムが顧客中心の表現になっていたとしても，サイロ型の専門家は狭いタスクに注目するため，完全な顧客中心の視点を理解していません．
- **新しい形のアイテムの見積りがないか，不十分か，不適当．**
  新しくなったアイテムには新しい見積りが必要です．たとえアイテムがつくり直されなくても，新しくつくられたチームではなく他のチームが見積もっていることがよくあります．また，プロダクトオーナーは長い期間の計画をするために，ほとんど，または全部のアイテムの見積りが必要な場合もあります．
- **新しく広がったプロダクトの定義．**

7.1.1 項 (ガイド：あなたのプロダクトは何ですか?) は，LeSS 導入時にプロダクトのスコープが広がる可能性を説明しています．既存のバックログのいくつかは新しく広がったスコープに合わせる必要があるかもしれません．この変化は新しいプロダクトビジョンをつくり広めること，たくさんの知識のギャップがあること，互いに馴染みのない人と一緒に仕事をすることを意味します．

- **プロダクトビジョンが共有されていません．**
  プロダクトが新しく広がろうとそうでなかろうと，従来のサイロ型のグループでは，プロダクトビジョンを知っている人はほとんどいません．最初の PBR は共通のビジョンを形つくり，話し合い，調整を始める機会です．

### b.　基礎知識

**前提条件**　(1) プロダクトオーナーを見つける．(2) フィーチャーチームとそのメンバーを決定する．(3) スプリント 1 に備えてたくさんのアイテムを十分にリファインメントするのに,「部屋に持ち込む」ことができる詳細な情報が十分にある.「持ち込む」のは，理想的にはユーザー/顧客および関係するステークホルダーですが，既存のドキュメントやバックログも含みます．

**期間**　2 日もしくはもう少し長いでしょう．

**参加者**　「全員です!」 プロダクトオーナー，全チームの全メンバー，顧客，ユーザー，ドメインエキスパート，プロダクトマネージャー，スクラムマスター，そしてサポートマネージャーです．

**場所**　複数拠点のグループであったとしても，最初の PBR は 1 拠点で一緒に，大きなワークショップができる部屋に集まります．

### c.　目　標

最初の PBR の基本の目標は，すべてのチームが最初のスプリントで生産的になれ，アイテムを「完成」し，出荷可能なプロダクトをつくれるよう，必要なアイテムを十分にリファインメントすることです．

その他の目標は (1) 共通のビジョンと理解をつくり上げること，(2) イノベーションのためのアイデアの創出，(3) 初期の主要目標を特定すること，(4) 長期の計画を立てることです．これらの目標は，グループとプロダクトの現在の状態により重要さが異なります．たとえば，成熟したプロダクトを扱っていて安定性の高い拠点が 1 つの小さなグループでは，先ほどの目標はすでに達成されているかもしれません．逆に，3

つの新しい拠点をもつ爆発的に成長している熱い市場を経験している 2 年目のプロダクトではとても重要になります.

### d. 基本の目標：必要なアイテムを十分にリファインメントする

最初の PBR の大部分は，この目標を達成するために使います.

**どうやるの?** どのチームも一緒に PBR を行うため,『複数チーム PBR』のガイドで一緒に作業するやり方が学べます. 経験的プロセス制御の精神に則り，LeSS はアイテムのリファインメント方法は決めませんが，“アジャイルモデリングと実例による仕様” は，一般的なテクニックとしています.

**リファインメントするアイテムの数** 最初のスプリントの準備をするアイテムの数は 11.1.6 項 (ガイド：分割) で説明したように，1 チームが 1 スプリントで 4 アイテムくらいを実装できる程度にアイテムのサイズを小さくします. よって，5 チームの場合は，最初の PBR で少なくとも 20 ($4 \times 5$) アイテムを準備します. しかし，ほとんどの状況では，アイテムがあいまいで未検討なので，アイテムを着手可能な状態にするまでに平均 2 スプリント掛かることがわかっています. この場合，最初の PBR で，約 40 アイテムの準備が必要です. 最初の数スプリントが実施できるように，スプリント 1 で，後のスプリントのアイテムをリファインメントし始めます.

### e. 目標：共通のビジョンと理解をつくり上げる

すべての PBR はビジョンを打ち立てかつ共通理解を高める機会です. 最初の PBR は，グループ全体がこれに焦点を当てる初めての機会です. たとえば，従来型の組織では，ビジョンはプロダクトマネージャーの唯一の領域であり，プログラマーやテスター，その他の人は命令に従い実装することを期待されていただけかもしれません. 新しい LeSS のグループでは異なります.

**どうやるの?** まず, あらゆるアクティビティのために“ワークショップのファシリテーター” スキルは非常に大切です. 手法はどのようなものでも構いませんが，*Innovation Games* (Addison-Wesley Professional, 2006) と『ゲームストーミング』(オライリー・ジャパン，2011) の本に書かれている，協同的で楽しく素早いテクニックをおすすめします.

図 **11.2**　最初の PBR でのインパクトマッピング

### f.　目標：イノベーションのためのアイデアを創出する

ビジョニングと同様に，あらゆる PBR はイノベーティブなアイデアを生み出す機会です．最初の PBR はイノベーションに全員で望む雰囲気をつくる理想的な一歩になります．

**どうやるの?**　もう一度言います．どんなテクニックを使っても構いません．ただし，前述の *Innovation Games* と『ゲームストーミング』に書かれていることから始めることをお勧めします．

### g.　目標：初期の主要目標を特定する

イノベーションの場合と同様に，どの PBR ミーティングも新しい目標または次の目標を検討する時間です．そして最初の PBR は，自然と新しいテクニックを実践する時間と場所にもなります．

**どうやるの?**　お勧めのテクニックが 2 つあります．目標を理解または設定することに関連するインパクトマッピングとストーリーマッピングの 2 つの手法です．どちらも素晴らしい本があるので，学習して使ってみることをお勧めします．『IMPACT MAPPING インパクトのあるソフトウェアをつくる』(翔泳社，2013) と『ユーザーストーリーマッピング』(オライリー・ジャパン，2015) です．

#### h. 目標：長期の計画を「繰り返し」立てる

まず第一に，スクラムが「リリース計画」という概念を正式には含まない十分な理由を考えます．それは，少なくとも重要な完璧な目標が“全スプリントで出荷すること”だからです．アジャイル開発の大切な考え方であり，多くのメリットをもたらすものです．LeSS でも，“少なくともすべてのスプリントでの出荷を目指す”と強調しています．大きなバッチ計画のあらゆる複雑さがなくなり，変化に対応する強力なアジリティが得られます．

しかし，ほとんどの大規模な開発では長期計画を立てたい事情があります．一般的に，社内グループ (例：マーケティングキャンペーン) や，顧客 (例：新しいラジオタワーの建設計画)，イベント (例：トレードショー) と日程を合わせるためです．最初の PBR は計画を始める時と場所になります．

アジャイルな長期計画を立てるときの重要なポイントがあります．

> 日付によるアイテムの範囲を計画することが時には必要になります．
> しかし，アイテムを特定のスプリントに割り当ててはいけません．アジリティを殺します．

**どうやるの?** 計画手法に関わらず計画の頻度が重要です．“最初の PBR”は長期の計画を立てる最初の機会でしかありません．もし必要であれば“以降の PBR”で長期の計画を見直してください．各スプリントは学習と適応のチャンスです．

日付を同期させる長期的な計画で重要なことは，最初の PBR でなんらかの見積りをしておくことです．11.1.7 項 (ガイド：大規模での見積もり) でこのトピックを取り上げます．ここでは重要なポイントを示します．

> 目的に合い，議論や学習を促進する最もシンプルなテクニックを選びましょう．

長期計画を立てるとき，次に重要なのは多くの場合大きな目標やテーマの順序です．当然，LeSS はテクニックを規定していませんが，“インパクトマッピングやストーリーマッピングを含む，初期の主要な目標を特定する”テクニックを推奨します．

### i.　アーキテクチャ設計と最初の PBR

最初の PBR の結果が，スプリント 1 の前にチームが検討すべき重要なアーキテクチャ変更を含むことがあります．このアーキテクチャ変更について最初の PBR で議論されたり解決されたりすることはありません．PBR は顧客視点の理解と学習のためのものであり，技術的な設計を行うためのものではありません．かわりにチームは最初の PBR の後に設計を調査するために 1 回以上の "設計ワークショップ" を開催します [ ガイド 複数チーム設計ワークショップ (13.1.7 項)].

## 11.1.6　ガイド：分割

大規模開発は桁外れな要求がある世界なので，私たちはいつもこのような声を聞きます.「私たちのグループは顧客中心の要求を少しでも小さくするのですが，それでも 2 週間スプリントに合わせることはできません.」この場合，私たちは分割困難なアイテムを教えてもらいホワイボードを使って分割します．通常は 5 分ほどで分割しますが難しいことではありません．これができるとあなたも立派な認定分割マスターになれます.

なぜ大きなアイテムを分割するのか?

- 価値の高い要素やリスクの高い要素を早期に提供することで，利益とフィードバックが増え，リスクが軽減されます．小さなアイテムは本当に重要なことと次に何があるのかについて，プロダクトオーナーの可視性とコントロールを向上させます.
- 顧客中心の「垂直な」分割は，複数のチーム (Done の定義のすべてのアクティビティを実行できるチーム) で価値の高い作業を分割して並列で行うのに役立ちます.
- インクリメントを各スプリントで完成し WIP を減らすため，アイテムは 1 スプリントで完璧に行えるようにしなければなりません.

このガイドでは，要求を分割する方法を学びます.

### a.　どのように学ぶ?

分割の学習には，説明が十分についた事例が役立ちます．次に紹介する書籍やウェブサイトには，多くのアイテムを分割する学ぶ価値のある事例が紹介されています．認定分割マスターになるために下記の情報を活用してください.

- LeSS の本である *Practices for Scaling Lean & Agile Development* (Addison-

表 11.2

| | | | |
|---|---|---|---|
| ユースケース | 主要ワークフローや使用例：CRUD ユースケース | 構成 | OS の種類など，構成の種類 |
| シナリオ | あるユースケースにおける特定の一連のステップ | ユーザー役割，ペルソナ | アタッカー，ディフェンダー，パワーユーザー，初心者 |
| タイプ | 貿易の種類など，種類の違い | データ形式 | XML，カンマ区切りなど |
| 外部統合 | 取引所の違いなど，外部の要素 | データ部 | たくさんの要素のあるデータのサブセット．上手くいくこともある． |
| 操作/メッセージ | システム操作/メッセージ．例:HTTP GET や SWIFT MT304 | 非機能 | スループットは普通か高いか，リカバリーの有無など |
| I/O チャネル | GUI またはコマンドラインなどの入出力チャネル | スタブ | シンプルな偽の実装 |

Wesley Professional, 2010) の 247 ページに "Split Product Backlog Items" と題した節 (20 ページ) があり，たくさんの詳細な例があります．

- その節は，`less.works` のウェブサイトにもあります．"Splitting Big Items" というガイドです．
- *Fifty Quick Ideas to Improve Your User Stories*(Lightning Source Inc., 2014) に分割に関する 30 ページのガイドがあります．
- Richard Lawrence は彼のウェブサイトで "Patterns for Splitting User Stories" と "How to Split a User Story poster" を公開しています．

### b. どのように分割するのか?

どのように分割するかを学ぶ鍵は，"分割の視点" を理解しそこから分割方法を学ぶことです．次の表 11.2 に視点をまとめました．

次の例は，複数の視点で分割する方法の学習に役立つでしょう．

### c. 分割例：ケニア・マーケットのカストディー取引を処理する

この例では，大規模な証券取引プロダクトの「ケニア・マーケットのカストディー取引を処理する」というアイテムを扱います．これまで半自動で処理されていましたが，マーケットの成長に伴って作業量が増えてきたため，取引グループは完全に処理を自動化したいと考えている状況にあるとします．

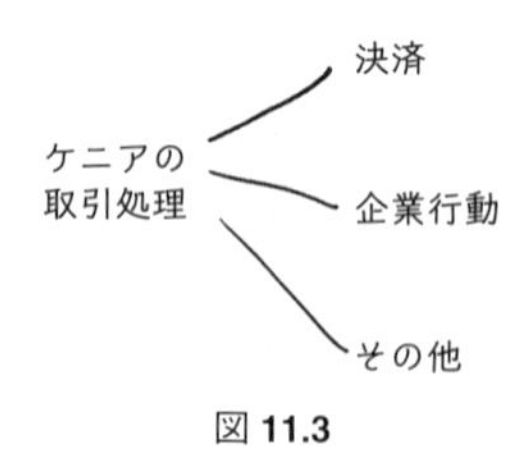


図 11.3

PBR には，取引グループのチームメンバーと半自動処理に関与していて要求をよく知る現場のユーザーが参加しました．

**分割を止めてもよいか?**—1 スプリントに 4 アイテムが収まる程度にアイテムが小さいと見積もられている場合は，もう分割する必要はありません．分割した場合は更に分割が必要かを判断するために見積ります．この例では，アイテムは非常に大きいと見積られました [11.1.6 項 f (最低でもスプリントごとに 4 つのアイテム)]．

**視点：ユースケースによる分割**—PBR でユーザーと話していると，この要求は「取引処理」に関係していることがわかりました．取引の要求は，通常次の 3 つの主要ユースケース[*2]に分割されます．(1) **取引決済**，(2) **未決済取引における企業行動 (株式分割など) の処理**，(3) その他．

ユーザーはすべてのユースケースを詳しく説明したがりましたが，いったん止めてもらい,「徐々に明確化していきましょう．どのユースケースが最も頻繁に実施されますか?」と聞きました．すると「取引決済が一番一般的なケースで，最初に行うべきです．コストも作業ミスもすぐに減らせますから」とユーザーは答えました．そこで，最初に「取引決済」に集中することにしました．私たちはすべての考えられるユースケースの洗い出しはせず，ホワイトボードにツリーを書いて主要なサブアイテムに分割しました．

- 取引決済
- 未決済取引における企業行動
- **ケニア・マーケット取引を取り扱うためのその他すべて**

分割する際は「その他すべて」のようなプレースホルダーのある**不完全な分割**が重要です．過剰な処理と WIP を減らし，グループを小さなバッチの開発に集中させます．この大きなアイテムは，将来掘り下げるものであるというプレースホルダーとして，プロダクトバックログに追加されます．

---

*2　“ユースケース” とは，ユーザーが使っている用語とモデルのことです．

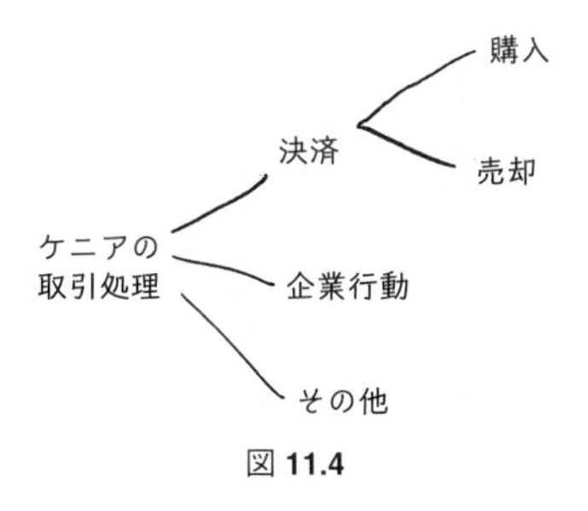


図 11.4

**次に焦点を当てるのはどこか? 分割の方向**—「決済取引」に集中する選択をさせたものは何でしたか? 次に焦点を当てるものは何でしょうか? 選択のガイドは次のとおりです.

- **価値やインパクトによる分割**—たとえば，収益やマーケットシェアの拡大，コスト削減
- **学習のための分割**
  - **ドメイン**—たとえば，派生したよくわかっていないもの
  - **技術**—たとえば，よく知らないプロトコル
  - **サイズ**—アイテム全体の大きさ
- **リスク軽減のための分割**—たとえば，明確化し問題を発生させないアイテムをデリバリーするために分割する．または，新しい技術を考案または評価するために分割する.
- **前進するための分割**—場合によっては，開発された“何か”が得られただけで要求に取り組むことができるという確信が得られます.

**止めてもよいか?**—まだアイテムが大きいと考えたので，続けました.

**種類別に分割**—私たちは「取引決済に種類はありますか?」と尋ねました.「はい．購入と売却があります.」という答えでした．購入と売却がさらに分割する良い方法かもしれないと匂わせていますが，その前に重要な質問をしなければなりませんでした.

**分割は労力を軽減するか?**—要求を「購入決済」と「売却決済」に理論的に分割できるというだけであり，“作業や労力も分割”されるとは限りません．まったく同じコードでこのバリエーションを扱えることもあります．その場合，労力が減らないので分割は有効ではありません．そこで，私たちは「購入と売却を決済するためのロジック，ビジネスルール，取り扱いなどは同じですか?」と尋ねました．ドメインエキスパート

の答えは「ああ，それらはまったく違う」でした．これで，取引の種類で分割することが有効なことがわかりました．分割はこうなりました．

- 決済取引
  - 購入決済
  - 売却決済
- 未決済取引における企業行動
- ケニア・マーケット取引を取り扱うためのその他すべて

**次に焦点を当てるのはどれか?**—この自動化の要求は，手作業によるミスとコストの削減を目標にしています．もし，取引種別のコストが同じであれば，取引種別の頻度から，最も恩恵が得られるものはどれなのかがわかります．

「購入取引の割合はどれくらいですか?」と尋ねたところ,「80%」と回答がありました．そこで「購入決済」に注目することにしました．

**止めても良いか?**—「購入決済のサイズは小さい?」「いいえ，まだ大きいです.」

**オープンクエスチョンとバリエーションの発見**—「ユースケースがあると推測し，それは本当なのか，だとすればそれは何か?」というように，分割の議論の中で私たちの経験を使いました．しかし，経験がいつも次のステップにうまく導いてくれるとは限りません．オープンクエスチョンで質問することも重要です．

分割の議論中にオープンクエスチョンで質問するときは，私たちは特に要求内のバリエーションを学ぼうとしていました．“バリエーションや代替手段を見つけることは，分割と深い理解の発見の鍵” だからです．

「購入決済について教えてください.」と尋ねたら，FOP (Free of Payment) と DVP (Delivery versus Payment) という決済処理の 2 つの主な種類を発見しました．この 2 つは要求が違います．したがって分割は次のようになりました．

- 購入決済
  - FOP による購入決済
  - DVP による購入決済

“FOP による購入決済” は頻度が高いため，最初にデリバーするとベネフィットが高いことを発見しました．でも，まだサイズが大きいです．

「FOP による購入決済について教えてください」と，さらにオープンクエスチョンで質問します．このユースケースが開始するのは SWIFT メッセージが受信されてか

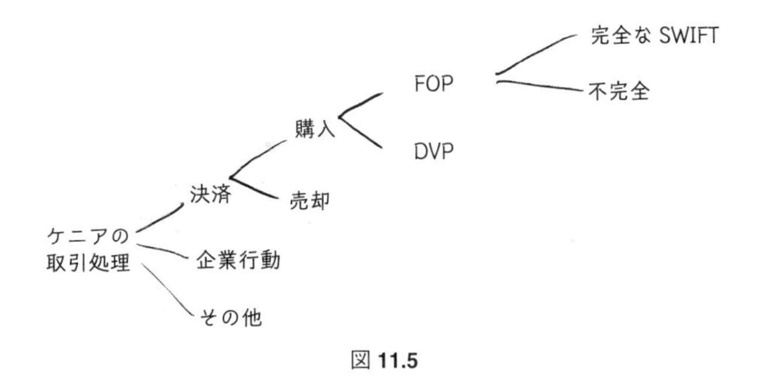


図 11.5

らで，メッセージの特性によってさまざまな処理のステップがあることがわかりました．これはメッセージの種類 (または特性) で分割できると考えられます．会話でこれらのサブアイテムを発見できました．

- FOP による購入決済
  - FOP による購入決済：すべてのパーティーの詳細に受信した SWIFT メッセージがすでに埋め込まれている (完全)
  - FOP による購入決済：いくつかのパーティーの詳細に受信した SWIFT メッセージがない (不完全)

後者の不完全なバリエーションでは，不足しているパーティーの詳細を埋め合わせ書き込むためにたくさんのコードを書く必要があります．しかし完全なケースではすることはあまりありませんでした．この時点でグループは，“すべてのパーティーの詳細の FOP による購入決済” はおそらくそれ以上分割する必要はないほど小さいと感じました．

プロダクトバックログに実際に記録されたものは，次のとおりです．

- FOP による購入決済：完全な SWIFT メッセージ
- FOP による購入決済：不完全な SWIFT メッセージ
- DVP による購入決済
- 売却決済
- 未決済取引における企業行動
- ケニア・マーケット取引を取り扱うためのその他すべて

**祖先**—すべての「祖先」がバックログから削除されていることに注意してください．

これは素晴らしくシンプルなアプローチですが，祖先の情報を残しておきたい場合もあります．そのような場合は，☞ ガイド：親の対処 (9.1.3 項).

これで，完成です!

### d. 薄いエンドツーエンドのアイテムに分割する

私たちが見つけた"FOP による購入決済:不完全な SWIFT メッセージ"という新しいサブアイテムについて考えてみましょう．このアイテムは，完全に「垂直な」エンドツーエンドの顧客中心のフィーチャーで，薄く切り出されたものです．これは，いくつかの受け入れテストに関連させることができます．この例は分割についての"重要なポイント"を表しています．

| 薄く「垂直な」エンドツーエンドの要求に分割します．<br>アイテムを内部設計のステップで分割しないでください． |
|---|

開発者は，内部設計における論理的アルゴリズムのステップの観点から開発を考えます．たとえば購入決済では，次のように考えます．

(1) SWIFT メッセージの種類を特定する
(2) メッセージをパースする
(3) メッセージに関連する取引をデータベースから取得する
(4) ···

アイテムを「SWIFT メッセージの種類を特定する」ステップで定義するというように，内部設計アルゴリズムの処理ステップで分割しないでください．その理由は次のとおりです．

- 顧客中心のエンドツーエンドで機能が実装されていないため，顧客中心の自動受け入れテストを追加することができません．
- プロダクション環境で利用できないため，それは，利用できる価値がなく，欠陥やリスクが隠され，フィードバックが受けられないという古典的な問題をもつ WIP です．
- コンポーネントチームのダイナミクスと問題を招きます．
  たびたび (コンポーネントチームが存在する，または，あった場合に作成されたアーキテクチャでは特に)，1 つの処理ステップが 1 つのソフトウェアコンポーネントに関連付けられます．たとえば，ステップ「メッセージを特定する」が MessageIdentifier コンポーネントに関連付けられるというように．すると，次のようなことが起こります．

「SWIFT メッセージの種類を特定する」など，各処理ステップが別々のアイテムとして定義されているとします．この時，ステップに関連するコンポーネントに含まれる顧客要求の「すべて」のバリエーションの「すべて」を定義し，変更しがちです．たとえば,「MessageIdentifier コンポーネントのすべての処理は，全メッセージタイプの特定です．だったら，一度だけさわるほうがいい」というように．

これは「処理ステップ」要求という名の下に隠された単一コンポーネントのタスクの作業をしています．たとえフィーチャーチームであったとしても，組織のコンポーネントチームのダイナミクスとその問題が戻ってきます．

それとは対照に,「FOP による購入決済:完全な SWIFT メッセージ」は完璧です.「購入決済」のすべての可能なバリエーションではありませんが，非常に細かく，完全な流れです．インテグレーションでき，デリバリーでき，利用することができ，価値を提供することができます．そしてフィードバックを受けられます．自動受け入れテストは決して変更する必要はありません．

#### e. 失敗するテストは最初に?最後に?

エラー (失敗する) シナリオで分割する事に違和感を感じることもあるかもしれません．私たちが 3G 標準の HSDPA をプロダクトに実装する際にチームがシナリオで分割を行っていたときの話を共有しましょう．

> まず，HSDPA の実装をもっともシンプルなネットワーク設定で行い，すべてのエラーケースを無視しようとしました．

しかし，これでも大きすぎたので，成功するシナリオではなく，失敗の観点から分割を始めました．通信に関わるプロダクトでは失敗するシナリオは膨大です．彼らは，まず最もシンプルな失敗するシナリオを分割し，実装を行いながら，失敗するシナリオをつくり続けました．2 スプリント経ったときに積み上げげた失敗するシナリオが十分にできあがり，最もシンプルな“成功する”シナリオに着手できるようになりました．

このアプローチがなぜ有効なのでしょうか? もちろん，エラーケースだけでは，ユーザーに価値を届けることはできませんが，失敗するケースを分割することで顧客視点を失わずに機能をつくり上げているのです．さらに，リスクを早いタイミングで知ることができ，早いタイミングで多くの学習ができました．

#### f. 最低でも各スプリントに 4 つのアイテム

どれくらい細かくアイテムを分割すべきでしょうか? 当然，スプリント期間で終わるサイズでなくてはなりません．しかし,「スプリントで 1 つのアイテムがやっと終わる」くらいでも問題です．R & D には大きなばらつきがあるという特徴があるので，1 つの大きなアイテムが完全に終わらない可能性があります．チームは「完成したもの」をデリバーできません．利益を得られず，フィードバックも弱く，学習と適応も少なくなります．

よって，アイテムのサイズは 1 スプリントに 1 つのチームが 4 つ以上のアイテムをもっていけるというガイドラインをお勧めします．

**なぜ 4 つ?**　大きすぎず，小さすぎない，ほどよい数だからです．でも，なぜ 2 つじゃ駄目なのでしょうか?

- アイテムが大きいと，不確実な要素や実験用の機器などの制限リソースの空き状況のせいで，アイテムを終わらせられないリスクが高まります．
- 加えて，もしスプリント終わりに多くの中途半端な状態 (WIP) のアイテムが残っていると，プロダクトオーナーは前スプリントに終わらなかったアイテムを継続して終わらせてもらう以外に現実的な選択肢がないことになってしまいます．
- アイテムが大きいと，崩れウォーターフォール的な状態になりやすく，チームが大量の詳細情報に溺れてしまいがちです．

**なぜ 10 個では駄目なの?**　大規模な世界なら「1 チームに 10 個のアイテム」くらい良さそうです．ただ，次のような弊害を引き起こしがちです．(1) 分割にかかるオーバーヘッド，(2) ちっちゃなアイテムでいっぱいの巨大なプロダクトバックログを管理するコスト，(3) エンドツーエンドの維持の困難さ，(4) 共同責任をもつ「チーム一丸となって」というよりも，1 人 1 アイテムという従来のアプローチに逆戻りする力．

### 11.1.7　ガイド：大規模での見積り

大きな開発グループにおける見積りに関する課題は 2 つあります．見積りの粒度を複数チームで共有するという明確な問題．そして，もっと大きな問題が，見積りの目的に対して，その方法やコストがかけ離れることです．

### a. 見積りの目的とコストを一致させる

大きな従来型のグループではテイラー思想をもつ人たちが「見積りのベストプラクティス」を押し付けます．コンテキストを無視し，コストや欠点などを考慮せずに，常により良いやり方として押し付けられます．

> 目的に対して有用であれば，見積りは「正確」である必要も「精度が高い」必要もありません．

たとえばですが，見積り「精度」(実働との差が少ない状態) 向上のもっともよくある理由は，予測を正確にすることです．しかし，アジャイルな世界での予測について，もう一度考えて見ましょう．まず，100%の「精度」の見積り (矛盾する言葉です) は不可能です．なぜなら，新たなアイテムがつくられていくからです．私たちはクライアントに「変更の必要のないプロダクトは顧客のいないプロダクトだけ」といったりします．なぜなら，われわれは“計画に従うことよりも変化への対応”を重要視するからです．

では，なぜ見積りをするのでしょうか?

**ROI による優先順位付け**—同じ労力でより高い価値提供をしたいなら，見積りが必要です．

**日付けの同期**—次のようなこととタイミングを合わせます．

- **社内グループ**—マーケティングと調整してキャンペーンを打つなど
- **顧客**—通信事業者に新しい機材を提供する場合，彼らも開発のプロジェクトを走らせる必要があるなど
- **イベント**—展示会など

**「リリースの約束」があるときのリスクを評価する**—好ましい状況ではないですが，(明らかに) スコープとリリース日がすでに決まっていたとします．このような場合に，見積り (と再見積り) をすることはリスクを知るのに役立ちます．マーケットの**制約**や**金額固定**，特にスコープ固定のプロジェクトの外注において，ビッグバンリリースの約束は度胸試しです．この場合，見積りは利益の確認と，現状のリスクと納品のリスク評価に使われます [ガイド：何よりも顧客との協調を (8.1.8 項)]．

**探求または違いの明確化による学習**—見積りを共同で行うと，さらに明確したり分割したりすべきかなどに注意を向けることも含めて，アイテムの内容理解が深まりま

す．もし，見積りに納得できない場合，そこには学習機会があるということです．ここで注意したいことは，“見積り結果ではなく，見積る行為”に意味があるということです．

### b.　特定の見積り方法のコスト

LeSS は経験的プロセス制御で運営されます．ですから，特定の見積り方法は規定されていません．プランニングポーカーでも，係数モデルでもよいですが，重要なのは次のことです．

| 目的に合い，議論と学習を促進するもっともシンプルな手法を選びましょう． |
|---|

### c.　相対見積りの単位をチーム間で同期する

LeSS ではどの見積り単位を使うかを示していませんが，相対見積り (ストーリー) ポイントが非常に広く使われています．なぜ大規模というコンテキストで，相対見積りポイントが使われるのでしょうか? 1 つは比較的早く簡単だからです．それと同時に，違いを明確にし，学習機会をつくることもできるからです．また，見積り単位や方法の負担により大規模グループでは滅多に行われることがない，再見積りの機会を増やすことにもなります．再見積りをするのは，それがさらなる学習および，プロダクトやプロセスに対する経験的プロセス制御への重要なインプットになるからです．

相対見積りポイントを使わない理由は何でしょう? 人日のような絶対見積り単位を使うと，異なる基準が使われるようになったり，不必要な調整や単位の変更が発生したりするような単位の同期に関する問題は起きません．また，相対見積りは“悪用したり，曲解されたり”することもあります．たとえば，人日に紐付けたり，チームの比較に使ったり，目標や評価に使ったりです．このような使い方が始まると，意味がなくなり，機能しなくなります．

大規模開発でポイントを使う際には問題があります．それは，相対だということに起因します．たとえば,「5 ポイント」という数字自体に意味はありません．2 つのチームが異なる基準で「5 ポイント」を使っているかもしれません．このような不一致は，見積りを意思決定や進捗確認に使う上で問題です．グループ全体でポイントの基準となるサイズをそろえられるなら，その方が好ましいです．

- 見積りサイズの一貫性—ROI にもとづく優先順位付けに役立ちます．また，複数

チームにアイテムを分散する柔軟性が増します．そして，
- プロダクト単位でのベロシティー予測をしやすくします．

では，どうやって単位を同期するのでしょうか?

**すでに完成したアイテムで合わせる**—簡単な方法の1つとして，“すでに完成したプロダクトバックログアイテム”と比べて認識を合わせる方法があります．この方法を上手くやるには，多くの完成したアイテムがある方が好ましいです．多くの人がよく知っているアイテムを見つける可能性が高まるからです．

**複数チームまたはオーバーオール PBR での同期**—複数チームで PBR を行うときに共同でポイント見積りをします．そうすることで，チーム間でポイントに対する共通認識が得られます．似ていますが，オーバーオール PBR(すべてのチームから何名かのチーム代表が集まる場) で，ポイントを同期することができます．

## 11.2 LeSS Huge

LeSS Huge では，PBR は要求エリア単位で行い，エリア内は小さな LeSS フレームワークと変わりません．つまり，たとえばオーバーオール PBR もエリア内に閉じており，プロダクト全体が対象ではありません．

LeSS Huge では PBR に関して明確なルールは存在しません．

# 12 スプリントプランニング

動きと仕事が完全に同一な場所は，動きまわる動物を見ることに人々がお金を払う動物園だけである．

—大野耐一

## 1 チームスクラム

スプリントプランニングには2つの異なる議題があります．簡単にいうと「何を」と「どうやって」を明確にします．1つ目の議題ではアイテムの選択をし，アイテムについての質問や議論を通じて内容を明確にしていきます．プロダクトバックログリファインメントを通じてある程度は明確化されているはずなので，それほど長い時間はかからないはずです．2つ目の議題では初期の設計とアイテムを「終わらせる」進め方を議論します．選択されたアイテムとタスクからは，スプリントバックログがつくられます．また，プロダクトオーナーは最終的なアイテムの優先順位を決定しますが，アイテムをどこまで選択するかはチームが決定します．ただ，選択されたアイテムはコミットメントでも約束でもなく，チームが実現可能と考える予測でしかありません．

## 12.1 LeSS スプリントプランニング

スケーリングする際のスプリントプランニングに関する原理・原則があります．

**プロダクト全体思考**—複数チームでのプランニングはやり方次第では各チームが進む方向がばらばらになったり，協働しなくなってしまいがちです．

**経験的プロセス制御と継続的改善**—特に大規模な開発では，無数の異なるコンテキストがあり改善の必要性が異なるため，LeSS ではスプリントプランニングのやり方はチームに任せます．

**少なくすることでもっと多く**—従来の大規模な開発の計画では，多くの複雑さと依存関係があるのが当たり前だと考えられています．LeSS ではフィーチャーチーム間で調整を行うため，計画はシンプルになります．

### LeSS ルール

> スプリントプランニングは2つのパートに分かれます．スプリントプランニング1はすべてのチームが合同で実施します．それに対してスプリントプランニング2は通常，各チームに分かれて別々で開きます．ただし，関連性が強いアイテムをもっているチームは同じ場所で，複数チーム・スプリントプランニング2として一緒に行います．
>
> スプリントプランニング1はプロダクトオーナーと全チームまたはチームの代表で行います．参加者は一緒に，各チームがこのスプリントで作業するアイテムをいったん選択します．チームは協働する部分や不明確な点を見つけ，残った疑問があれば解決します．
>
> 各チームはチームごとのスプリントバックログを有します．
>
> スプリントプランニング2は各チームがどうアイテムを実現させるかを考える場であり，設計やスプリントバックログの作成を行います．

## 12.1.1 ガイド：スプリントプランニング1

LeSSのスプリントプランニング1 (SP1) で「何を」以外に注力すべきことは何でしょうか? 答をお伝えする前に1つ思い出してください．プロダクトバックログリファインメントで“一連のアイテムを複数チーム”で行うことで，共通認識とチームのアジリティを高め特定のチームしか対応できない状態を回避します [ ガイド オーバーオール PBR (11.1.2 項)].

そのため，チームとプロダクトオーナーはどのようにアイテムを分配するかを決める必要がでてきます．さらにチーム間で協働できることがないかを探し，どのように協働するか議論します．これはチーム数とアイテム数が多くなると複雑な作業になるため，SP1ではプロダクトオーナーとチームが集まりその場で優先順位や分配について話し合います．

どれくらい時間をかけるのでしょうか? 2週間スプリントであれば，SP1もSP2もそれぞれ2時間が最長です．スプリント期間が異なる場合はスプリント期間と時間の比率を維持してください．

### a.　誰が参加するのか?

スプリントプランニング 1(SP1) では，プロダクトバックログリファインメントで前もってアイテムを明確にしているため，アイテムに関する質問はほとんどないはずです．参加者はプロダクトオーナーとチームまたはチームの代表者です．しかし，特に LeSS 導入初期では知識の格差が多々あるので，SP1 の間，未解決の小さな質問がたびたび出てきます．そのような質問にその場で答えられるプロダクトマネージャーやユーザーまたは顧客など，他の専門家の招待を検討してください．導入初期におけるこのような議論の中断や知識不足の改善を急ぐ必要はありません．

チームメンバーは何人参加?　メンバー全員から各チームの代表者 1 人まででです．スクラムマスターはチームメンバーではありませんので，代表者にはなれないことに注意してください．もし少数の代表者のみの場合は，潜在的な受け渡しの問題が発生しないようにチームメンバーの数を調整してください．参加意識をつくり出す必要性や部屋の大きさにも配慮します．代表者が参加する場合は徐々に代表者をローテーションします．

少なくとも 1 人のスクラムマスターは参加し，どうスプリントプランニングを行うのかのアイデアをコーチし，改善に役立ててください．

### b.　アイテムを選び取る

**プレ分割ミーティングは必要でしょうか?** プレ分割ミーティングは不要で SP1 の最中にアイテムの分割をする方が良いです．決断を“できる限り遅らせること”で多くの情報を集めることができ，より良い選択につながるからです．さらに，多くの選択肢を残しておくと，チームのプロダクト全体思考を促進し組織のアジリティを高めることにもつながります．

**プロダクトオーナーがアイテムを分割すべきでしょうか?** チームに分割してもらう方が好ましいです．なぜなら，プロダクトオーナーの労力が減り，自己管理チームを促進し，アジリティを高めます．また，チームがよく知らないアイテムを選択した場合にはチームの学習にもつながります．そして，チームがプロダクトに対して高い次元のオーナーシップをもつことにつながります．特に新しくつくられたチームではチームが意思決定をすることで自己管理を促進し，マイクロマネジメントよりも信頼に重きを置き，意思決定を情報量が多い現場で行い，学習に重きを置きます．

**チームはアイテムを奪い合うべきなのでしょうか?** もし，複数のチームが興味のあるアイテムを取り合っていたら，それは素晴らしい問題です! なぜならチームが意欲的な状態になっているからです．この状況では優秀なスクラムマスターはどのチームがアイテムをもっていくかの意思決定方法を提案します．たとえば，腕相撲でもよいですし，プロダクトオーナーのネクタイを早く奪った方が勝ちというゲームでもよいです．重要なのはプロダクトオーナーが最終的に決められる権限があることです．(クリティカルなアイテム，リスクの高いアイテムは特定のチームに対応してもらいたいことがあるからです.) もちろんプロダクトオーナーはチームが選択するアイテムの総量を決めることはできません．なので，プロダクトオーナーがチームに対してアイテムの選択や総量を指示しなければならないと感じている場合は，何か大きな問題が隠れていることが多いです．

### c. シナリオ

ここでは，テクニックと目的を示すため，SP1 の例を紹介します．

(1) **テーブルにカードを置く**—プロダクトオーナーはプロダクトバックログの順番にカードをテーブルに置きます．チームメンバーはアイテムの議論，決定，選択そして場合によっては交換を行います．

(2) **上位のアイテムをむらなくするには?**—チーム A が優先順位の高いアイテム [1, 2, 3, 4] を取り，チーム B が [5, 6, 7, 8] をとったケースを考えてみましょう．スプリント中，チーム A はアイテム 4 を (理由は関係ありません) 落としたとします．その結果は (おそらく) チーム B がアイテム 4 をできるとしても，優先順位の高いアイテム 4 は完成できないでしょう．それが重要な問題なのであれば，チーム間で優先順位の高いアイテムをむらなく広げてください．ただし関連するアイテムを選びたいチームの目標と競合するため，うまい解決策ではありません．

(3) **明確にするために分かれて行う?**—理想的には，質問が長引くことなくアイテムは実装できる状態になっているはずです．ですが，時々長引くことがあります．チームが 2 つしかない場合は，一緒に会話することは可能です．チームが 7 つの場合は，1 つの大きなグループで順番に回答すると遅くなる可能性があります．1 つの選択肢としてチームが「分かれて」行うことです．各チームメンバーは異なるエリアに分かれ，明確にするための質問を書きます．プロダクトオーナーや他のチームメンバー (特に “複数チーム PBR” に関連するメンバー)，その他の人は各エリアに移動し，そして回答します．回答を書くのは，明確にするためと，不在のメンバーが後で読むことができるようにするためです．

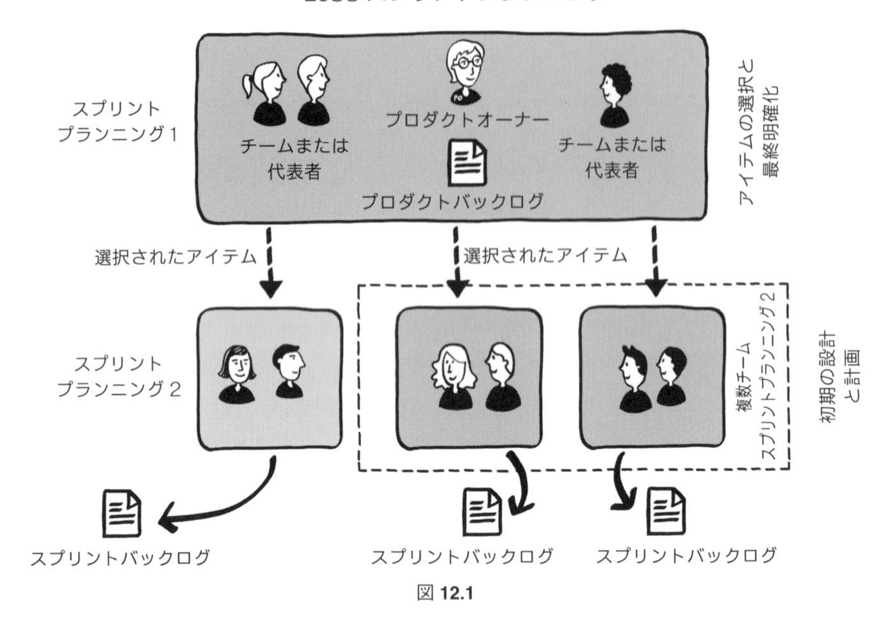


図 12.1

(4) **一緒に働く機会を見つける**—チームは1つの統合されたプロダクトをつくる必要があるため，作業とコードを共有しています．また強く関連するアイテムに取り組んでいるチームもあるかもしれません．SP1とSP2は議論および作業の共有と調整する機会を見極める時間です．複数チームSP2 (次のガイドを参照) で対処することをおすすめします．もしくはSP1の終わり頃に一緒に議論してください．

**複数拠点**—ビデオを利用し，仮想共有スペースを利用しアイテムを提供します．質問には，最も シンプルな解決策はただ一緒に話すことです．多くのチームや多くのアイテムを議論する場合は，1アイテムごとに1ウィンドウをもつチャットツールなど分割して進めるテクニックを試してみてください．

**すべてのスプリントプランニング後の同期はどうするのか?**—SP1とすべてのSP2の後，いくつかのグループは新しい課題 (たとえば，SP2中にチームがアイテムを落としたなど) についての学習と適応のため，同期する会を開催します．

### 12.1.2 ガイド：複数チームスプリントプランニング 2

シンプルなスプリントプランニング 2(SP2) は各チームが個別にほぼ並行して，設計の議論やスプリントバックログの作成などを行います．2 週間スプリントでは最大 2 時間を使います．

多くの場合は 2 チーム以上が同じ部屋で行う**複数チームスプリントプランニング 2** が望ましいです．関連したアイテムの“複数チーム・プロダクトバックログリファインメント (PBR)”を，以前行った同じグループにとっては興味深いものでしょう．一般的に要求や設計において強く関連するアイテムをもつチームは複数チーム SP2 を行うことで，一緒に設計や調整，どのように協働作業を行うかなど議論を深めていくことができます [ ガイド 複数チーム PBR (11.1.3 項)].

複数チーム SP2 は複数チーム PBR と同じように見えますが異なります．後者はアイテムを明確にする混合グループのチームであり，複数チーム SP2 はチームが共有スペースで個別に SP2 を行っているため，すぐに調整することができます．

**シナリオ**—ここに複数チーム SP2 の例を示します．

(1) **グループ全体の Q & A**—疑問を解消し，道筋をつくります．
(2) **グループ全体の設計と作業の共有**—共通の設計については，一緒に議論したり書いたり，発散してマージするワークショップを行ったりしてください．複数チームに共通するタスクを特定し，協力する方法を決めます．ただし注意があります! SP2 全体で 2 時間しかありません．このセッションは短いタイムボックスで行います．
(3) **単一チームに分かれて設計と計画**—チームは部屋の異なるエリアに分かれます．他のチームとすぐに調整するには「ただ叫ぶ」テクニックを使います．これは「ただ話す」の高度なバリエーションです．このフェーズは SP2 の大半を占めます [ ガイド ただ話す (18.1.1 項)].
(4) **必要に応じて再度マージする**—すべてのチームに関係する問題を話し合います．

#### a. 「共有作業の機会」対「チーム間の依存関係」

共有作業とは何でしょうか? たとえば 2 つ以上のチームに共通のタスクが必要なアイテムがあるとします．それが共通または共有作業です．

従来の考え方をしているグループでは「チーム間の依存関係」と「チーム依存関係の管理」のことを話すでしょう．しかし LeSS では，この問題と視点を一刀両断に解きます.

> チーム間の依存関係はありません.
> 共有作業の機会があるだけです.

共有作業はどのように扱いますか? 複数チーム SP2 では，チーム A とチーム B が共有タスク X があることに気づきました．ディスカッションしてチーム A がそのタスクをスプリントバックログに追加することに決めました．シンプルですね! スプリントの後半にチーム B がタスク X が最初に必要だとわかった場合，シンプルで機敏に適応します．チーム B はかわりにタスク X を行いチーム A と「ただ話す」ことで報告します.

フィーチャーチームによる自己組織的なグループの複数チーム SP2 では，“共有作業の機会”を見たり見つけたりすることは簡単です．しかし以前から厳密なタスクのオーナーシップや，個人によるコードのオーナーシップ，コンポーネントチーム，プロジェクトマネージャーによるタスクの割り当て，あるいは依存関係と整合性を管理する外部の「チーム」などから生じる「チーム間の依存関係」の扱いに慣れたグループにとっては，マインドセットと実践の大きな変更が求められます.

### 12.1.3　ガイド：スプリントバックログにソフトウェアのツールは使わない

プロダクトバックログとスプリントバックログは別のものであり目的が異なります．プロダクトバックログはアイテムを管理するためのものですが，スプリントバックログはチームがチーム自身を管理するためのものです．プロダクトオーナーのためや，外部のトラッキングのためではありません．『スクラムガイド』では“スプリントバックログがチームのもの”であることを強調しています．したがって各チームは独自のツールの選択やツールの変更ができる必要があります．プロダクトバックログとスプリントバックログは同じツールを使わないでください [ ガイド 大規模プロダクトバックログ用のツール (9.1.5 項)].

プロダクトバックログにはデジタルなツールが使われる可能性がありますが，スプリントバックログにはこれをお勧めします.

図 12.2

> スプリントバックログにはソフトウェアツールは使わないでください．
> 壁にカードを貼り，物理的な可視化管理をしましょう．

なぜなら，次の理由があるからです．

- **チームと情報の相互作用の増加**―私たちは何度も見ていますが，スプリントバックログを「壁にカードを貼る」チームとソフトウェアツールを使っているチームを注意深く観察しふるまいを比較対比すると，個人の集団としてではなくチームとしての行動である相互作用とコラボレーションの量に常に差があることがわかります．壁のカードはチーム活動を促進し，コンピューターにあるカードは個人活動を促進します．また，シンプルで，使うことも変更することも簡単で，全体が見渡せるため，壁にあるスプリントバックログは能動的で熱心なチームをつくります．チームがソフトウェアツールを使っている場合は逆のことが起こります．
- **SP2 中の相互作用の増加**―「壁にカードを貼る」ということは，SP2 中はコンピューターを使わないということです．それは私たちのお勧めでもあります．コンピューターは SP2 でのコラボレーションを妨げるのを，私たちは見てきています．
- **マイクロマネジメントとトラッキングの防止**―チームがスプリントバックログの情報をソフトウェアツールに入れたら何が起きるでしょう．マネージャーは習慣から，チームをトラッキングし始め，チームを比較し，マイクロマネジメントに戻ってしまいます．プロダクトオーナーでさえスプリントバックログのマイクロマネジメントを始めることがあります．ツールが使用されたほとんどすべてのケースで，この機能不全を見てきました．

## 12.2 LeSS Huge

スプリントプランニングは要求エリアごとに開催します．特別なルールはありません．

### 12.2.1 ガイド：プロダクトオーナーのチームミーティング

各エリアプロダクトオーナーは意思決定において比較的自律しているため，テーマとアイテムの選択においてプロダクト全体思考や連携を失うリスクがあります．その対策として，次のスプリントの前にプロダクトオーナーのミーティングを開催します．エリアプロダクトオーナーはそれぞれの状況や目標を共有し，調整のタイミングについて話し合います．またプロダクトオーナーはハイレベルなガイダンスを提供することができます．

このミーティングを通して前回のスプリントレビューの結果を各要求エリアの計画に入れるかどうか議論もします．

より学びやフィードバックを得るためにいくつかのチーム代表，内省と改善を支援するために少なくともスクラムマスターを一人含めます．

# 13 調整と統合

(1) 問題を紙に書き出す，(2) 一生懸命考える，(3) 解決法を紙に書き留める．
—マリー・ゲルマンにより記述されたファインマン・アルゴリズム

## 1 チームスクラム

共通の目標を目指しチームメンバーは自発的かつ素早くやり取りします．これはプロダクトをスプリントで徐々に成長させるあらゆる作業の継続的インテグレーションです．これが良い 1 チームでのスクラムの調整と統合の本質的な特徴です．良いチームからは，コラボレーションが生み出す継続的なざわつきが聞こえます．彼らの統合しているざわつきが聞こえてきそうですよ!

スクラムはこれらをどのようにサポートしているのでしょうか? まず，自己管理，責任の共有，目的の共有，経験的プロセス制御というコアの要素が重要です．次にプラクティスです．スプリントプランニング，スプリントバックログ，デイリースクラムが素晴らしいチームのざわつきをつくり出すのに役立ちます．

同じような自発的で自己組織化された調整と統合を複数チームでつくり出すにはどうすればよいのでしょうか? これが LeSS 導入の課題です．

## 13.1 LeSS での調整と統合

なぜ調整と統合が必要なのでしょうか? 継続して統合する場合，調整と統合は強く重なり合います．統合には調整が必要であり，調整の結果統合されます．

スケールする際の調整に関連する原理・原則は次の通りです．

**大規模スクラムはスクラム**—1 チームのプロダクトグループではチームは自分たちで内部調整をします．複数チームでは出荷可能なインクリメントをつくる共通の目標を共有しているため，「内部」調整の責任は，チーム全体に広がります．しかしほとんどのチームは他者と調整と統合をする方法には不慣れです．チーム内の調整方法しか知りませんし，これまでは大きな調整は別の管理グループが行っていました．

**システム思考とプロダクト全体思考**—従来型のサイロ型チームはプロダクト全体に責任をもっていません．プロダクトを出荷するための調整にも，全体で協働しながらシステムについて考えることにも責任をもっていません．LeSS にはじめて参加するチームは“プロダクト全体を見る”ことに挑戦することになります．

**経験的プロセス制御と完璧を目指しての継続的な改善**—大規模なグループでは組織とプロダクトのコンテキストが非常に複雑であり変わりやすいため，特に状況に対応できてカスタマイズ可能な調整のテクニックが必要となります．チームの当事者意識とエンゲージメントを高めていくために，調整のテクニックを規定し洗練していく必要があります．

### LeSS のルール

> チームどうしの調整はチームに委ねられています．中央集権的な調整ではなく，個別の判断で自由かつ非公式に調整する方が好ましいです．
>
> デイリースクラムはチームごとに行います．

### 13.1.1　ガイド：ただ話す

大規模なグループで何年も働き，複数チームにまたがる調整テクニックを数多く観察した結果，最も上手くいきそうなテクニックを発見しました．手順は次の通りです．

(1) あなたは，チーム B との“調整が必要”なことに気づきます．
(2) 立ち上がって，
(3) チーム B のところに歩いて行き，

図 13.1　ただ話す

(4) 「やぁ，話し合おうよ!」と言います．

この一連を私たちは“ただ話す”とよんでいます．

これはバカげた冗談のように聞こえるかもしれませんが，本気で言っています．私たちが遭遇してきたパターンは，「より正式な調整方法の環境が整っていると，調整が少なくなる」というものでした．人は「正しい」環境で調整することが重要だと感じるからです．たとえば，あなたが調整の課題があることに気づいたとします．そして明日の午後にスクラムオブスクラムがあることを思い出したとしましょう．すると今すぐ調整の課題に取り組むのではなく，明日に持ち越すこと決めてしまうでしょう．

チーム間を調整する最善の方法が“ただ話す”ことだと受け入れることは，調整の問題を再構成することにつながります．問題は「どのような調整方法を使うべきか?」ではなく「調整し話す必要があることをチームはどう知るか?」です．チームは“今”，“誰”と話す必要があるのかをどうやって見つけていますか?

> 大規模な調整の問題は，どのような調整のテクニックを利用するかではなく，調整する必要があることを理解し，それを誰と話す必要があるのかを理解することです．

後に出てくる ガイド では調整の実験を紹介しています．特定の目的と非公式な調整のつながりと情報共有のネットワークをつくる副次的な効果のある実験です．そのガイドでは情報共有の非公式なネットワークであり，チームメンバーは調整し「ただ話す」ことの必要性を理解することができます．

たとえば，「トラベラー」はスプリントごとにチーム間を移動する人で，そのスプリントで最も必要とされている場所で作業します．主な目的は自身のもつ特定の知識を共有し教えることですが，副次的な効果はチームからチームへプラクティスを届け，チーム間の非公式な繋がりをつくることです．

主な調整のためのガイド

- ただ話す
- コードでコミュニケーションする
- コミュニティ
- チームをまたいだミーティング
- オープンスペース

- コンポーネント・メンター
- トラベラー
- スカウト
- リーディングチーム

どのように「コードでコミュニケーションする」のかに入る前に，まず調整しやすい環境に必要な土台について見ていきましょう．

### 13.1.2　ガイド：調整しやすい環境

どうしたらチームは広く形式ばらずに情報を流す必要性に気づけるのでしょうか? 調整しやすい環境とは何なのでしょうか?

- 自分たちで調整をしているチーム
- 分散と形にこだわらない調整を好む
- 共通の目的をもつフィーチャーチーム
- プロダクト全体思考
- 役に立つ物理的および技術的環境

#### a.　自分たちで調整をしているチーム

LeSS での調整と統合は「プロジェクトマネジメントチーム」や「統合チーム」のような別のチームではなくチーム自身で行います．その意味するところは何でしょうか? 各チームは他のチームと調整してスプリントごとに少なくとも 1 回は出荷可能な統合されたプロダクトのインクリメントを保証する責任があります．なぜこれが大事なのでしょうか?

- 実際に作業している人が調整と統合の決定と行動の責任を負う
- チーム自身のプロセスであることを支援し改善する
- 遅延と受け渡しを減らす
- 組織の複雑さを減らす．特別な役割は不要

#### b.　集中型より分散型の調整を好む

スクラムオブスクラム，タウンホールミーティング，プロジェクトステータスミーティング (たいていアジャイルな名前で再命名されていますが違いはありません) など

の集中型の調整手法は，すべてのチームから人を集めるミーティングを計画します．これにはいくつかの弱点があります．情報のボトルネックの増加，受け渡し，遅延,「それは私の問題ではない」というふるまい，そして退屈です．

分散型の調整手法は，中央の会議やグループを必要とせずに関わり合う人々のネットワークをつくります．たとえば，チームが共有スペースで作業したり話をしたりすることや，複数拠点のチームがチャットで議論をするなどです．これはボトルネック，受け渡し，遅延を回避することはできますが，課題が見過ごされていないか確認するため全体像を捉えることが難しくなる，システム全体に関する情報はあまり広くなく共有されることが減るという欠点があります．

調整のために現れる"ふるまい"を助け，分散型の調整方法を支持しましょう．LeSS ではこのようなふるまいが"現れることを奨励"しています．大規模なシステムの集中型で規定された調整方法では，(1) 経験的プロセス制御と継続的な改善や，(2) プロセスは自分たちのものだと考えるチームを阻害する可能性があります．

誤った二分法ではありません．どちらも助けになりますが，分散のほうが良いということです．

> 調整のためのボトムアップから現れるふるまいを奨励しましょう．分散型のテクニックはそれを支援します．

### c. 共通の目的をもつフィーチャーチーム

コンポーネントチームではチーム間の依存関係は非同期なため共通の目的をもっていません．たとえばフィーチャー F はコンポーネントチーム A と B の作業が必要だとします．このスプリントでチーム A は自分たちにとって優先順位が高い F の一部の作業をします．数スプリント後にチーム B は作業し，チーム A の作業と統合しようとしますが，うまくいかないためチーム B はチーム A と調整しようとします．チーム A は今は他の作業を行っているため，その調整はチーム A にとって中断となります．このようなチーム間の状況は「依存関係による面倒な中断」とみなされ調整を困難にします．

フィーチャーチームと共有されたコードでは，すべての共通の目的に関連するチームの相互作用が生まれます．たとえば，同じスプリントで異なるアイテムを作業するフィーチャーチームが共通のコードを変更し，共通または共同で作業をします．すべての共通作業と調整は"同じスプリント内で連携し同期"されます．調整は共通のイン

図 13.2　物理的な環境

クリメントを目指し働くすべてのチームにとって有益であるためフィーチャーチームは一緒に働くことに熱心に取り組みます.

### d. プロダクト全体思考

協働するチームには共通の目的が必要です. 対照的に独自の「チームバックログ」をもち, 独自のスプリントを計画しているチームはプロダクト全体ではなく部分に集中してしまいます. これではチーム間の調整がより困難になってしまいます. そうしてはいけません. チームが共通のスプリントの終わりに共通のプロダクトインクリメントを作成するための目的を共有し, プロダクト全体思考を向上させましょう.

1 人のプロダクトオーナー, 1 つのプロダクトバックログ, 1 つのスプリント, 1 つのスプリントプランニング 1, 1 つのスプリントレビュー, 1 つの統合されたプロダクトのインクリメントなど, LeSS の要素の多くはプロダクト全体思考を促進させます.

### e. 環境：物理的なものと技術的なもの

#### 物理的なもの

- 協力するチームにとってのベストは, すべてのチームが物理的に一緒にいることです. 細かく分けられた小部屋やオフィスは必要ありません. 各チームは自分たちのスペースにあるテーブルで一緒に作業します. そしてそこには視覚的な管理に使える壁やボードがたくさんあります.
- 最大限同じ場所での作業を実現するためには, 階数, 建物, 拠点の数を減らします.
- LeSS での大規模な複数チームでのミーティングや広いホワイトボードエリアでの設計ワークショップでは, いくつかの大きくシンプルな会議室が必要です. 私たちは特に床から天井までホワイトボードになっているパネルや塗装が気に入っています．

- 拠点 (または建物) 間でのチームメンバーの定期的な出張は，活発なやり取りや学習，そして高いレベルの信頼と理解のある本当の友情やパートナーシップにとって重要です．
- コーヒーエリア，大きな共用テーブルを備えた昼食スペース，リラックスできる椅子と誰でも自由に読める本がたくさんある図書室．休憩や学習そして偶然を共有するチーム間のスペースを共有しましょう．
- ペアで作業するためのツール．覚え書きを書く付箋紙．ペア作業でスケッチを描くときの A4 サイズのホワイトボード．どこでもすぐにチームで議論をするために貼り付けられるホワイトボードシート．連携を促す物理的で "簡単に導入が可能な" いろんなコラボレーショングッズを置きましょう．

**技術的なもの**

- Wiki，Google ドキュメントなどの情報共有スペース．特に大規模グループでは情報が氾濫しているため，私たちが見た中で最も役に立っていたのは，情報の整理，ハイライト，タグ付けなど情報を見つけやすくする (パートタイム) の図書館司書の役割に誰かがなることです．
- ディスカッショングループ，メーリングリスト，通知ツール，ビデオツール，チャットなどの共有コミュニケーションツール，特にグループチャット (Slack など)．
- Screenhero(スクリーン共有ツール) やコードでのコミュニケーションを簡単にする「ソーシャルコーディング」ツール (GitHub/GitLab) など，時間や場所が離れても一緒にコーディングできる共有ソーシャルコーディングスペース．

### 13.1.3 ガイド：コードでのコミュニケーション

多くの場合，チームは統合を調整する必要がありました．たとえば，複数チームがあるコンポーネント内で作業を共有する可能性がある場合，従来は依存関係を管理し，コードの重複を回避し，マージの競合を回避できるように，"コードの変更前" に共通の作業箇所を特定しようとしていました．

ここから重要な洞察が得られます．調整は統合の経路を反映しているのです! しかも継続的にインテグレーションするとこれを反転することができます．"統合の経路によって調整のニーズを発見する" ことができるのです．

> 従来の調整は統合を支援していましたが，統合で調整を支援することもできるのです．

コードを継続的に統合して調整のニーズを発見するプラクティスは，“コードでのコミュニケーション”とよばれています．どのように実施するのでしょうか? 例を出してみます．チームメンバーとして，他の人の変更を自分のローカルコピーのために1日に「何回も」プルします．毎回，すべての変更をさっとチェックし，同時に同じコンポーネントで作業している別のチームを発見したら，互いに恩恵を受けるにはどのように共同作業すればよいのかを，“ただ話す”でしょう．

関連するシンプルなプラクティスは，バージョン管理システムに通知を設定して，関心のあるコンポーネントやファイルの変更を把握できるようにすることです．

**注意:ブランチをつくらない!**

ブランチをつくるとコードでのコミュニケーションはこれまでよりもさらに悪いことになります．なぜなら，特に大規模では

> ブランチをつくると，統合を遅らせるだけでなくチーム間の調整と連携も妨げられます．

継続的インテグレーションなしにはコードでコミュニケーションすることはできません．

**図 13.3**　コードでのコミュニケーション

### 13.1.4 ガイド：継続的にインテグレーションする

私たちは訪問するすべてのグループで「継続的インテグレーションしていますか?」と聞いています．答は常に「はい! Jenkins (または同等のビルドツール) をインストールしています!」と返ってきます．しかし，同じグループで開発者はどのように行動しているかを見てみると

- 開発者はコードをチェックインするのに何日も待ち，
- 開発者は別のブランチ (または git のローカルリポジトリ) で作業しています．

Jenkins に山のようにシステムをビルドさせることはできますが，開発者がコードをプッシュするのが遅れたら継続的にインテグレーションされません．

> 継続的インテグレーションは「継続的にインテグレーションする」ということです!
> 継続的インテグレーションは「開発者の行動」のことであり，ツールではありません．

これが，このガイドの名前は「継続的にインテグレーションする」であり，“継続的インテグレーション”(CI) ではない理由です．この大事な考え方を強調するためです．CI は開発者の行動のことであり，ビルドシステムのことではないのです．

CI が本当に意味することは何でしょうか?

> 継続的インテグレーションとは，自動テストを伴う CI システムに支援され，小さな変更がとても頻繁に「メインライン」に統合され，システムが成長していく稼働中のシステムを維持するための開発者の行動のことです．

詳細に書きます．

**開発者の行動**—CI は開発者が「常に」実施するプラクティスですが，基本的な行動を変えるのは難しいため組織固有の偽の CI になるのです．また，CI の行動もポリシーによって阻害されています．多くの大規模グループでは，「汝，ビルドを壊すなかれ」というポリシーを確立し，ビルドを壊す人を責めることさえあります．結果はどうなるでしょうか．もちろん，インテグレーションの遅延です! そしてビルド成功の幻

想を見ます．CI ポリシーと CI ポリスは開発者を助けるのではなく傷つける結果に終わります．解決策は非難と侮辱を排除し，恐怖心を取り除き，クリーンなコードのための継続的なリファクタリングを伴うテスト駆動開発を行い，頻繁な統合を奨励し，ビルドが壊れたときには“止めて直す”文化を作るのです．そうすることで，CI は開発者に問題と調整の必要性をすばやく伝える手法になります．もし CI が開発者を支援するものではなくむしろ精神的に苦痛を与えているものだと開発者がいうのであれば何かが間違っています．

**小さな変更**—安定したシステムに対する大きな変更は，システムを不安定にさせ壊すでしょう．変更が大きくなればなるほどシステムを再び安定させるために多くの (ときには超線形に多くの) 時間が掛かります．大きな変更は避けてください．かわりに，変更を小さな変更に分割します．小規模なバッチというリーン思考のコンセプトです．小さな変更はシステムに統合するのが簡単です．

**システムを成長させる**—システムを成長させるということは，システムを育て発展させることを意味します．CI の動作とともに開発者は自分の作業を継続的に統合します．機能全体が完成するのを待つことはありません．システムを壊すことなく小さな作業を統合できるときはいつでも統合します．

**とても頻繁に**—どのくらい頻繁なのが「継続的」なのでしょうか? ええと，継続的に.... 大規模なグループは完璧なビジョンとして“毎秒すべて”を統合することに近づけることができますか? それは達成可能ではないかもしれませんが，それは方向性であり次の変数による制約を受けています．

- 大規模な変更を分割するスキル，テスト駆動開発 (TDD) のエキスパートは，通常次の安定した状態に移行するのに 5 分の変更サイクルに分割することができます．本当です!
- **インテグレーションの速度**—次のようなことをして，より早くします．(1) 極小バッチサイズ (1 回 5 分の TDD サイクルなど)，(2) モダンな高速バージョン管理ツール，(3)「チェックインする前にコードレビューする」などの遅延ポリシーの削除．
- **フィードバックサイクルの長さ**—短くするには次のようなことが必要です．(1) 早いコンピュータで高速にテストを実行する，(2) 並列化する，(3) 早く実行できないテストのサブセットを段階的に複数のステージで実行する．
- **「メインライン」で作業する能力**—ブランチで作業するのではありません．

### 13.1.5 ガイド：コミュニティ

複数のクロスファンクショナルチームで構成される組織では，機能，スキル，標準化，ツール，設計などのチーム間の関心事を気にしなければなりません．そのための解決策は，コミュニティをつくることです．コミュニティとは，ボランティア (有志) の集まりで共通の関心や話題があり，お互いに知識を深めたり議論や対話を通じて行動を起こすような情熱をもったグループです．コミュニティへの参加は自発的です．

コミュニティはチームではないのでアイテムの実装はしません．通常，コミュニティは特定の機能領域 (設計，アーキテクチャなど) で集まりますが，他にもインフラのツール，コミュニケーション，スクラムマスターなど，いろんな関心事で集まることもあります．コミュニティの範囲は，数チーム (たとえば，1 つの LeSS Huge 要求エリア内) の場合もあれば，プロダクト，拠点，全社単位になることもあります．

コミュニティは生き物のようでなければなりません．誰でもコミュニティを始められますが，コミュニティの中に情熱がなくなったり機能不全に陥ったりすると死ぬこともあります．時には瀕死状態が長期間続くこともあります．

#### a. コミュニティの目的と権限

コミュニティにはおおよそ 2 つの目的があります．

- **学　　習**
  1 つ目は知識の共有，学習，スキルの向上に注目することです．クリーンコードコミュニティやテストコミュニティなど，実践コミュニティも含まれます．
- **複数チームでの合意形成**
  2 つ目はプロダクトレベルや全社レベルで解決しなくてはならない課題を扱うことです．たとえば，アーキテクチャガイドライン，UI 標準，テスト自動化などです．

図 13.4　コミュニティ

チーム間の合意が目的であることが明確でないときもあります．たとえば，個々のチームの設計上の意思決定をガイドするアーキテクチャの進化に関するアーキテクチャコミュニティがそれです．

多くのコミュニティが両方の目的を担うことがあります．たとえば，テストコミュニティがテスト自動化の学習と推奨規約の提案をするかもしれません．

合意事項を提案するコミュニティで，チームは必ず採用しなくてはならないと決定できるのでしょうか? そんなことはありません．

| コミュニティはチームに対して提案はできますが，決定はできません． |
|---|

したがって，コミュニティが提案を採用してもらいたい場合は，すべてのチームから広く参加してもらう方が良いです．

### b. コミュニティのためのヒント

主体的な組織とまわりの配慮によりコミュニティは活気に満ちていきます．良いコミュニティは

- コミュニティの関心事に情熱をもち，コミュニティを強く育てたいと願う**コミュニティコーディネーター**がいます．なるべくなら積極的な現場の実践者がなります．
- ほとんどのチームから積極的に参加者を募っています．
- 目につき簡単に見つけられるため，誰でも活動しているコミュニティがわかり，参加方法も知ることができます．
- 実践的で具体的な学習のために具体的な問題解決の目標に注目しています．
- どのように行動し決定を下すかについて合意をしています．
- スクラムマスターがいるかもしれません．スクラムマスターはコミュニティの作業と改善を助け，コミュニティのミーティングやワークショップをファシリテートします．
- Wiki，ディスカッショングループ，グループチャットを使っています．
- 定期的に開催されます．
- 組織内で強く奨励されており，コミュニティに参加しコミュニティの活動に労力を割くことが実際に「期待されている」ことを誰もが知っています．

コミュニティを殺す方法をここに書いておきます．

- コミュニティコーディネーターなしで済ませてしまう，またはコーディネーターがケアをしていない (その人がアサインされている場合によく起こります).
- ただミーティングするためだけにミーティングを頻繁に開催します.
- フィーチャーチームに所属していないメンバーばかり.
- コミュニティを重要でないものと考え，“忙しすぎて参加する暇がない” と軽視される.

**推奨コミュニティ**—成功するグループにはある特定のコミュニティがいつも存在し活発である必要があると，私たちは気付きました．ヒューマンインターフェース (HI) や設計/アーキテクチャ，テストのコミュニティです.

**活動と成果**—コミュニティはチームではありません．そしてアイテムの実装をしません．彼らは何をし，何を生み出すのでしょうか?

- **教える**—例：フィーチャーチームに戻り，フレームワークの設計アイデアについてチームメンバーに教える.
- **研修やコーチングをまとめる**—例：モダンなヒューマンインターフェース設計のコースを作成する.
- **ガイドラインや標準を提案する**—例：HI ガイドラインの提案.
- **仕事の見極めをする**—例：「私たちにはもっと高速のメッセージ・バスが必要.」
- **調査する**—例：何かを学ぶためにスパイクをする.
- **学習と共有**—例：コミュニティメンバーがお互いに情報共有するライトニングトークを開催する.
- **設計ワークショップ**—例：ホワイトボードに集まり，フレームワークの設計アイデアを議論し，スケッチする.

コミュニティは何かを調査する必要性を見分けることができます．大きな調査はプロダクトバックログを通す必要がありますが，小さなものは直接コミュニティが調査できます．調査やその他の活動は「新しいフレームワークをつくる」など，後続の作業を発生させることもありますがコミュニティはチームではないため，その作業はしません．後続の作業を通常のフィーチャーチームができる場合は，プロダクトバックログに記録してフィーチャーチームがいつもの方法で作業します [ ガイド 特別なアイテムの取り扱い (9.1.4 項)].

**「全社的」なコミュニティ**—1 グループ内のコミュニティに加え，全社的なコミュニティ(たとえば，プロダクト間の一貫性のあるユーザーエクスペリエンスなど) が必要になる場合があります．その場合，従来の組織構造では独立した単一機能グループが取り扱いますが，クロスファンクショナルな組織では，さまざまなコミュニティコーディネーターによるコミュニティなど異なるプロダクトのコミュニティから集まったフィーチャーチームメンバーによる企業内コミュニティが扱います．

**「偽」のコミュニティ**—従来型の大規模グループは，アーキテクチャ，テストなどの単一機能チームとして構成されています．ほとんどの組織はマネージャーやスペシャリストの地位，権力構造など現状の変更を避けるために暗黙的に最適化されています．その結果，残念なことに，古い単一機能チームが「アーキテクチャコミュニティ」などラベルを貼り直しただけで，何も変わっていないのに何かが変わったとうわべだけの印象を与えている"偽のコミュニティ"を私たちは見てきました [ ガイド 文化は構造に従う (3.1.3 項)].

## 13.1.6 ガイド：クロスチームミーティング

当然ながら**クロスチームミーティング**は 2 チーム以上のすべてのチームメンバーまたは代表者によるイベントを指します．LeSS ではクロスチームミーティングはさらに複数チーム，全体，その他に分類されています．最も具体的なケースのガイド (またはサブガイド) が LeSS にはあります．このガイドでは例といくつかのヒントを挙げてまとめています．

**図 13.5**　クロスチームミーティング

表 13.1

| 複数チームのミーティング | 全体のミーティング | その他 |
|---|---|---|
| 2 チーム以上のすべてのメンバー | すべてのチームの代表者，または全員 | ミーティングによって参加者は異なる |
| 複数チームプロダクトバックログリファインメント (11.1.3 項) | スプリントプランニング 1 (12.1.1 項) | コミュニティミーティング |
| 複数チームスプリントプランニング 2 (12.1.2 項) | オーバーオールプロダクトバックログリファインメント (11.1.1 項) | オープンスペース (13.1.10 項) |
| 複数チームの設計ワークショップ (13.1.7 項) | スプリントレビュー (14.1.2 項)<br>オーバーオール・レトロスペクティブ (14.1.3 項) | アーキテクチャ学習ワークショップ (13.1.8 項) |

### a. 大規模なミーティング

**ファシリテーター**—熟練したファシリテーターがいると，ほとんどのミーティング，特に「大きな」ミーティングやワークショップでは効果的です．スクラムマスターは優れたファシリテーターですが,「ミーティングをファシリテートする」よう求めるだけではいけません．熟練したファシリテーション (特に大きなグループのファシリテーションスキル) には教育と準備が必要です．

**発散と収束サイクル**—ミーティングやワークショップに参加することで，共通理解や連携を高め，情報のばらつきを減らすことができます．しかし，特に大きなグループの欠点は，関係のない騒がしい人が多く，多様性とアイデアの量は少なくなります．したがって，チームまたは混合グループは，ある時は部屋の別々のエリアに分かれ (たとえば 30 分間)，ある時は全員で共通のアクティビティやディスカッションする発散と収束サイクル・ミーティングパターンを使います．収束は重要ですが，覚えておいてください．

> 集中はエネルギーを壊し，分散はエネルギーをつくります．

### b. 複数拠点のミーティング

多くの LeSS のグループは複数拠点で開発しているため，私たちは「非常に多く」の複数拠点でのクロスチームミーティングをコーチし，観察してきました．

ヒント

- **共感の前提条件を見なさい**―協力は信頼と共感の繋がりによります．信頼と共感を育くむには自分たちの考えを認識し合う必要があります．すなわち，私たちは同僚を“見る”必要があります．そのためには…
- **フリーのユビキタスビデオツール**―私たちは対照的な 2 つケースのクライアントを見たことがあります．(1) 特別な部屋で高価なビデオ会議システムを使う必要があったケース，(2) フリーのユビキタスビデオツールと安価なビデオプロジェクタを使うケースです．ユビキタスビデオツールを使った場合は日常的に利用しお互いに関わるようになりました．
- **「クラウド」のドキュメント共有ツール**―「Excel シートを更新して共有フォルダに置いておきますよ」というケースと,「これが Google シートのリンクです．話している間，誰でも編集できます」というケースを“どちらが良い”か観察してみてください．後者の方が“ずっと”良いです．
- **発散と収束**―前のセクションを参照してください．それぞれの拠点が自然と発散フェーズのグループとなります．最悪ですがこのケースでは現実的なテクニックです．

### 13.1.7　ガイド：複数チームの設計ワークショップ

いくつかのチームで不確かなフィーチャーやコンポーネント，大規模なアーキテクチャ要素を共同で設計したい場合は，**アジャイルモデリング**を使用した**複数チームの設計ワークショップ**を開催します．

**いつ**―複数チームの設計ワークショップは，実装しようとしているアイテムのために，多くの場合“複数チームのスプリントプランニング 2”の中で発生するはずです

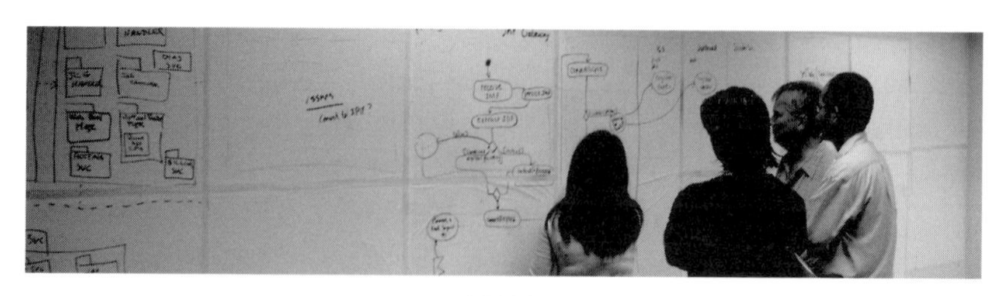

図 **13.6**

[ ガイド ：複数チームスプリントプランニング 2 (12.1.2 項)]．しかし，次に控えているアイテムの新規性や複雑性が高い場合や，オプションや創造性が重要で時間をかけてより選択肢を増やしたい場合など，必要かもしれないけどムダになる可能性が高いものは，前のスプリントで設計ワークショップを開催します．というのも，スプリントプランニング 2 はタイムボックスが短いからです．“少しかじる” を適用すると，前のスプリントで複数チームの設計ワークショップが開催される可能性があります [ ガイド ：少しかじる (9.1.2 項)]．

**何を**—すべてにおいて使えます．設計ワークショップは，ヒューマンインターフェース (HI) やデータモデル，アルゴリズム，オブジェクト，大規模なコンポーネント，サービス，インタラクション,「アーキテクチャ」の不確かな設計に使うことができます．

**誰が**—定義としては，複数チームの設計ワークショップは 2 つ以上のチームのすべてのメンバーです．重要で一般的なバリエーションとしては，**アーキテクチャコミュニティ**，**設計ワークショップ**があります．コミュニティミーティングには，多くのチームの代表者が参加するでしょう．

**どうやって**—**アジャイルモデリング**で，創造性，会話，可視化，素早い変化を促進するシンプルで「ぎりぎり十分」なモデルをグループが一緒になってつくります．下記がアジャイルモデリングの指針です．

> 「会話のために」モデリングする．

アジャイルモデリングのツールは?コラボレーションやフローそしてアイデアを生み出すのを妨げるので “ソフトウェアは使わない” でください．付箋やホワイトボードなど物理的なツールがおすすめです．

設計ワークショップのヒントは

- **広いホワイトボードスペース**—ワークショップの成功はホワイトボードの広さに比例します! 標準的なホワイトボードのかわりにすべての壁に「Wizard Wall」シートのような特殊なプラスチック製の「ホワイトボードのような」シートを貼り付けて利用することもできます．
- **複数拠点でのモデリング**—この場合はソフトウェアは避け難くなります．ビデオ会議と組み合わせて，タブレットやブラウザで「ホワイトボード」アプリで共同で書き込めるものもあります．他の方法として，2 つの拠点での設計ワークショップで私たちが使用したものは，それぞれウェブカメラで見ることができる物理的なホワイトボードで，個別に分かれてはシェアをするというサイクルを回していました．

- **記録**—アジャイルモデリングでの重要な側面は，付箋やホワイトボードに書いたものではなく，会話や創造性，成長の共有です．グループが設計ワークショップの結果を思い出したり共有したり，したい場合は，写真やビデオを撮ることができます．

**モデルはドキュメントではない**—アジャイルモデリングは長期間保管されるドキュメントではなく，次のステップ (コーディングなど) の原動力となるための，不確かで「ぎりぎり十分」なモデルです．だからアジャイルモデリングはシンプルなのです．もしグループがドキュメントを作成したいのであれば，次のガイドを適用してください．

### 13.1.8　ガイド：現在のアーキテクチャワークショップ

チーム横断した“現在のアーキテクチャを学習するワークショップ”は，コンポーネントチームからフィーチャーチームへの移行やコードの共有に移行している最近 LeSS を導入し始めたグループにとっては特に重要です．コンポーネントチームだった場合は，ほとんどの人が全体のアーキテクチャや担当以外のコンポーネントの詳細なアーキテクチャについてほとんど知らないからです．そういった知識は，複数のフィーチャーチームが一緒に働くためには重要です．多くの場合，このワークショップはアーキテクチャコミュニティまたはコンポーネントメンターによって始められます．

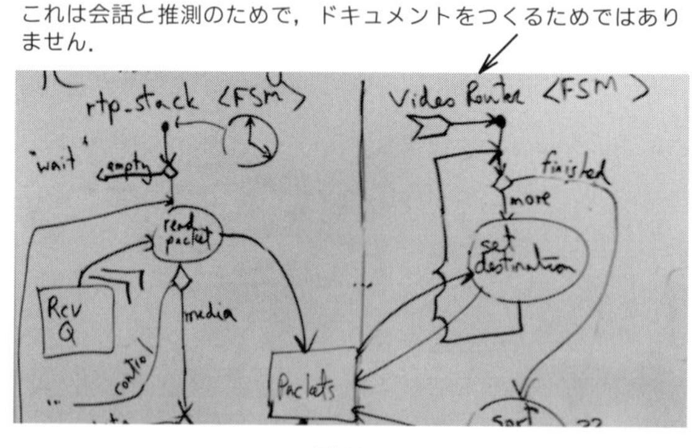


図 13.7

図 13.8

ヒント

- **現状のアーキテクチャを学ぶ**—学習と教育に注目しているため，このワークショップが現状のアーキテクチャを教育するものであることを参加者が理解しているよう担保してください．設計ワークショップで学ぶこともあります．
- **複数のアーキテクチャビューを描く**—大規模なコンポーネントの論理ビュー，ネットワークやハードウェア，プロセスの配置ビューなどを含む，アーキテクチャの 4＋1 ビューモデルを使って複数のビューを可視化してください．
- **シナリオを演じる**—人がコンポーネント役になり,「ボールを投げ」あって重要なシナリオを実行することで，学習と記憶を助けます．楽しくエネルギッシュな方法です．
- **技術的なメモを作成する**—「Drools のルールエンジンの使用，および理由」や「FSMs：重要なテーマ—何となぜ」のような独特または注目すべきアーキテクチャの要素や設計判断の概要を大まかに記述します．
- **Q & A セッションを開催してビデオを撮る**—分散して 4＋1 ビューや技術的なメモをつくるだけでなく，定期的に集まり，ビューとメモそれぞれの Q & A セッションを開催して,「何」と「なぜ」の両方を議論します．また，これをビデオ録画します．最も重要なのは一緒に学習することです．次に重要なことは，後で見られるように手軽なデジタル記録をすることです．

### 13.1.9　ガイド：コンポーネントメンター

フィーチャーチームは自分たちが詳しくないコードも触る必要がでてきます．では，どのようにして詳しくない領域を学ぶのがよいのでしょうか? 特に，とても繊細で壊れやすい部分を触る必要がある場合は**コンポーネントメンター**の助けを得ることが望ましいです．コンポーネントメンターは

- フィーチャーチームの一員ですが，メンターとしての時間を確保しています．
- 現状のアーキテクチャの勉強会を企画し，他の人に教えます．
- 学習が必要な開発者を探して，コンポーネントについての学習機会を提供します．
- ペアプログラミングやモブプログラミングなどを通じて教えます．
- コンポーネントのコミュニティをつくります．
- コンポーネントに対して大きな影響を与えそうな場合には設計のワークショップを企画または参加します．
- コードレビューをし，改善する為のフィードバックを提供します．
- コードの改善やテストの追加をエバンジェリスト的に促します．
- 長期的な視点でコンポーネントの状態を監視します．
- 他のメンターをメンタリングします．

**コードのコミットの番人になるべからず**—コンポーネントメンターはコミットを許可する人になってはいけません．彼らはコンポーネントの先生であり，メンターなのです．品質管理の番人であってはいけません．もし番人になってしまうと，統合が劇的に遅くなってしまいます．そして，協調と協働の阻害要因となります．フィーチャチームでコードを共同所有している組織では，遅延なくコミットや統合するという楽観的方針をもつことが望ましいです．よって通常はこれから説明する 2 つのいずれかの方法がとられます [ ガイド 継続的にインテグレーションする (13.1.4 項)]．

- **直接的なコミット**—誰でもメインの共通レポジトリに対して遅延することなくコミットおよびプッシュできます．これが理想的な状態です．もし，“変なコード”が見つかった場合にはメンターが教育します．教育する頻度は徐々に減っていくはずです．
- **プルリクエスト**—コンポーネントメンターは番人ではないのですが，誰かがよく知

**図 13.9**　コンポーネントメンター

らないコードを触っているときに，開発者が自主的に「プルリクエスト」をつくって，マージする前にメンターにコードレビューを依頼する場合があります．

よく知っているコードを触っている時には直接コミットし，あまり知らないコードを触っているときにはプルリクエストを送るように自然となります．どちらの方法がとられても問題はありません．

**コンポーネントのバグ管理はしません**—コンポーネントのバグ修正はコンポーネントメンターにとって魅力的な部分最適への誘いです．もちろん上手に素早くバグを直すことはできますが，結果としてコンポーネントメンター不在の状態になってしまいます．

**メンタリングの共有**—特にフィーチャーチーム化やコードの共同所有を始めてすぐのタイミングではメンターは大変忙しい状態になってしまいます．メンターを増やし，仕事を分散して対応できる状態にしてください．

### 13.1.10 ガイド：オープンスペース

定期的に**オープンスペース**[*1]を開催して学習，協働などを促すようにしてください．オープンスペースは次のような手順で開催します．

(1) みんなで集まって，重要な問題や課題だと思うトピックを集め，平行開催されるセッションのアジェンダを決めてください．
(2) 興味のあるセッションに参加してもらいます．その際に 2 本足の法則 (Law of Two Feet) を守ってください．それは，もし自分にとって学びがないか，協力できる

**図 13.10** オープンスペース

*1 詳しいオープンスペースに関する情報はハリソン・オーウェン著,『オープン・スペース・テクノロジー—5 人から 1000 人が輪になって考えるファシリテーション』を参照してみてください．

ことがなければ，他の場所に移動することです．

LeSS でのオープンスペース活用

- 定期的 (たとえば毎週) な学習や協力を目的とした場として **ヒント** コーヒーや食べ物を用意しましょう．
- 状況分析や改善の実験プランつくりをするオーバーオール・レトロスペクティブのやり方として
- 「四半期」に 1 度の丸 1 日の深い学習と交流の場として
- コミュニティの集まる方法として

#### a. オープンスペースに近い会議?のスタイル

オープンスペースは最もよく知られた協働を促す会議スタイルの 1 つですが，他にもワールドカフェ，リーンカフェ，もっと楽しいリーンビールなどもあります．

### 13.1.11 ガイド：トラベラー

私たちは経験豊富な技術者を抱えるプロダクトグループと協力したことがあります．このグループは献身的なメンバーをもつフィーチャーチームをつくりましたが，すべてのチームにとって重要な知識をもつ数少ないエキスパートをどのチームに加えるかを決められませんでした．(余談:このサイロ化された知識は，LeSS の導入によって明らかになった弱点でした)．そこで，2 人の重要なエキスパートが一時的に**トラベラー**になりました．

トラベラーはあるスプリントでチームに所属し，通常のチームメンバーとして働きます．トラベラーにはチームのすべての作業に対して同じ責任があります．重要なの

図 13.11　トラベラー

は，教育をすることで自分に対する依存を減らすという2番目の目標をもっていることです．ただし，このスプリントでトラベラーがいないチームは，エキスパートのサポートなしに目標を達成する方法を自分自身で見つけ出す必要があることに注意してください．

この最後の点を強調しますが，トラベラーはスプリント中に他のチームの支援を避けます．これは，訪れたトラベラーから学ぶことに集中するチームの力を刺激し，希少な専門知識を必要としないようにするための重要な行動です．

LeSS 導入の初期段階に,「ボトルネック」となるエキスパートをトラベラーにすることはよくあります．誰もがトラベラーになることができますし，そのように働くことを好む人もいます．大規模なグループではトラベラーから特に利益を得ることができます．トラベラーがたくさんの“非公式の情報”をもって来て，大きいグループであればあるほど弱くなりがちなチーム間の“関係をつくり出し”てくれるからです．トラベラーは非公式の調整のネットワークを強化し，チーム間の知識やプラクティスの一貫性を高めることができます．

**注意：**LeSS での各チームの優位な品質は，“長寿命で安定したメンバーシップ”によるものです．チームが団結し，高いパフォーマンスを出せるようになるには時間がかかるからです．LeSS におけるトラベラーのいくつかのアイデアは，短命の「プロジェクトチーム」をもつマトリックス型の管理組織が組織変更するために使用されるものではありません．

トラベラーはいつ，どのようにしてスプリントで訪問するチームを決めるのでしょうか．おそらくスプリントプランニング1です．自己組織化されたグループなので，プロダクトオーナーではなく，トラベラーとチームが決定を下します．

トラベラーは一時的なものでも「永久的なもの」でも構いませんが，トラベラーになるためには来客を受け入れるチームが必要です．トラベラーは自分をチームに強制することはできません．したがって，グループ全体がトラベラーの度合いを自己制御します．チームが来客をもう受け入れない場合,「永続的な」トラベラーになることはできません．その時，またはいつでも，トラベラーは自分の家を見つけることができます．

### 13.1.12　ガイド：偵察

複数チームで一緒に働くためのシンプルなテクニックは，何かを学習し，報告を持ち帰るために，他のチームにスクラムマスターではなく，**偵察**を送ることです．いつ「ただ話す」必要があるのか，誰と話すべきかを知るシンプルな方法です．

図 **13.12**　偵察

一緒に複数チーム・スプリントプランニング 2 や複数チームのプロダクトバックログリファインメントをしたチームへ，デイリースクラムにオブザーバーとして偵察に行くことが多いです．

### 13.1.13　ガイド：スクラムオブスクラムズをしない方がいいかも

スクラムオブスクラムズは，スクラムマスターやマネージャではないチームの代表者が集まるデイリースクラム風ミーティングです．一般に週 3 回開かれます．

スクラムオブスクラムズは集中型の公式ミーティングで，好ましくはありません．

とはいえ，スクラムオブスクラムズがうまく機能することもあります．その場合は続けましょう! しかし，新しくスケールするほとんどのチームは，間違った情報によってそれを開催しなければならないと感じ，実際には役に立っていなくても続けようとします．そういうことがあったら，開催を中止し，他の調整方法に集中しましょう．

### 13.1.14　ガイド：リーディングチーム

リーディングチームは，1 つのフィーチャーや一連の関連するフィーチャーのデリバリーという追加責任を負うチームです．リーディングチームはフィーチャーアイテムを洗練して実装しますが，フィーチャセットの全体像に重点を置いています．通常，リーディングチームの責任は，(1) 教育，(2) 調整 (たいてい外部グループとの連携) です．

**教育**—リーディングチームは，他のチームよりもたくさんのフィーチャーに関係します．バックグラウンドにある専門知識や，このエリアで最初に作業したチームであったからでしょう．他のチームが大きな一連のフィーチャーの取り組みに加わるとき，これらのチームは (たとえばドメインと進化するソリューションについての) 教育を必要とし，リーディングチームは指導的な役割を果たします．たとえば，複数チームのプロダクトバックログリファインメントで，新しいことへの理解を助けるために，彼らが作業したアイテムの背景や詳細をチームに説明します．または，彼らは主要な新要素に関連する現在のアーキテクチャ学習ワークショップを開催します [ ガイド 巨大な要求のための新しいエリア (9.2.3 項)]．

**調整**—大きなフィーチャーや一連のフィーチャーのために，リーディングチームは多くの場合に，(1) コンポーネントを開発するグループや (2) Undone 部門のような，外部グループとの調整に責任をもちます．対照に，内部チーム間の調整は可能な限りチーム自身に委ねます．詳しく見ていきましょう．

- **外部コンポーネントグループとの調整**—大きなプロダクトには，少なくとも最初に LeSS を導入したときに，別のグループが作成したコンポーネントが存在することがあり，作業を調整する必要があります．その場その場でたくさんのチームが調整したり，分離された管理グループが調整したりするかわりに，リーディングチームがそれを行います．調整はリーディングチームによって対処されますが，受け渡しの無駄を避けるために，明確化は特定のチームと外部グループとの間で直接することが必要です．
- **Undone 部門との調整**—リーディングチームは，プロダクト内でフィーチャーが出荷可能になるまで，エンドツーエンドのフィーチャーに責任をもちます．Done の定義が弱い場合，フィーチャーを本当に出荷可能にするために，最終アクティビティで Undone 部門との調整とサポートが必要です．リーディングチームは，プロジェクトやリリースマネージャーが従来扱っていた責任を負っていることに注目してください．

### 13.1.15　ガイド：テクニックを混ぜ合わせる

この章で扱っているテクニックの多くは一緒に使うことで補強し合うことができます．例があります．

**コンポーネントコミュニティ**—コンポーネントメンターは，コンポーネントコミュニティのコミュニティコーディネーターになります．コミュニティにはビルドの失敗，コードレビューなどの議論リストがあります．コミュニティは定期的，またはいつでもコンポーネントコミュニティ・オープンスペースを開くことができます．

**コンポーネントコミュニティ・オープンスペース**—コンポーネントコミュニティは，たくさんの議論やトレーニングの必要性を発見し，オープンスペースの開催を決めました．もちろん，コミュニティメンバーだけでなく，誰でも大歓迎です．議題が提案され，議論が行われます．彼らはコンポーネントメンターと一緒の複数チームの設計ワークショップの必要性を見つけました．

**コンポーネントメンターと複数チームの設計ワークショップ**—コンポーネントメンターは，コンポーネントの多くの変更を予測し，設計ワークショップを開きます．このセッション中に，コンポーネントのメンターは，コンポーネントメンター・トラベラーとして参加するチームを特定します．

**コンポーネントメンター・トラベラー**—コンポーネントメンターがもっている特定

図 **13.13**　テクニックを混ぜ合わせる

の知識は，新しいフィーチャーチームがコンポーネントを変更する能力を制限します．彼は，彼を最も必要としているチームを支援するトラベラーになりました．旅行は寂しいものなので，彼はトラベラーコミュニティに参加することも決めました．

**トラベラーコミュニティ**—すべてのトラベラーは自分のコミュニティをつくり，1スプリントで1チームに参加して得られた経験，うわさ話を共有し，互いに学びます．やがて，彼らはトラベラーコミュニティ・オープンスペースを開くことを決めました．

**トラベラーコミュニティ・オープンスペース**—もちろん，トラベラー以外の方も歓迎です! コミュニティのコミュニティから何人かの人が参加し，コミュニティオープンスペースのプラクティスについて学び，その情報を他のチームと共有します．

組み合わせるほど，よりパワフルになります．

## 13.2 LeSS Huge

上述のほとんどのガイドがLeSS Hugeにも適用されます．“継続的にインテグレーションする”などのいくつかのガイドは，本質的に要求エリア間のプラクティスです．LeSS Huge特有のルールはありません [ ガイド 継続的にインテグレーションする (13.1.4 項)]．

前に説明したガイド“ただ話す”を基に，その動機と取組みから発想を得て，要求エリアを超えた“非公式で分散したコミュニケーション”を促進してください．

# 14 レビューとレトロスペクティブ

憲法は，短く漠然とあるべきだ．
—ナポレオン・ボナパルト

## 1 チームのスクラム

スクラムの中心は，“プロダクト”そのものとそれを“どうつくるか”の両方に対する経験的プロセス制御です．小さくて出荷可能なプロダクトの一部を作成し，検証し，適応します．それがスプリントレビューとレトロスペクティブの本質的な目的です．

**スプリントレビュー**では，ユーザー/顧客およびその他ステークホルダーは，プロダクトオーナーとチームと一緒に学びます．ユーザーは新しいアイテムを実際に動かし，プロダクトを探ります．誰もがプロダクトが市場およびユーザーとの間で何が起きているのかを探っています．そして大事なことを言い忘れていましたが，将来何をすべきかも議論します．**スプリントレトロスペクティブ**では，チームは自分たちが経験したことをふりかえり，環境を改善する素晴らしいプロダクトインクリメントを楽に提供する方法を探求します．そして，自分たちの人生も含めた生活を良くしていきます．チームはこの到達できない完璧を目指し，次のスプリントで試す実験を立てます．

## 14.1 LeSS のスプリントレビューとレトロスペクティブ

この章で紹介するガイドはレビューと1チームのレトロスペクティブではなくオーバーオールレトロスペクティブに関するものです．スケールするときの原理・原則があります．

**顧客中心**—「なぜスプリントレビューに毎回，ユーザー/顧客を参加させるのですか?」古いグループはサイロ間で一緒に学習することに慣れていません．私たちはユーザーに会ったことが“なく”本当の透明性を意味する，ユーザーが参加するレビューを恐れるチームを多くみました．

**透明性**—経営層は透明性がもたらす恩恵を支持しますが，新しく LeSS を入れたグループで痛みを伴う真の透明性が実現したときに起きることを注意して見ているだけです．イテテ! 多くのグループは不透明で実際の混乱した状態が現れるのを恐れます．それを乗り越えるのは難しいです．

**完璧を目指しての継続的改善**—来年の夢物語のような改善を年に1回考える場に出たことがあります．多くの人たちは「基本的にうまくいっている」と言います．この場には改善していく意欲はありませんでした．

**経験的プロセス制御**—多くの大規模組織では，チームに「改善」を押しつけるテイラー主義の文化をベースにした中央集権型のプロセスや PMO グループが改善を担当しています．エンパワーメントやエンゲージメントという意識はありません．プロダクトの経験的プロセス制御の概念と，スプリントごとにプロダクトがどのようにつくられるのかは，彼らの習慣からはるか遠くかけ離れています．

**プロダクト全体思考とシステム思考**—サイロ型チームで構成された大きなグループには，全体を見て，全体に責任をもち，システムについて考える姿勢と行動はありません．

### LeSS のルール

> スプリントレビューはすべてのチームが共同で行います．検証と適応を行うのに適切な情報を得られるよう，必要なステークホルダーが参加するようにします．
>
> スプリントレトロスペクティブは各チームで行います．
>
> オーバーオールレトロスペクティブは各チームのレトロスペクティブの後に行われます．ここでは複数チームやシステム全体にまたがる課題を扱い，改善に向けての試みを議論します．この場にはプロダクトオーナー，全スクラムマスター，チーム代表と，(いるなら) マネージャーが参加します．

## 14.1.1 ガイド：早く頻繁にプロダクトを適応させる

もし，あなたの会社全体が9人なら，スコープとスケジュールの年次計画を立て，ユーザーの受け入れテストのために大きなバッチサイズで最終日に向けて計画どおりに進めようとするような馬鹿なことをしないことを願っています．しかしプロダクトグループが大きくなればなるほど頭の悪い制度を作成する傾向が強いです．なぜなら解決できない厄介な問題に満ちているからです．結論として大規模なグループが LeSS に移行すると，スプリントレビューに “受入検査と予言的な計画” を持ち込み，スケ

**図 14.1**　LeSS のスプリントレビューとレトロスペクティブ

ジュールどおりに進んでいるか，アイテムが受け入れられたかどうかを確認するイベントになります．

**そうはしないでください．**そのかわりにアジリティと学習を一緒に試してみてください．スプリントレビューでは次のスプリントでのプロダクトの方向を適応し決定するために，プロフィットドライバー，戦略的顧客，ビジネスリスク，コンピテンシー，新しい問題と機会など新しい情報を探し求めます．そして誰もが何かを学べるように新しいアイテムについて一緒に議論してください．これを永遠に繰り返します．これは大規模なグループにとっては大きな変化です．

### 14.1.2　ガイド：レビュー・バザール

スプリントレビュー・バザールはサイエンスフェアに似ています．広い部屋に複数のエリアに分かれ，それぞれのエリアにチームの担当者がいます．開発したアイテムをユーザー，チームなどと一緒に探索し，議論します．目次の 14 章の写真はスプリントレビュー・バザールの模様です．

注意してください! このバザールは全体でのレビューではありません．重要なのはバザールの後に議論をし，“次に何をするかを決める”ことです．

バザールで行うスプリントレビューの大まかな進め方は，(1) バザール形式に分かれてアイテムの探求を行い，(2) 次のステップに向けてプロダクトオーナーと一緒に議論をします．重要な第 2 ステップには多くの時間を残しておきます．

バザールフェーズの進め方の例

(1) 異なる一連のアイテムを探求するために複数のエリアを準備します．プロダクトが動くデバイスを用意します．ユーザー，他チームのメンバー，ステークホルダーと話し合うために，チームメンバーは各エリアにいます．学習は双方向に発生します! 注目すべき点や質問を書くための紙のフィードバックカードを準備します．
(2) あちこちのエリアを見に来る人を，他のチームメンバーを含め招待します．
(3) 探求する時間にタイマー (たとえば 15 分) をセットします．タイマーは他のエリアに移動するリズムをつくります．
(4) アイテムを実際に探求し，一緒に話し合いながら，カードに注目すべき点を記録していきます．
    - **ヒント** デモは避けましょう．デモはユーザーを巻き込まず，深いフィードバックも引き起こしません．ユーザーに実際に触ってもらいましょう．チームメンバーは質問に答えたり，ガイドを行います．
(5) サイクルの終わりに次のサイクルのため，人のローテーションしてもらったり，残ってもらったりと声をかけます．このミニサイクルがすべてのアイテムをより幅広く探求してもらうのに役立ちます．

そして，バザールの後に全員で議論する主要なステップが待ってます．

(1) フィードバックと質問カードを並べ替えて，プロダクトオーナーが重要なものを最初に見られるようにします．
(2) 図 14.2 に示すように全員が一緒になり，プロダクトオーナーがフィードバックカードの議論をリードします．
(3) プロダクトオーナーは，市場や顧客，今後のビジネス，プロダクトに対する市場のフィードバック，外で何が起こっているのかについて議論をリードします．
(4) 全体のレビューで最も重要なのは，次のスプリントの方向性について議論することです．場合によっては決定も行います．

図 14.2　フィードバックカードの議論をリードするプロダクトオーナー

**複数拠点**—複数拠点が関わっているときにバザールを開催する方法は? 1つの方法としては各拠点でバザールを繰り返すことです (タイムゾーンが許せば). そして, すべてのフィードバックと質問がプロダクトオーナーに届くようにしてください. バザールの後の話し合いは, ビデオ会議ツールを試してみましょう.

あるいは補足的なバザール選択肢として, どこにいてもデバイスでフィーチャーを確認できるようにすることです. フィードバックの記録は, カードではなく各アイテムのチャットウィンドウなどのデジタルツールを検討します.

### 14.1.3　ガイド：オーバーオールレトロスペクティブ

「デプロイポリシーがあるので私たちは継続的デリバリーはできません」,「拠点が多すぎる」,「コードがクソだ」,「政府監査機関からの要請は聞いた時点ですでに古くなっている」,「自分たちは遅すぎる」,「ユーザーは参加していません」,「人事部が許可しません」,「ベンダーは参加していません」

これらは私たちが LeSS を導入したグループで長年聞いてきたことです. 彼らの共通していることの1つは, すべてのチームやシステム全体 (コンセプトからお金に変わるまでのすべての人やもの) に関連していることです.

これらの全体的な懸念に対処し, 完璧に向ってシステムを改善することを考えるための時間と場所がオーバーオールレトロスペクティブです. 参加者は, プロダクトオーナー, チームの代表者, スクラムマスター, そしてマネージャです. 彼らはシステムの一部であり, 改善に関心をもっています. 彼らは, (1) システムをいくつかの角度から議論し，学び，(2) 次のスプリントで実施する全体的な改善の実験案を考え，(3) 直近のレトロスペクティブでの実験の結果を内省し，学習して適応させます．

LeSS の原理・原則の 1 つは，"完璧を目指しての継続的改善" です．LeSS の導入を検討していた巨大なグループを訪問したとき，あるマネージャーから,「われわれは利益を上げており，安定した顧客基盤があります．どうして改善しなければならないのですか?」と聞かれました．私たちは，こういう姿勢に対応することが導入初期の難しい課題の 1 つであることを学びました．このシステムでは，多くの人が顧客やビジネスの成果と切り離されているのです． 実際の顧客やユーザーとチームとをつなぎ，プロダクトオーナーシップに興味をひかせることは，完璧を目指して改善する本質的な欲求を育てるための重要なステップです．さて，完璧とは何でしょう? 1 つの答などはありませんが，例はあります [ ガイド 完璧を目指しての組織ビジョン (3.1.4 項)].

- プロダクトはものすごい人気で大儲け，欠陥がなく，機能追加も簡単．
- 組織はアジリティがある．つまり，方向転換が追加コストなしに容易にできる．
- 全員が幅広く深い知識をもち，顧客やプロダクトについて深く熟慮し，仕事に満足している．

しばらくの間グループの改善を続ける必要があります!

オーバーオールレトロスペクティブのヒント

- 最近の実験の結果を内省する．
- 次のガイドで強調しているように，システムに注目する．
- スプリントの最終日はレビューとチームレトロスペクティブがあって，みんな退屈したり，その日のミーティングで疲れ果てているため，オーバーオールレトロスペクティブを次のスプリントの最初の方で開催する．
- 少なくとも 2 つの重要なステップを行います．(1) 全体的な何かを分析する．(2) 全体的な改善の実験案を設計する．
- 集中するため新しい実験を 1 つだけ考え，最後までやり抜きます．
- 特に大規模システムでは，実験に数週間または数ヶ月のサポートと活動が必要です．また新しい実験は以前の実験と強く関連していることもありますので注意してください．

**複数拠点**—ビデオでつなぎ，発散/統合のサイクルを複数拠点のオーバーオールレトロスペクティブで試してみましょう．たとえば，(1) 各拠点の懸念事項について "なぜなぜ分析" やシステムモデリングを行う．(2) 各拠点で結果を共有する．(3) 拠点別

図 14.3　複数拠点でのオーバーオールレトロスペクティブ，分散フェーズ中

に対策をブレーンストーミングする．(4) 全拠点でそれを共有して実行する実験を決める．また，拠点固有の問題 (環境や文化など) があるため，拠点レベルでのレトロスペクティブを試してみてください．図 14.3 に例を示します．

**複数チームでのレトロスペクティブ**—2 チーム以上のチームメンバー全員が関わるレトロスペクティブは，LeSS ではオプションになります．いくつかのチームが，たとえば緊密に協力し合っているときなどに，そうしたいと考えるかもしれません．しかし，システムに重点を置く全体的なレトロスペクティブを置き換えるものではありません．

### 14.1.4　ガイド：システムを改善する

局所的な関心と最適化という罠には，誰もが自然に陥ります．オーバーオールレトロスペクティブでは，(驚かれるでしょうが)「全体」の分析の出発点としてチームレベルのレトロスペクティブの結果は使いません．ボトムアップアプローチは，システムは部分の総和ではないというシステム思考における重要な洞察を見落とします．ですから，ボトムアップには注意しましょう．もちろん，チームからエスカレーションされた重要な問題を無視するという意味ではありません．注意が必要だということです．

> システムに注目することで，システムを理解し改善します．

システムとは何でしょうか．それはコンセプトからお金に至るまでのありとあらゆる人と物，そして時間と空間におけるすべてのプロセスです．人，組織設計，物理的および技術的な環境，そして，関係するもの，相互作用するものすべてがシステムです．

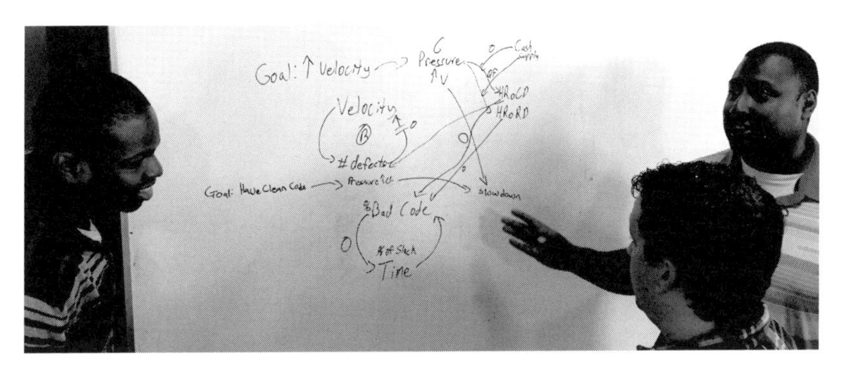


図 **14.4**

**システム思考**の第一歩は，全体の中で相互に影響し合う要素があることを「単純に」認識することです．これらの影響には遅れがあり，自己強化型サイクルをつくり，そこから新しい影響が生じて“意図しない”または“隠れた”結果をもたらす可能性があります．

一見,「システムがあることを認識する」ということは，些細なアイデアにも思えます．しかし，その見方は正しくありません．私たちホモサピエンスは,「自分たちの組織にある非線形で遅れのあるダイナミクスは何?」と考えるようには脳を進化させていないのです．私たちは,「いま，チョコレートをもっている」というように進化しました．そして，この局所的な見方は，特化した専門グループがある大きくて古い組織において強化されます．そのような組織ではシステムの視点が失われるからです．“ビジネス分析”グループは“自分の”タスクと“局所的な”効率に関心があり，他の視点を知りませんし，知る期待もされていません．要するに，生物学的，構造的，文化的に人は全体ではなく一部分のみを見るようになってしまっています．

**理解する**—システム思考の導入の方法は? システムを理解する方法，より正しくいうとシステムのモデルを考えて議論する方法は? それには“因果ループ図”として知られている**システムモデル**を使います．さて，システムモデルは特定のビジュアルモデリング言語や表記法を使用しますが，まずは図 14.4 の写真で何が起きているのかを考えてみましょう．

表面的には，ある表記法を用いて図を描いていますが，図はそれほど重要ではありません．重要なのはその中身です．彼らはシステムとそのダイナミクスを考え，議論しています．これがシステム思考です．さらに，過小評価されないように言いますが，彼らは良いモデリングをしています．

> 会話したことをモデルにします．
> アウトプットは共通理解であり，モデルではありません．

グループはオーバーオールレトロスペクティブでシステムモデルを一緒にスケッチしながら，現状のシステムに対する各自の理解と信じていることを深堀します．彼らはお互いの心の中にある複雑で目に見えない考えをとらえ，見えるようにしています．「ああ! いま，私はあなたが現在のシステムについて考えていることをがわかりました．これで合ってます?」

**初期の導入中に理解を深める**—このガイドで，レトロスペクティブ中にシステムモデリングを使うことを強調しましたが，LeSS 導入のはじめにある「ステップ 0：全員を教育する」でも有用です [ ガイド はじめに (3.1.2 項)]．

**改善する**—オーバーオールレトロスペクティブには，システムの改善実験を設計するための 2 番目に大事なステップが含まれています．改善 (action) です!システムモデリングもこのステップで使用できます．たとえば，グループは“将来のシステム”モデルを考え，議論し，その結果を探求することができます．また，現状のシステムに特定の実験を取り入れたときのダイナミクスを議論し，モデル化することができます．何が起きるのでしょうか? 将来を予測することはできませんが，そのシナリオについて考えることができます．わかりやすい改善の実験だけでなく，些細な変化にも注意してください．人々のマインドが良いシステムモデルを学ぶにつれて変化し，そのこと自体が，特定の改善とは無関係に，人の行動や将来の議論を「有機的に」改善する可能性があります．

### システムモデルを学ぶ第一歩

システムは簡単なものではないので，システムモデリング言語も簡単なものではありません．しかし基本については複雑ではありませんし，基本だけで多くの場合は議論をするに十分です．下記が基本となります．

- **変数**—フィーチャのベロシティ(デリバリーの速度) やコードの品質など，測定可能な量として表現されるもの．
- **因果関係**—変数間の影響，たとえばフィーチャーの数が増えるとムダが増加する，またはその逆．
  - **注意!** 相互作用と因果関係を考えることは，システム思考で最重要なことです．

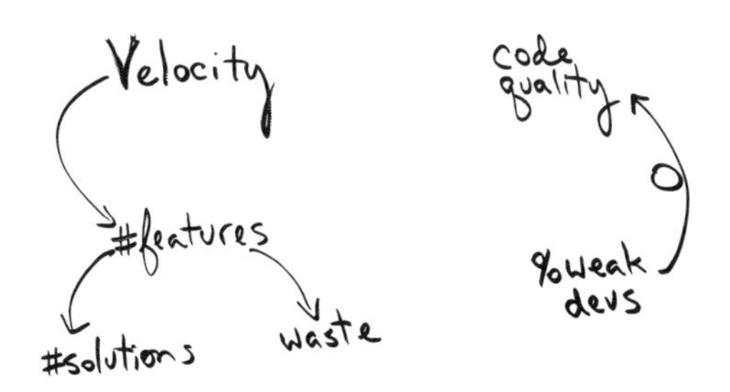


**図 14.5** 因果関係，変数，逆 (opposite) の影響

大規模なシステムでは時間と空間が膨大なので更に重要です．無数の関係者間の相互作用のダイナミクスは，通常は見えませんが重大な事実や関係性であふれています．

- **逆の影響**—因果関係には逆の影響があることがあります．能力の低い開発者の割合が増えるとコードの品質が下がる，またはその逆のようなケースです．

図 14.5 のスケッチは変数，同じそして逆の因果関係の表記を示しています．

**ヒント** 変数の書かれた付箋を使ってホワイトボードにシステムモデルのスケッチをします．変数の移動が簡単です．

他にも使える考え方とその表記法があります．

- **遅れ**—システムの動きを誤って信じている主な理由の 1 つが，影響が遅れる可能性があることです．大規模な開発では，原因とその影響は時間的にも場所的にも近くはありません．また，情報の欠落のような遅れを伴う結果は，グループ間の相互作用の影響に隠れていることがあります．よって，これらのダイナミクスを見たり学習したりするのに苦労します．たとえば，マネージャがベロシティを上げるように圧力を受け，たくさんの低コストの (この場合は能力の低い) 開発者を採用するという拙速な対応をします．短期間では，この対応によりベロシティが増えるように見えます．しかし，コード品質の低下による長期的な遅れが現れ，11ヶ月後にはよりベロシティが低下します．
- **思い込み**—システムモデリングにおけるもう 1 つの重要なプラクティスは，思い込みを議論することです．「管理者はコードをしっかり見なくても開発者を評価することができる」ということをスケッチしたり，主張したり，ほのめかしたり，推測したりすることもできますが，それは事実ではなく思い込みであると認識することです．会話するためにモデルを描きます．システムモデリングは，自分たちの思い込みを議論し，自覚し，可視化し，評論するのに使います．

ほとんどすべての因果関係や変数は，その思い込みをしらべて議論する機会です．“ベロシティ”は図に含めるのに適した変数ですか?それは何を測定するのですか? 能力の低い開発者は質の悪いコードをつくりますか? 「より多くの機能はより多くの無駄を意味する」とはどういうことですか?

図 14.6 のスケッチには，因果関係上に 2 重線で遅れが表示されています．また議論の略式メモが書かれています．もちろん，グループに共通理解がある限り，表記法はそんなに重要なものではありません．

このサンプルモデルは,「洞察力に富む」ものとして出したのではなく，“会話のためにモデルを描く”ことの重要性を示すものとして出しました．

**学習する**—システム思考とモデリングについては，こちらで学んでください．

- Larman と Vodde の最初の LeSS の本 *Scaling Lean & Agile Development: Thinking & Organizational Tools for Large-Scale Scrum* の “System Thinking” の章．この章は `less.works` のオンラインと同じです．
- センゲの『学習する組織』は重要な古典です．
- メドウズとライトの『世界はシステムで動く』．
- Gall の *Systemantics*．

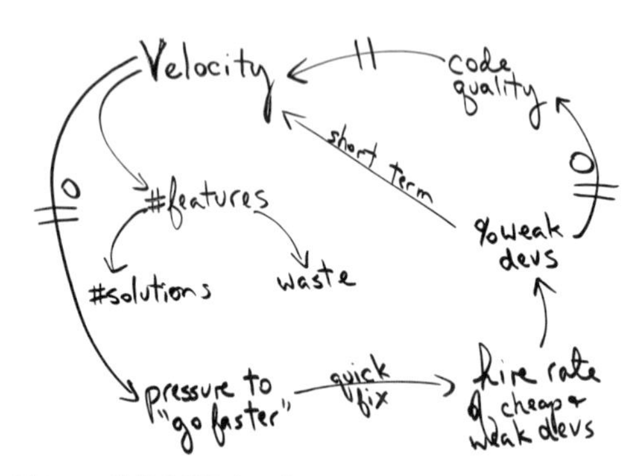


**図 14.6**　議論を明らかにするための遅れと略式のノート [8]

## 14.2 LeSS Huge

### LeSS Huge ルール

レビューとレトロスペクティブのための LeSS Huge のルールはありません．包括的な宣言である「スプリントにおける LeSS のすべてのルールは各要求エリアにも適用されます」は，ここでは各要求エリアで行うスプリントレビューとオーバーオールレトロスペクティブを含んでいます．プロダクト全体にまたがるミーティングは必須ではありません．

### 14.2.1 ガイド：複数エリアでのレビューとレトロスペクティブ

**レビュー**—必須ではありませんが，グループが必要と感じるのであれば，2 から全エリア (プロダクト全体) にわたる複数エリアでのレビューを行うことはもちろん可能です．

LeSS Huge では，プロダクトレベルのスプリントレビューが任意なのはなぜでしょうか? 要するに，全体を見なくても大丈夫だということです．というのも，グループはプロダクトレベルのレビューを開催することはできます．しかし．各エリアは多くの場合，少なくともスプリントごとではプロダクトレベルのレビューから優れた洞察を得られないほど異なります．そして，特に Huge の規模では，すべてのプロダクトオーナーチームと多くのチーム代表者を世界中の 10 拠点から集めプロダクトレベルのレビューを行うのは困難です．この準備と実行するのは本当に苦痛です．開催には説得力のある理由が必要です．もし理由があったとしても，おそらくすべてのスプリントに全体でのレビューは必要ないでしょう．

**レトロスペクティブ**—同様にプロダクトレベルでのレトロスペクティブを行うルールはありません．しかし，複数エリアのレトロスペクティブを開催する正当な理由がある場合があります．"システムを改善" することは重要であり，システムはエリアをまたがっているためです．複数エリアのレトロスペクティブは，エリアがうまく噛み合っていない場合や，複数エリアに同じ問題がある場合に適しています．また，同じ物理拠点で一緒に作業する異なる要求エリアのチームが，関係や知識共有の改善したりするのにも役立ちます．

# 第IV部

# More or LeSS

# 15 次は何をすべきか?

今は終わりではない．これは終わりの始まりですらない．しかしあるいは，始まりの終わりかもしれない．

—ウィンストン・チャーチル

おめでとうございます．あなたは始まりの終わりまで来ました．次は何をすべきでしょう．この本に書かれているアイデアを確かなものにするため，実践することを私たちは望みます．

実験することを忘れないでください．他の 2 つの LeSS の本 *Scaling Lean & Agile Development* と *Practices for Scaling Lean & Agile Development* は試すための実験カタログです．

私たちはこの本を書いている傍ら 3 日間の認定 LeSS 実践者研修 “Certified LeSS Practitioner” をつくりました．このコースではこの本の内容に加え，実験や物語，ケーススタディーおよび事例をカバーしています．コースは LeSS の実践経験のある認定 LeSS トレーナーが講師を務めます．さらに毎年，経験を共有するための LeSS カンファレンスも開催されます．

私たちは，`less.works` サイトで LeSS の情報をアップデートし続けています．オンラインテストで LeSS の理解度をテストすることもできます．今後もより多くのコンテンツや動画，ケーススタディー，その他学習教材を追加していきます．

また，LeSS のサイトで経験レポートを増やしています．どれも試すべき興味深い知識とアイデアで，学びの宝庫です．

もしあなたの経験を書いて共有したい場合は，ぜひ私たちに教えてください! 私たちは，学ぶべき経験と試すべき新しいアイデアを絶えず探しています．あなたが既存のケーススタディーに関わったことがあるのであれば，このサイトで認定 LeSS 実践者が経験レポートで自分の視点を共有することができます．常に他者の視点から学べることは多いです．

これらの学習リソースを使って，インパクトのあるプロダクトをつくるみなさんの喜びが最大限に引き出されることを心から願います．

# 推　薦　図　書

この本では，広範な参考文献を含めないことにしました．そのかわりに私たちが本の中で紹介したすべての推薦図書を列挙します．前の二つの LeSS の書籍 *Scaling Lean & Agile Development* と *Practices for Scaling Lean & Agile Development* には，より広範な参考文献を載せています．


Adzic, G., 2011. *Specification by Example: How Successful Teams Deliver the Right Software*, Manning Publications.

Adzic, G., 2012. *Impact Mapping: Making a Big Impact with Software Products and Projects*, Provoking Thoughts [ゴイコ・アジッチ著 (平鍋健児，上馬里美 訳)，2013. IMPACT MAPPING　インパクトのあるソフトウェアをつくる，翔泳社].

Adzic, G., Evans, D., 2014. *Fifty Quick Ideas to Improve Your User Stories*, Neuri Consulting.

Balle, M., Balle F., 2009. *The Lean Manager: A Novel of Lean Transformation*, Lean Enterprise Institute.

Deemer, P., Benefield, G., Larman, C., Vodde, B., 2012. *The Scrum Primer*, `scrumprimer.org` および `less.works`.

Gall, J., 2003. Systemantics, *The Systems Bible: The Beginner's Guide to Systems Large and Small*, General Systemantics.

Gray, D., Brown, S., Maconufo, J., 2010. *Gamestorming: A Playbook for Innovators, Rulebreakers, and Changemakers*, O'Reilly Media [デイブ・グレー，サニ・ブラウン，ジェームス・マカニュフォ著 (野村恭彦 監訳，武舍広幸，武舍るみ 訳)，2011，ゲームストーミング—会議，チーム，プロジェクトを成功へと導く 87 のゲーム，オライリー・ジャパン].

Hackman, R., 2002. *Leading Teams*, Harvard Business Press [J. リチャード・ハックマン著 (田中 滋 訳), 2005. ハーバードで学ぶ「デキるチーム」五つの条件——チームリーダーの「常識」, 生産性出版].

Hamel, G., 2007. *The Future of Management*, Harvard Business Review Press [ゲイリー・ハメル, ビル・ブリーン著 (藤井清美 訳), 2008. 経営の未来, 日本経済新聞出版社].

Hohmann, L. 2006. *Innovation Games: Creating Breakthrough Products Through Collaborative Play*, Addison-Wesley.

James, M., 2010, *The Scrum Master Checklist*, `scrummasterchecklist.org`.

Kimsey-House, H., Kimsey-House, K., 2011. *Co-active Coaching: Changing Business,Transforming Lives*, Nicholas Brealey America [ヘンリー・キムジーハウス, キャレン・キムジーハウス, フィル・サンダール著 (CTI ジャパン 訳), 2012. コーチング・バイブル——本質的な変化を呼び起こすコミュニケーション, 東洋経済新報社].

Laloux, F. 2014. *Reinventing Organizations*, Nelson Parker [フレデリック・ラルー著 (鈴木立哉 訳), 2018. ティール組織——マネジメントの常識を覆す次世代型組織の出現, 英治出版].

Larman, C., Vodde, B., 2008. *Scaling Lean & Agile Development: Thinking and Organizational Tools for Large-Scale Scrum*, Addison-Wesley.

Larman, C., Vodde, B., 2010. *Practices for Scaling Lean & Agile Development: Large, Multisite, and Offshore Product Development with Large-Scale Scrum*, Addison-Wesley.

Larman, C., Vodde, B., 2011, *Feature Team Primer*, `featureteams.org`.

Larman, C., Fahmy, A., 2013, *How to Form Teams in Large-Scale Scrum? A Story of Self-Designing Teams*, `http://www.scrumalliance.org/community/articles/2013/2013-april/how-to-form-teams-in-large-scale-scrum-a-story-of`.

Lawrence, R. 2009. *Patterns for Splitting User Stories*, `http://agileforall.com/patterns-for-splitting-user-stories/`.

Lencioni, P., 2002. *The Five Dysfunctions of a Team: A Leadership Fable, Jossey-Bass LeSS site*, `https://less.works`. パトリック・レンシオーニ 著 (伊豆原弓 訳), 2003. あなたのチームは，機能してますか?，翔泳社].

McGregor, D., 1960. *The Human Side of Enterprise*, McGraw-Hill Education [ダグラス・マグレガー著 (高橋達男 訳), 1970. 企業の人間的側面—統合と自己統制による経営，産業能率大学出版部].

Meadows, D., Wright, D. (editor), 2008, *Thinking in Systems: A Primer*, Chelsea Green Publishing [ドネラ・H・メドウズ，ダイアナ・ライト著，枝 廣淳子，小田理一郎 訳), 2015. 世界はシステムで動く—いま起きていることの本質をつかむ考え方，英治出版].

Ohno, T., 1988. *Workplace Management*, Productivity Press [大野耐一著，1982. 大野耐一の現場経営，日本能率協会].

Owen, H., 2008. *Open Space Technology: A User's Guide*, Berret-Koehler Publishers [ハリソン・オーウェン著 (ヒューマンバリュー編集，監修，訳)，2007 (原著旧版の翻訳)．オープン・スペース・テクノロジー—5 人から 1000 人が輪になって考えるファシリテーション，ヒューマンバリュー].

Patton, J., 2014. *User Story Mapping: Discover the Whole Story, Build the Right Product*, O'Reilly Media [Jeff Patton 著 (川口恭伸 監訳，長尾高弘 訳)，2015. ユーザーストーリーマッピング，オライリー・ジャパン].

Pfeffer, J., Sutton, R., 2006. *Hard Facts, Dangerous Half-Truths and Total Nonsense: Profiting from Evidence-Based Management*, Harvard Business Review Pres [ジェフリー・フェファー，ロバート・I. サットン著 (清水勝彦 訳)，2009. 事実にもとづいた経営—なぜ「当たり前」ができないのか?，東洋経済新報社].

Schein, E., 2013. *Humble Inquiry: The Gentle Art of Asking Instead of Telling*, BerretKoehler Publishers [エドガー・H. シャイン著 (金井壽宏 監訳，原賀真紀子 訳)，2014. 問いかける技術—確かな人間関係と優れた組織をつくる，英治出版].

Schwaber, K., 2013. *The Scrum Guide*, scrumguides.org

Schwarz, R., 2002. *The Skilled Facilitator: A Comprehensive Resource for Consultants, Facilitators, Managers, Trainers, and Coaches*, Jossey-Bass [ロジャー・シュワーツ著, 寺村真美, 松村良高 訳, 2005. ファシリテーター完全教本—最強のプロが教える理論・技術・実践のすべて, 日本経済新聞社].

Senge, P. 2006. *The Fifth Discipline: The Art & Practice of the Learning Organization*, Doubleday [ピーター・M. センゲ著 (枝廣淳子, 小田理一郎, 中小路佳代子 訳), 2011. 学習する組織—システム思考で未来を創造する, 英治出版].

Vodde, B., 2011. *Specialization and Generalization in Teams*, http://www.scrumalliance.org/community/articles/2011/january/specialization-and-generalization-in-teams.

# 付録A　LeSS ルール

LeSS のルールは LeSS フレームワークを定義するもので，必須と定めているものです．なぜ LeSS なのかについては less.works の Why LeSS を参照ください．

## LeSS フレームワークのルール

LeSS フレームワークは 2–8 チームでの開発向けです．

### LeSS の構造

- 実際のチームを組織の基本単位としてブロックとして組み立てるように組織を構成します．
- 各チームは，(1) 自己管理，(2) クロスファンクショナル，(3) 同一ロケーション，(4) 長期間存続とします．
- チームの大半は顧客中心のフィーチャーチームです．
- スクラムマスターは LeSS 導入がうまく機能していることに責任をもちます．注力する対象は，チーム，プロダクトオーナー，組織，技術的手法の改善であり，各スクラムマスターは 1 チームだけの改善にとどまることなく，組織全体の改善を行う必要があります．
- スクラムマスターは専任で専従の役割です．
- 1 人のスクラムマスターは 1–3 チームを担当できます．
- LeSS ではマネージャーは必須ではありませんが，参加している場合でも多くの場合役割が変わります．マネージャーの仕事は，日々の作業の管理ではなく，プロダクトを開発するシステム全体の価値提供能力の向上に移ります．
- マネージャーの役割はプロダクト開発の仕組みの改善促進です．現地現物の実践，止めて直すの推奨,「現状維持をせずに実験を繰り返すこと」を通じて改善を促進します．
- 単一のプロダクトグループへの導入では，最初から教科書的な LeSS の体制をつくるようにします．これは LeSS の導入にとって不可欠です．

- さらに大きなプロダクトグループを越えて大規模な組織にに導入する場合は，現地現物を用いて，実験と改善が当り前であるような組織をつくり，段階的に LeSS を導入します．

## LeSS のプロダクト

- プロダクトオーナーが 1 人，プロダクトバックログが 1 つあり，出荷可能なプロダクト全体を運用します．
- プロダクトオーナーだけでプロダクトバックログリファインメントをするべきではありません．複数のチームが顧客やユーザー，ステークホルダーと直接コミュニケーションをとり，プロダクトオーナーをサポートします．
- すべての優先順位付けはプロダクトオーナーに確認をとりますが，要求や仕様の詳細確認は極力チーム間や顧客，ユーザーまたはステークホルダーと直接行います．
- プロダクトの定義は現実的な範囲で，広くエンドユーザーまたは顧客視点中心であるべきです．時間の経過とともにプロダクトの定義は広がるかもかもしれませんが，広がっていくことは望ましいことです．
- プロダクト全体で全チーム共通の 1 つの Done の定義をもちます．
- 各チームは共通の Done の定義を拡張してより厳しい独自のものを定めても構いません．
- 究極の目標は Done の定義を拡張し，毎スプリント (あるいはより高い頻度で) 出荷可能なプロダクトをつくれるようになることです．

## LeSS のスプリント

- 1 つのプロダクトに関わるチームはすべて，同じスプリントで作業します．スプリントの開始も終了も，全チーム共通です．スプリントの終わりにはプロダクト全体が 1 つに統合されている状態にします．
- スプリントプランニングは 2 つのパートに分かれます．スプリントプランニング 1 はすべてのチームが合同で実施します．それに対してスプリントプランニング 2 は通常，各チームに分かれて別々で開きます．ただし，関連性が強いアイテムをもっているチームは同じ場所で，複数チームのスプリントプランニングとして一緒に行います．

- スプリントプランニング 1 はプロダクトオーナーと全チームまたはチームの代表で行います．参加者は一緒に，各チームがこのスプリントで作業するアイテムをいったん選択します．チームは協働する部分や不明確な点を見つけ，残った疑問があれば解決します．
- 各チームはチームごとのスプリントバックログを有します．
- スプリントプランニング 2 は各チームがどうアイテムを実現させるかを考える場であり，設計やスプリントバックログの作成を行います．
- デイリースクラムはチームごとに行います．
- チームどうしの調整はチームに委ねられています．中央集権的な調整ではなく，個別の判断で自由かつ非公式に調整する方が好ましいです．重要なのは，ただ話すや，非公式のコミュニケーションであるコード上でのコミュニケーション，チームを横断した会議，コンポーネントメンター，トラベラー，偵察，そしてオープンスペースを活用することです．
- プロダクトバックログリファインメント (PBR) は，将来そのチームが対応しそうなアイテムについてチームごとに行われます．複数チームや全体で PBR を行うのは，関連性が強いアイテムがあったり，より広範なインプットと学び得る必要があるときに，共通理解を深め，互いに関連した PBI について協力する方法を探ったりするためです．
- スプリントレビューはすべてのチームが共同で行います．検証と適応を行うのに適切な情報を得られるよう，必要なステークホルダーが参加するようにします．
- スプリントレトロスペクティブは各チームで行います．
- オーバーオールレトロスペクティブは各チームのレトロスペクティブの後に行われます．ここでは複数チームやシステム全体にまたがる課題を扱い，改善に向けての試みを議論します．この場にはプロダクトオーナー，全スクラムマスター，チーム代表と，(いるなら) マネージャーが参加します．

## LeSS Huge フレームワークのルール

LeSS Huge はプロダクトを 8 チーム以上でつくる場合に適用します．これよりも小さな規模で LeSS Huge を適用することは推奨しません．不必要なオーバーヘッドや部分最適の原因となります．

特に明記しない限り，すべての LeSS のルールは LeSS Huge にも適用されます．各要求エリアは，基本的な LeSS のフレームワークのように働きます．

## LeSS Huge の構造

- 顧客視点で強く関連する顧客要求は，要求エリアにまとめます．
- 各チームは 1 つの要求エリアに特化します．チームは長期間 1 つのエリアにとどまりますが他のエリアに，より価値がよりがあると判断した場合，チームは要求エリアを変更することもあります．
- それぞれの要求エリアには 1 人のエリアプロダクトオーナーがいます．
- それぞれ要求のエリアには,「4–8」チームが含まれます．この範囲を超えてはいけません．
- LeSS Huge の導入には，組織の構造変更を伴いますので，進化させながら，インクリメンタルに進めます．
- 忘れないでください．LeSS Huge の導入には多くの年月，計り知れない忍耐，そしてユーモアのセンスが必要です．

## LeSS Huge のプロダクト

- 各要求エリアにはエリアプロダクトオーナーが 1 人ずついます．
- オーバーオールプロダクトオーナーの役割はプロダクト全体の優先順位決めと，どのチームがどのエリアを対応するかを決めることとなります．そして，エリアプロダクトオーナーと密にコミュニケーションをとる必要があります．
- エリアプロダクトオーナーは当該エリアのチームに対してプロダクトオーナーとしてふるまいます．
- プロダクトバックログは 1 つ．すべてのアイテムは 1 つの要求エリアごとに属します．
- 要求エリアごとにエリアプロダクトバックログ (「エリアバックログ」) が 1 つあります．このバックログは概念上 1 つの，プロダクトバックログのより詳細なビューです．

### LeSS Huge のスプリント

- プロダクト単位で共通のスプリント期間とします．各要求エリアで別々のスプリント期間とすることはありません．すべてのチームがすべての要求エリアを超えて，プロダクト全体にわたって継続的に統合し，スプリントの終わりには統合された1つのプロダクトになっている必要があります．
- プロダクトオーナーとエリアプロダクトオーナーは頻繁に会話し，スプリントプランニング時にチームが最も価値の高いアイテムに着手できるように準備する必要があります．また，スプリントレビュー後にはプロダクト規模の適応を推し進めます．

# 付録B ガイド

## 1. LeSS でもっと多く　1

## 2. LeSS　3

## 3. 導入　51



## 4. 顧客価値による組織化　73

# 監訳者あとがき

Basが認定LeSS実践者研修で来日し，研修後2人で秋葉原のお店で手羽先を食べながらビールを飲んでいるときに「2008年に受講したあなたの研修で私の人生が変わった」と話したら，苦笑いをして,「重すぎる」といわれました．Basはただ良いプロダクトをつくる助けをしたかっただけで，人の人生を変えるつもりはなかったといっていました．私は彼が考え方を示してくれたことにとても感謝はしているが，選択したのは私であり，その責任も私にあると．なにより，いま楽しめているということを伝えました．

スクラムやLeSSの考え方が従来のマネジメントとは大きく異なるので，みなさんも私と同じように組織や働き方について考え方を根本から変える必要があるかもしれません．本書がそのきっかけになることを願います．そして，みなさんが楽しみながら素晴らしいプロダクトをつくれるようになることを願います．もし，組織を変えるという大仕事に着手していくことになり，手助けが必要なら，私たちにご連絡ください．

今回のLeSS本の翻訳にあたり，多くの方々がLeSSの考えに共感し，貴重なプライベートの時間を使って翻訳をされておりました．翻訳をされた方々(荒瀬中人さん，木村卓央さん，高江洲睦さん，水野正隆さん，守田憲司さん) に改めて感謝いたします．また，翻訳内容のレビューを頂いたLeSSコミュニティの方々(特に増宮雄一さん，石井智康さん，小笠原晋也さん，田中亮さん，森原剛さん，安井力さん) から多くの有益なフィードバックをいただきました．ありがとうございました．また，丸善出版の小西孝幸様，渡邊康治様には辛抱強くわれわれのペースに付き合っていただき，感謝いたします．

2018年12月

榎　本　明　仁

# 訳 者 紹 介

(2018 年 12 月現在)

**榎本明仁**(Akihito Enomoto)
Odd-e/アジャイルコーチ．スタートアップで開発の責任者をしているときに Bas Voode の認定スクラムマスター研修を受講 (2008 年)，スクラムのコミュニティ運営やカンファレンスなどでの登壇などの活動を行い，Bas が創業した Odd-e 社に 2012 年に入社．認定 LeSS 実践者研修，認定スクラムマスター研修，認定スクラム開発者研修などの通訳や自身でもスクラム関連の研修を実施．お客様先にお伺いしての LeSS やスクラムの導入支援も行う．
Mail: aki@odd-e.com

**荒瀬中人**(Nakato Arase)
Yahoo! JAPAN/アジャイルコーチ．CSP-SM, CSP-PO, CSPO, CSM, Certified LeSS Practitioner．基盤システム開発エンジニア時代に Scrum を実践．その後，アジャイルコーチとして自社，子会社，関連会社にてアジャイル開発プラクティスの導入，改善支援し今に至る．複数の組織，会社での LeSS 導入実践経験が翻訳に活かせると考え今回参加．
Facebook: https://www.facebook.com/nakato.arase

**木村卓央**(Takao Kimura)
合同会社カナタク 代表社員/アジャイルコーチ．CSP-SM, CSP-PO, CSD, PMP, PMP-ACP, Certified LeSS Practitioner．2004 年より様々なアジャイルコミュニティに参加，アジャイルの普及，実践 を行ってきた．2012 年よりアジャイルコーチとして，アジャイル開発プロセスの導入支援を行っている．LeSS Study にて，この本のベースとなる less.works を翻訳して勉強会を実施していた関係で今回の翻訳の取りまとめを行った．LeSS Study 主催．アジャイル・ディスカッション !! 主催.『Fearless Change アジャイルに効くアイデアを広めるための 48 のパターン』共訳.
Mail: kimura.takao@kanataku.com
Facebook: https://www.facebook.com/kimura.takao

**高江洲　睦**(Makoto Takaesu)
グロース・アーキテクチャ&チームス株式会社取締役/有限会社 StudioLJ 代表取締役社長/アジャイルコーチ/ プログラマ．2000 年に書籍『リファクタリング』に出会って以降アジャイル開発やそれに関連するものを追いかけ続けている．長らく個人や一部のメンバーでいくつかの XP プラクティスを実践していたが，2009 年ごろから Scrum を導入実践．現在はアジャイル開発/Scrumの導入実践支援を行う傍ら，プログラマとしてもアジャイル/非アジャイル問わず活動中.『Fearless Change アジャイルに効くアイデアを広めるための48のパターン』共訳.

水野正隆(Masataka Mizuno)
株式会社オージス総研コンサルタント/アジャイルコーチ．2005年頃からどうすればソフトを依頼する人もコードを書くエンジニアも共に幸せな開発現場にできるだろうかと考え，自分のチームにアジャイルプラクティスや「スクラムっぽいもの」を試し始め，今に至る．アジャイル導入の支援をするアジャイルコーチでもあり，アジャイルな手法に限らずソフトウェアの開発現場のプロセス改善や設計手法を指導するコンサルタントでもある．2015年には，LeSSを学ぶコミュニティであるLeSS StudyでLeSSに出会い，More with LeSSの考え方に共感する．LeSS Studyスタッフ，アジャイル・ディスカッション!!スタッフ.
Facebook: `https://www.facebook.com/mizuno.masataka`

守田憲司(Kenji Morita)
株式会社Preferred Networks/エンジニア．CSP-SM, CSP-PO, Certified LeSS Practitioner, Scrum@Hardware Certified Practitioner.『Nexus Guide』共訳．1999年頃から，24時間継続動作しているシステムを日々更新しながら機能追加，2週間周期の目標設定とレビュー，仕様を柔軟にして優先順位をつけリリース日は固定する，といったチーム開発手法を独自に実践していた．2004年にScrumと出会い，バックログや朝会を追加で導入，2006年にBostonにて，Jeff SutherlandからトレーニングをうけCSMを取得．現在は，Hardware, Robotics, AI, Scaleなど，より不確実で複雑な環境へのScrumの適用を研究，実践している．日本ソフトウェア科学会 機械学習工学研究会 (MLSE) 運営委員．ScrumHardwareJPスタッフ.

# 索　　引

## 欧　文



## あ　行

## か　行



## さ　行

## た　行



## な　行



## は　行

## ま　行



## や　行



## ら　行

大規模スクラム Large-Scale Scrum（LeSS）
アジャイルとスクラムを大規模に実装する方法

平成31年 1 月30日　発　　行
令和 4 年 4 月20日　第 2 刷発行

監訳者　榎　本　明　仁

訳　者　荒　瀬　中　人　　木　村　卓　央
　　　　高江洲　　　睦　　水　野　正　隆
　　　　守　田　憲　司

発行者　池　田　和　博

発行所　丸善出版株式会社
〒101-0051 東京都千代田区神田神保町二丁目17番
編集：電話(03)3512-3266／FAX(03)3512-3272
営業：電話(03)3512-3256／FAX(03)3512-3270
https://www.maruzen-publishing.co.jp



印刷・製本／三美印刷株式会社

ISBN 978-4-621-30366-5　C 3055　　Printed in Japan